石油高职高专规划教材

油田基础化学

方绍燕　主编

石油工业出版社

内容提要

本书精选了部分无机化学、有机化学、物理化学、表面化学、胶体化学和油田化学的基础知识和基本理论，以满足石油与天然气的勘探开发和储运类专业的教学需要。

本书可作为高等职业院校油气开采技术专业、石油钻井专业和油气储运专业的教学用书，同时也可作为精细化工专业的教师和工程技术人员的参考用书。

图书在版编目(CIP)数据

油田基础化学/方绍燕主编.
北京:石油工业出版社,2008.9
石油高职高专规划教材
ISBN 978－7－5021－6651－9

Ⅰ.油…
Ⅱ.方…
Ⅲ.油田－应用化学－高等学校:技术学校－教材
Ⅳ.TE31

中国版本图书馆 CIP 数据核字(2008)第 088444 号

出版发行:石油工业出版社
　　　　　(北京安定门外安华里2区1号　100011)
　　　　　网　址:http://pip.cnpc.com.cn
　　　　　编辑部:(010)64251362 发行部:(010)64523620
经　　销:全国新华书店
排　　版:北京乘设伟业科技有限公司
印　　刷:北京中石油彩色印刷有限责任公司

2008 年 9 月第 1 版　2014 年 8 月第 4 次印刷
787×1092 毫米　开本:1/16　印张:15.75
字数:398 千字
定价:23.00 元
(如出现印装质量问题,我社发行部负责调换)
版权所有,翻印必究

前　言

油田基础化学是高职高专石油与天然气类专业的技术基础课。化学中的基本原理、基础知识和基本技能在这些相关专业中均具有相当重要的地位。考虑到高职高专教育教学特点，在编写本书过程中，既注重了教材的系统性和科学性，又力求贯彻学以致用的原则，特别注意结合油田生产的实际情况。在充分为专业课程的学习奠定必要基础的前提下，本书将部分无机化学、有机化学、物理化学、表面化学、胶体化学和油田化学等基础知识融合在一起，遵循"基础理论教学要以应用为目的，以必需、够用为度，以掌握概念、强化应用、培养技能为原则"设计教学内容。本书在内容编排上注意与其他课程的衔接，由浅入深，循序渐进；在文字叙述上，尽量通俗易懂，重点、难点突出，便于学生自学。此外，每章均附有思考题或习题，以利于学生牢固地掌握所学内容；为拓展学生知识面，进一步了解化学在油田生产新技术、新产品及新知识中的应用，编有与每章教学内容密切相关的阅读材料。与相关章节配套的实验项目集中编排于教材最后，以便于学生使用。

为了照顾不同类型学制和不同专业的教学需要，本书部分章节内容列为选学，用＊号标出。

全书共分十章。第一章气体，主要介绍理想气体状态方程式和实际气体状态方程式，第八章表面活性剂，主要介绍表面活性剂分子结构特点、分类及其在油田生产中的应用，这两章由山东胜利职业学院方绍燕编写；第二章溶液及相平衡，主要介绍溶液及相平衡所遵循的局部规律和普遍规律，并用相平衡图线加以说明，由天津工程职业技术学院吴淑文编写；第三章电化学基础及金属材料的防腐，主要介绍原电池、电极电势、电解原理和金属材料的腐蚀与防腐，由天津石油职业技术学院李英波、肖文平编写；第四章配位化合物，主要介绍配位化合物基本概念及配位平衡，由天津石油职业技术学院冯智编写；第五章有机化合物，主要介绍石油天然气中烃及烃的衍生物，由新疆克拉玛依职业技术学院李玉荣编写；第六章高分子化合物，主要介绍油田常见高分子化合物和高分子溶液特性，由渤海石油职业学院张津林编写；第七章表面现象，主要介绍表面现象产生的原因、原理、规律及其在油田上的应用，由山东胜利职业学院于睿之编写；第九章溶胶，主要介绍溶胶的基本概念、性质和稳定性，由辽河石油职业技术学院卢宝文编写；第十章乳状液与泡沫，主要介绍乳状液的制备、性质、稳定性和泡沫的特性，由辽河石油职业技术学院王明国编写。全书由方绍燕主编，傅兆鋆主审；王明国、张津林任副主编。

本书在编写过程中得到了各参编院校领导和同行的支持，在此致以诚挚的谢意。

由于编者水平所限，书中难免有不妥之处，敬请指正。

编　者
2008 年 3 月

目　　录

第一章　气体 ··· (1)
第一节　理想气体定律及相关计算 ·· (1)
第二节　实际气体的范德华方程式 ··· (7)
第三节　气体的液化与临界状态 ··· (10)
第四节　压缩因子 ··· (13)
阅读材料 ··· (15)
习题 ··· (16)

第二章　溶液及相平衡 ··· (18)
第一节　溶液的组成表示方法 ··· (18)
第二节　稀溶液的基本定律 ·· (20)
第三节　稀溶液的依数性 ··· (24)
第四节　相律 ·· (27)
第五节　相图 ·· (31)
阅读材料 ··· (44)
习题 ··· (44)

第三章　电化学基础及金属材料的防腐 ··· (47)
第一节　原电池和电极电势 ·· (47)
第二节　电极电势的应用 ··· (53)
第三节　电解原理 ··· (55)
第四节　电化学腐蚀与防护 ·· (58)
阅读材料 ··· (63)
习题 ··· (64)

第四章　配位化合物 ··· (68)
第一节　配位化合物组成及命名 ··· (68)
第二节　配位化合物在水溶液中的配位平衡 ······································ (73)
第三节　配位化合物的应用 ·· (78)
阅读材料 ··· (84)
习题 ··· (85)

第五章　有机化合物 ··· (88)
第一节　有机化合物的特点、分类、命名 ··· (88)

第二节	重要的有机化合物	(104)
第三节	有机化合物的重要反应类型	(110)
第四节	石油和天然气	(120)

阅读材料 .... (121)

习题 .... (122)

第六章 高分子化合物 (127)

第一节	高分子化合物的基本知识	(127)
第二节	高分子化合物的合成、分类及命名	(129)
第三节	高分子化合物溶液	(131)
第四节	油田常用高分子化合物	(135)

阅读材料 .... (137)

习题 .... (139)

第七章 表面现象 (140)

第一节	表面能和表面张力	(140)
第二节	固体表面的吸附现象	(143)
第三节	润湿现象	(146)
第四节	曲界面两侧的压强差及毛细管现象	(148)

阅读材料 .... (153)

习题 .... (155)

第八章 表面活性剂 (160)

第一节	表面活性剂概念、分子结构特点及分类	(160)
第二节	表面活性剂在溶液中的状态	(167)
第三节	表面活性剂的性能与结构	(171)
第四节	表面活性剂的HLB值	(177)
第五节	油田常用表面活性剂	(182)

阅读材料 .... (189)

习题 .... (190)

第九章 溶胶 (193)

第一节	分散系及溶胶的制备	(193)
第二节	溶胶的性质	(196)
第三节	溶胶的稳定性与聚沉	(201)
第四节	凝胶	(203)

阅读材料 .... (205)

习题 .... (206)

第十章　乳状液与泡沫 ……………………………………………………………（208）
第一节　概述 …………………………………………………………………（208）
第二节　影响乳状液稳定性的因素以及决定乳状液类型的几种理论和因素 ………（211）
第三节　乳状液的分层、变型与破乳 …………………………………………（213）
第四节　微乳液 …………………………………………………………………（216）
第五节　泡沫的形成及性质 ……………………………………………………（218）
第六节　泡沫的稳定性与消泡 …………………………………………………（221）
阅读材料 …………………………………………………………………………（223）
习题 ………………………………………………………………………………（224）

实验项目 ……………………………………………………………………………（226）
实验一　电化学基础 ……………………………………………………………（226）
实验二　烃的性质 ………………………………………………………………（228）
实验三　粘度法测高分子化合物相对分子质量 ………………………………（229）
实验四　最大压差法测表面张力 ………………………………………………（232）
实验五　表面活性剂类型的测定与鉴别 ………………………………………（235）
实验六　溶胶实验 ………………………………………………………………（237）
实验七　乳状液的制备和性质 …………………………………………………（240）

参考文献 ……………………………………………………………………………（243）

第一章 气 体

物质的聚集状态一般可分为气态、液态和固态,又可通俗地称之为气体、液体和固体。从分子运动的观点看,气体较之液体和固体分子间距离大,分子间作用力弱,分子无规则运动程度大。故在宏观性质上气体的体积受温度和压强的影响十分明显,易膨胀和压缩,均匀充满整个容器,而气体本身则无固定体积。

当对气体降温和压缩时,分子间距离变小,分子间作用力增强,气体可以转变为液体甚至固体。所以,物质处于何种聚集状态取决于分子间距离的大小。而分子间距离的大小与外界条件密切相关。随着温度、压强的变化,物质的聚集状态也会发生变化。

在研究物质宏观性质的变化规律时,有必要先对气体进行讨论和了解。同时,在油田生产中常常会遇到和用到气体,对于气田来说,其意义更为重大。

本章将讨论气体的压强(p)、体积(V)、温度(T)及物质的量(n)之间的变化规律及常用的计算方法。

第一节 理想气体定律及相关计算

一、低压下气体基本定律

自17世纪到19世纪初期,一些物理学家对气体的温度、体积、压强以及物质的量之间的关系进行了大量实验和研究,发现和总结了低压下气体的一些基本规律,现分述如下。

1. 玻义尔定律

在一定温度条件下,一定量气体的体积与其压强成反比,其数学式为

$$V \propto \frac{1}{p} \text{ 或 } pV = k_1 \tag{1-1a}$$

式中 p——气体压强,Pa;
  V——一定量气体的体积,m^3 或 L;
  k_1——常数,其大小与温度和气体的分子数量有关。

也可用下式表示

$$p_1 V_1 = p_2 V_2 \text{ 或 } \frac{V_1}{V_2} = \frac{p_2}{p_1} \tag{1-1b}$$

2. 查理—盖·吕萨克定律

在一定压强条件下,一定量的气体的体积与其绝对温度成正比,其数学式为

$$V \propto T \text{ 或 } \frac{V}{T} = k_2 \tag{1-2a}$$

$$T = 273.15 + t$$

式中　T——热力学温度即绝对温度，K；

　　　t——摄氏温度，℃；

　　　k_2——常数，其大小与压强和气体的分子数量有关。

若以 V_1、V_2 分别表示同压强下某一定量的气体处于 T_1、T_2 时的体积，也可写为

$$\frac{V_1}{V_2} = \frac{T_1}{T_2} \tag{1-2b}$$

3. 阿佛加德罗定律

在一定温度和压强条件下，气体的体积与其物质的量成正比，其数学式为

$$V \propto n \text{ 或 } V = k_3 n \tag{1-3a}$$

式中　n——气体物质的量，mol；

　　　k_3——常数，其大小与温度和压强有关。

若以 V_1、V_2 分别表示相同温度、相同压强下 n_1 和 n_2 气体的体积，亦可写为

$$\frac{V_1}{V_2} = \frac{n_1}{n_2} \tag{1-3b}$$

式(1-3a)和式(1-3b)也可写为

$$V_m = \frac{V}{n} \tag{1-3c}$$

式中　V_m——气体摩尔体积，$m^3 \cdot mol^{-1}$ 或 $L \cdot mol^{-1}$。

二、理想气体状态方程式

随着科学的发展，高压技术的出现及测量仪器日益精密、实验技术的不断改进，人们发现上述的气体定律并不能在任何温度与压强下都能严格地描述气体的行为，只有温度较高、压强较低时，气体的行为才近似符合上述定律。

为了更确切地概括气体的共性，更方便地研究气体性质，人们提出了理想气体的概念。理想气体是指在任何温度、压强下都能严格遵守气体基本定律的气体。理想气体必须具有两个特征：一个是分子本身不占有体积；另一个是分子之间没有作用力。事实上，任何真实气体分子本身都占有体积，分子间都存在作用力。所以，理想气体是一种假想的气体模型，但是在高温低压时，实际气体分子之间距离很大，作用力很小，分子本身所占体积与气体占据的体积相比可忽略不计，此时的实际气体就具备了理想气体的特征，故可视为理想气体。

为了得到理想气体 p、V、T 之间更普遍的关系式，把几个定律的数学表达式联合起来，即

$$V \propto \frac{nT}{p}$$

若以 R 为比例常数，可得到等式

$$pV = nRT \tag{1-4a}$$

式(1-4a)称为理想气体状态方程式。

对 1mol 理想气体，状态方程式可写为

$$pV_m = RT \tag{1-4b}$$

式中,R 为气体常数,它的数值与气体种类无关,仅与 p、V 所取的单位有关,单位 $J \cdot K^{-1}mol^{-1}$,$R = 8.314 J \cdot K^{-1} mol^{-1}$。

关于 R 的数值,可以从气体摩尔体积得到。对于 1mol 任何气体在 101325Pa,273.15K 时,其气体体积约为 22.414L,即 $22.414 \times 10^{-3} m^3$,把这些数据代入式(1-4a),可得

$$R = \frac{pV}{nT} = \frac{101325 \times 22.414 \times 10^{-3}}{1 \times 273.15}$$

$$= 8.314(Pa \cdot m^3 \cdot K^{-1} \cdot mol^{-1})$$

$$= 8.314(J \cdot K^{-1} \cdot mol^{-1})$$

当 p、V 采用其他单位制时,R 的数值将发生相应改变,应予注意。

理想气体状态方程严格地讲只适用于理想气体,即便低压下的气体,对理想气体状态方程式也会产生偏差。但是,由于该方程式不含表征不同气体特性的变量,形式简单,用以计算高温低压的实际气体时,可得到较为满意的结果,所以在工程计算中被广泛采用。实际上在常温常压下的许多气体也可以用理想气体状态方程式进行近似计算。

三、理想气体状态方程式的应用

理想气体状态方程除对 p、V、T、n 进行计算之外,还可求气体的质量、相对分子质量及密度等。

1. 气体的质量、相对分子质量的求解

因为 $n = \frac{m}{M}$,由式(1-4a)得

$$pV = \frac{m}{M}RT$$

式中 m——气体的质量,kg 或 g;

M——摩尔质量,$kg \cdot mol^{-1}$ 或 $g \cdot mol^{-1}$。

2. 密度的求解

因为 $\rho = \frac{m}{V}$,由式(1-4a)得

$$\rho = \frac{pM}{RT}$$

式中 ρ——气体密度,$kg \cdot m^{-3}$ 或 $g \cdot m^{-3}$。

[**例 1-1**] 1mol 二氧化碳气体在 313K 时的体积为 0.381L,求该状态时气体的压强。

解:由式(1-4a)得

$$p = \frac{nRT}{V} = \frac{1 \times 8.314 \times 313}{0.381 \times 10^{-3}} = 6.83 \times 10^6 (Pa)$$

[**例 1-2**] 将 0.495g 氯仿(三氯甲烷)收集在体积为 127mL 的烧瓶中,在 371K 时瓶内的蒸气压强为 $1 \times 10^5 Pa$,试计算氯仿的相对分子质量。

解：由式(1-4a)得

$$pV = \frac{m}{M}RT$$

$$M = \frac{mRT}{pV} = \frac{0.495 \times 8.314 \times 371}{1 \times 10^5 \times 127 \times 10^{-6}} = 120$$

[**例 1-3**] 求氨在 373K 和压强为 1.1×10^5 Pa 时的密度。

解：由式(1-4a)得

$$p = \frac{\rho}{M}RT$$

$$\rho = \frac{Mp}{RT} = \frac{17 \times 1.1 \times 10^5}{8.314 \times 373} = 630 (\text{g} \cdot \text{m}^{-3})$$

在生活、生产以及科学实验中所遇到的气体常常是混合气体，如空气、天然气等。在混合气体中人们常要了解某一种组分气体在恒温恒容下的压强，或恒温恒压下的体积，为此，前人总结出分压定律和分体积定律。

为了研究的方便，这里所讨论的混合气体是指几种理想气体的混合物，而且各组分气体之间不发生化学反应。

四、分压定律

在温度为 T 和体积为 V 的容器中，盛有 n_A(mol) 的 A 气体和 n_B(mol) 的 B 气体，此时混合气体产生的压强称为混合气体的总压强，简称总压，用 p 表示。

若把混合气体中 n_A(mol) 的 A 气体或 n_B(mol) 的 B 气体单独放置于温度为 T 和体积为 V 的容器中，测得他们的压强 p_A 和 p_B，分别称为 A 气体和 B 气体的分压强，即某组分气体单独存在并具有与混合气体相同体积、相同温度时所产生的压强称为分压强，简称分压，用 p_i 表示。借助于图 1-1 可以更清楚地了解总压和分压的概念。

图 1-1 总压和分压示意图

分压定律指出：混合气体的总压等于各组分的分压之和。

对于由 A 气体和 B 气体组成的混合气体，分压定律可以表示成：$p = p_A + p_B$。

对于由若干种组分组成的混合气体，分压定律的表达式为

$$p = p_1 + p_2 + p_3 + \cdots = \sum p_i \tag{1-5}$$

分压定律表明：混合气体中的各组分互不干扰，每一组分对总压的贡献，就如同它单独存在、均匀地分布于整个容器时完全一样，严格说来，分压定律只适用于理想气体，是理想气体行为的必然结果。实际气体只有在可视为理想气体的条件下才服从分压定律。

用压力表可以直接测量混合气体的总压,然而要直接测量各组分的分压是很困难的,但如果知道混合气体中各组分的物质的量,则很容易计算出各组分气体的分压。

用理想气体状态方程式处理混合气体中的各个气体,可分别得到

$$p_1 V = n_1 RT \tag{1}$$

$$p_2 V = n_2 RT \tag{2}$$

$$p_3 V = n_3 RT \tag{3}$$

……

$$pV = nRT \tag{4}$$

将(1)式、(2)式、(3)式分别除以(4)式得

$$\frac{p_1}{p} = \frac{n_1}{n}$$

$$\frac{p_2}{p} = \frac{n_2}{n}$$

$$\frac{p_3}{p} = \frac{n_3}{n}$$

对于任一组分 i 则有

$$\frac{p_i}{p} = \frac{n_i}{n}$$

$\frac{n_1}{n}$、$\frac{n_2}{n}$、$\frac{n_3}{n}$…称为混合气体中 1 组分、2 组分、3 组分的物质的量分数,分别用 y_1、y_2、y_3…表示。

任一组分分压可表示为

$$p_i = p y_i \tag{1-6}$$

式(1-6)表明:混合气体中某组分气体的分压等于总压乘以该组分气体的物质的量分数,它是分压定律的另一种表达形式。

从式(1-6)知,计算分压的关键在于如何求得各组分气体的物质的量分数。

直接求得各组分气体的物质的量分数比较困难,一般是通过气体分析法测得混合气体中各组分的体积分数,再求得物质的量分数。

五、分体积定律

混合气体所占有的体积称为总体积,用 V 表示。混合气体中某组分单独存在并且与混合气体的温度和压强相同时所具有的体积,称为 i 组分的分体积,用 V_i 表示。

若仍以 n_A(mol)的 A 气体和 n_B(mol)的 B 气体组成的混合气体为例,其总体积和分体积的关系示意在图 1-2 中。

混合气体的总体积等于各个组分气体的分体积之和,这一结论称为阿玛格分体积定律。

如果只有 A、B 两种组分组成的混合气体,分体积定律可表示为

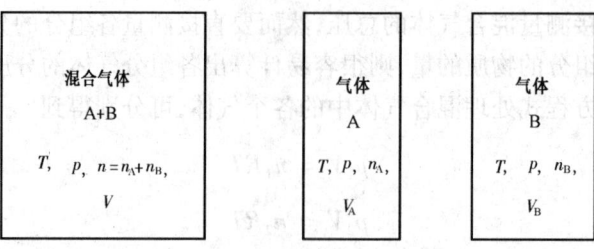

图 1-2 总体积和分体积示意图

$$V = V_A + V_B$$

对于有几种组分的混合气体,其通式为

$$V = V_1 + V_2 + V_3 + \cdots = \sum V_i \quad (1-7)$$

分体积定律同样是理想气体行为的必然结果,实际气体只有在温度较高、压强较低时才能较好地服从此定律。

与分压相类似,用理想气体状态方程式处理混合气体,可以得到

$$V_i = \frac{n_i RT}{p},\ V = \frac{nRT}{p}$$

两式相除得

$$\frac{V_i}{V} = \frac{n_i}{n}$$

$\frac{V_i}{V}$ 称为 i 组分的体积分数,它等于 i 组分的物质的量分数,即

$$V_i = y_i V \quad (1-8)$$

式(1-8)是分体积定律的另一种表达形式,它表明:i 组分的分体积等于 i 组分的物质的量分数与总体积的乘积。

由式(1-6)和式(1-8)可得

$$\frac{p_i}{p} = \frac{V_i}{V} = \frac{n_i}{n} = y_i$$

该式表明:同一个混合气体中任一组分的压强占总压强的比例、体积分数和物质的量分数三者相等。

通过气体分析法可以测定混合气体的分体积或体积分数。最常用的气体分析法是在温度、压强不变的条件下,采用不同吸收剂来逐一吸收混合气体中的各组分气体,混合气体被各吸收剂吸收后,体积依次减少,每次减少的体积就是被吸收的组分气体的分体积,每次减少的体积占混合气体的总体积的分数,即为各组分气体的体积分数。

测得体积分数后,从而得出各组分的物质的量分数。

[例 1-4] 在图 1-3 中,左右两个容器分别盛有氧气及氮气。左侧容器体积为 2L,温度为 200K,压强为 300kPa;右侧容器体积为 4L,温度为 600K,压强为 900kPa。打开活塞使气体混合,混合气体温度为 400K。若不计连接细管及活塞的体积,计算混合体积中氧气和氮气

的分压及混合气体的总压强(设气体为理想气体)。

解:根据分压的概念,氧气和氮气的分压分别是氧气和氮气单独充满两个容器,且温度为400K时所具有的压强。只考虑一种气体,设混合前在一个容器内时为状态1,混合后在两个容器内时为状态2,同一气体由状态1变到状态2,服从下式

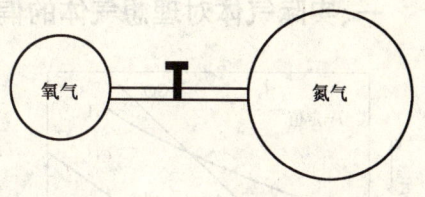

图1-3 例1-4示意图

$$\frac{p_1 V_1}{T_1} = \frac{p_2 V_2}{T_2}$$

对于氧气,带入数据得

$$\frac{300 \times 2}{200} = \frac{p_{O_2} \times 6}{400}$$

$$p_{O_2} = 200 (\text{kPa})$$

对于氮气,带入数据得

$$\frac{900 \times 4}{600} = \frac{p_{N_2} \times 6}{400}$$

$$p_{N_2} = 400 (\text{kPa})$$

总压强 $\quad p = p_{O_2} + p_{N_2} = 600 (\text{kPa})$

[**例1-5**] 混合气体中有二氧化碳、乙烯、氢气三种气体,在室温和 1.013×10^5 Pa 条件下取气体试样100mL,先用NaOH溶液吸收二氧化碳,吸收后气体体积为90mL,再用浓硫酸吸收乙烯,最后剩余气体为70mL,试计算各种气体的物质的量分数及分压。

解:各气体的分体积为

$$V_{CO_2} = 100 - 90 = 10(\text{mL}), V_{C_2H_4} = 90 - 70 = 20(\text{mL}), V_{H_2} = 70(\text{mL})$$

$$y_{CO_2} = \frac{V_{CO_2}}{V} = \frac{10}{100} = 0.10, y_{C_2H_4} = \frac{V_{C_2H_4}}{V} = \frac{20}{100} = 0.20, y_{H_2} = \frac{V_{H_2}}{V} = \frac{70}{100} = 0.70$$

各气体的分压为

$$p_{CO_2} = p y_{CO_2} = 101.3 \times 0.10 = 10.13(\text{kPa})$$
$$p_{C_2H_4} = p y_{C_2H_4} = 101.3 \times 0.20 = 20.26(\text{kPa})$$
$$p_{H_2} = p y_{H_2} = 101.3 \times 0.70 = 70.91(\text{kPa})$$

第二节 实际气体的范德华方程式

前面学习的状态方程式、分压定律和分体积定律都是理想气体的定律,实际气体只有在温度较高、压强较低时才近似符合。而温度较低、压强较高时,运用这些定律处理实际气体就会产生较大偏差,因此有必要在更广泛范围内研究实际气体 p、V、T 之间的关系。

一、实际气体对理想气体的偏差

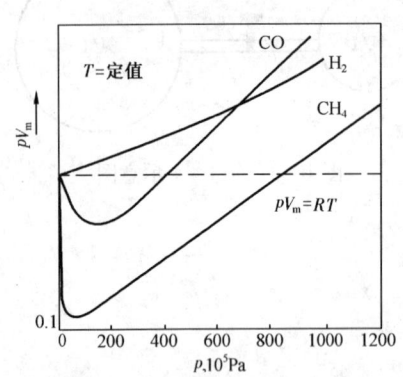

图 1-4 实际气体的 $pV_m - p$ 关系图

为了建立适用于实际气体的状态方程式,首先需要研究分析各种实际气体对理想气体的偏差情况。为了更清楚地了解这种偏差,以 pV_m 为纵坐标,以 p 为横坐标,作 $pV_m - p$ 恒温线,图 1-4 是根据实测数据绘出的实际气体的恒温线。

理想气体在 $pV_m - p$ 关系图上的恒温线是一条与横坐标平行的水平线,在同样温度下,实际气体在 $pV_m - p$ 关系图上恒温线则偏离水平线。与水平线偏离越远,说明实际气体与理想气体的偏差越大。

从 $pV_m - p$ 关系图上可以看出,不同气体对理想气体的偏差情况不同,这说明气体的性质对偏差有影响。例如 CH_4 的恒温线,随着 p 的增加,pV_m 值先下降,逐渐降到最低点,继而上升,然后超出水平线,pV_m 值越来越大。H_2 的恒温线虽然也偏离水平线,但却是上升的。实际上,若在适当的低温下,H_2 也会出现像 CH_4 那样的曲线。可见,实际气体与理想气体的偏差程度与气体的性质、温度和压强有关。

实际气体对理想气体产生偏差的原因主要有两方面。

(1)理想气体分子本身不占体积,实际气体分子本身确有体积。在高温低压时,由于气体稀薄,气体分子本身体积与它运动空间相比可以忽略;而在高压低温时,气体分子本身体积就不能忽略了。

(2)理想气体分子间无作用力,实际气体分子间确有作用力,而且通常以分子间的吸引力为主。在温度较高时,由于分子运动剧烈,分子动能较大,相对而言,分子间的作用力可以忽略;而在低压时,气体密度小,分子间距离较大,分子间的作用力也可以忽略。但在低温或高压下,分子间的作用力就不能忽略。

二、范德华方程式

为寻找准确地描述实际气体 p、V、T 之间关系的方程式,已经有很多人提出了若干个实际气体的状态方程式,其中既简单又实用的是范德华方程式。

1881 年范德华根据实际气体分子间有作用力和分子本身有体积,对理想气体状态方程式中的 p 和 V 进行修正,从而得出范德华方程式。

1. 体积修正

1mol 理想气体状态方程式为 $pV_m = RT$,式中 V_m 为容器的体积,是 1mol 气体分子自由活动的空间。对于实际气体,考虑到气体分子本身占有体积,1mol 气体分子自由活动的空间就不再是 V_m,而必须从 V_m 中减去一个与气体分子本身体积有关的修正量 b,即把 V_m 换成 $V_m - b$。b 是与气体种类有关的常数。

2. 压强修正

在理想气体状态方程式 $pV_m = RT$ 中,p 是指气体分子间无作用力时,气体分子碰撞器壁所产生的压强。对于实际气体,由于气体分子间有引力存在,当气体分子要碰撞器壁时,必然会受到内部分子的引力,这样实际气体产生的压强要比无引力存在产生的压强小。若把实际气体当作理想气体,则理想化后的压强应是实测压强 p 再加上减小的部分,范德华把减小的这部分压强称为分子内压,并认为内压是 a/V_m^2。这样实际气体理想化后的压强应是 $p+\dfrac{a}{V_m^2}$。

经过两项修正,实际气体就可以当作理想气体处理,用分子实际自由活动的空间 (V_m-b) 代替 V_m,用理想化后的压强 $p+\dfrac{a}{V_m^2}$ 代替 p,即得到

$$\left(p+\frac{a}{V_m^2}\right)(V_m-b)=RT \tag{1-9}$$

式(1-9)是 1mol 实际气体的范德华方程式。

对于 $n$mol 实际气体,将 $V_m=\dfrac{V}{n}$ 代入,整理得

$$\left(p+\frac{n^2a}{V^2}\right)(V-nb)=nRT \tag{1-10}$$

式(1-10)是 $n$mol 实际气体的范德华方程式。式(1-10)中 a、b 是与气体种类有关的物性常数,称为范德华常数,它们分别与分子间作用力和气体分子体积的大小有关。常见气体的 a、b 值列于表 1-1 中,使用时注意它们的单位,当压强和体积的单位改变时,这些常数的数值也会改变。

表 1-1　常见气体的范德华常数

物质	a, $10^{-1}\cdot Pa\cdot m^6\cdot mol^{-2}$	b, $10^{-6}\cdot m^3\cdot mol^{-1}$	物质	a, $10^{-1}\cdot Pa\cdot m^6\cdot mol^{-2}$	b, $10^{-6}\cdot m^3\cdot mol^{-1}$
H_2	0.25	26.7	NH_3	4.26	37.4
N_2	1.37	38.6	Cl_2	6.58	56.2
CO	1.50	39.6	H_2O	5.52	30.4
O_2	1.39	31.9	CH_4	2.25	42.8
CO_2	3.66	42.8			

一方面范德华方程式的推导具有理论依据,另一方面 a、b 常数值又必须通过实验确定,因此它是一个半理论半经验方程,在中压范围(几兆帕)内,使用范德华方程式比理想气体状态方程式有较高准确性,但在压力更高时,也存在较大偏差,表 1-2 列出的数据表明了该事实。

表 1-2　320K 时二氧化碳气体的摩尔体积

p, Pa	实测值, $L\cdot mol^{-1}$	范德华方程式计算值, $L\cdot mol^{-1}$	理想气体状态方程式计算值, $L\cdot mol^{-1}$
1.01325×10^5	26.2	26.2	26.3
1.01325×10^6	2.52	2.53	2.63
4.05300×10^6	0.54	0.55	0.66
1.01325×10^7	0.098	0.10	0.26

[例 1-6] 1mol 二氧化碳气体在温度为 321K 和体积为 1.32L 的容器中,测得压强为 1.86MPa,试分别用理想气体状态方程和范德华方程计算压强并与实测值比较[$a=0.366$

$(Pa \cdot m^6 \cdot mol^{-2})$，$b = 4.28 \times 10^{-5} (m^3 \cdot mol^{-1})$]。

解：按理想气体状态方程计算

$$p = \frac{RT}{V_m} = \frac{8.314 \times 321}{1.32 \times 10^{-3}} = 2.02 \times 10^6 (Pa) = 2.02(MPa)$$

按范德华方程计算

$$p = \frac{RT}{V_m - b} - \frac{a}{V_m^2} = \frac{8.314 \times 321}{1.32 \times 10^{-3} - 4.28 \times 10^{-5}} - \frac{3.66 \times 10^{-1}}{(1.32 \times 10^{-3})^2}$$

$$= 1.88 \times 10^6 (Pa) = 1.88(MPa)$$

与实测值比较，相对误差分别是

$$\frac{2.02 - 1.86}{1.86} \times 100\% = 3.6\%$$

$$\frac{1.88 - 1.86}{1.86} \times 100\% = 1.1\%$$

可见范德华方程计算结果与实测值比较，相对误差小。

运用范德华方程式虽然解决了中高压气体的有关计算，但要查找物性常数 a、b 数值，这给使用带来不便。同时发现，运用范德华方程式计算 p 和 T 较为简单，但若要计算 V 和 n，则相当麻烦。所以我们希望找到一个普遍适用而计算起来又方便的方程式来处理实际气体，而这一方法的得出与气体的液化有关。

第三节 气体的液化与临界状态

实际气体分子间都存在着作用力，当分子间引力增大时，气体分子间距离变小，气体可以转变为液体甚至固体。本节讨论气体转变为液体时的现象及规律。

一、二氧化碳气体的液化实验

范德华方程式中有两个重要物性常数 a、b，它们的数值是由临界参变量求得，而临界参变量又是由气体液化实验确定的，下面介绍一下气体的液化实验。

将 1g 二氧化碳放在 0℃ 的密闭容器中压缩，随着压强的变化，可看到图 1-5 所示的液化现象，并得到表 1-3 所示的数据。

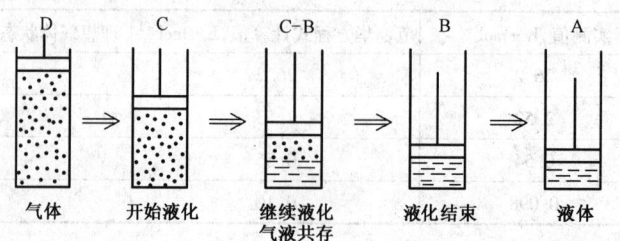

图 1-5 气体的液化现象

表1-3 二氧化碳气体液化实验数据(0℃)

状态		D	C	B	A
压强 p,MPa		3.0	3.4	3.4	12.0
体积 V,L·g^{-1}	气相	0.024	0.016	—	—
	液相			0.0022	0.0019

将表1-3的数据画在压强—体积(p-V)图上,得到一条温度0℃时的气体的液化等温线 $DCBA$。这条等温线的 BC 段为水平线。在温度为10℃时,重复上述实验,得到另一条液化等温线。这条等温线与0℃时的不同在于气液共存的压强升高了,水平线 $B'C'$ 比 BC 缩短了。

继续升高温度进行液化实验,得到的等温线中水平段随温度的升高而逐渐缩短,当实验温度为31.0℃时相应的等温线中水平段缩成一点 K,在这个温度以上,水平段完全消失。

二、二氧化碳气体的 p-V 等温线

表示上述实验结果的二氧化碳气体的 p-V 等温线如图1-6所示。

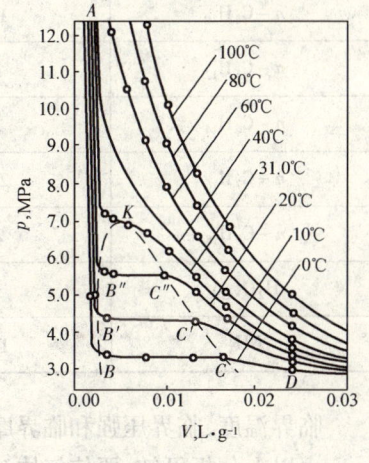

图1-6 二氧化碳气体的 p-V 等温线

1. 讨论

(1) 三个区域。

从液化实验可知,p-V_m 图可分为三个区域。在 C、C'、C''、K、A 连接线以上的临界恒温线的右侧是气态区;在 B、B'、B''、K、C''、C'、C 围成的钟形区域内,表示的是气态液态共存区;其余是液态区。

(2) 等温线。

从气体液化实验可知,K 点以下的等温线由三段组成。以0℃等温线为例,AB 段在液态区,CD 段在气态区,BC 段在气态和液态共存区。

AB 段比 CD 段陡,表明液体的压缩性远远小于气体的压缩性。

BC 段是水平线,它表示液体在一定温度下有一定的饱和蒸气压。C 点表示出现第一个液滴,此时气体为饱和气体;B 点表示气体几乎全部凝结为液体,只剩下最后一点点气体,B 点液体称为饱和液体。随着温度升高,水平段对应的压强也升高,即液体的饱和蒸气压随着温度升高而增大。

K 点以上的等温线通常是光滑的曲线。在不同条件下,曲线偏离理想行为的程度不同。同一温度下,常常压强越高,偏离理想行为的程度越大;同一压强下,温度越低,偏离理想行为的程度也越大。

(3) 临界点。

K 点称为临界点。物质处于临界点时的特征是气体、液体的差别消失。

2. 临界参变量

临界点的温度称为临界温度(使气体液化的最高温度)。某气体在其临界温度时使其液化所需的最低压强称为该物质的临界压强。在临界温度和临界压强下,1mol 物质所占有的体

积就是它的临界摩尔体积。临界温度、临界压强和临界摩尔体积三个数值称为临界参变量,也称临界参数。常见物质的临界参变量见表1-4。范德华方程式常数 a、b 也可由临界参变量求得。

表 1-4 一些物质的临界参变量

物质	t_c,℃	p_c,MPa	V_c,mL·mol^{-1}
N_2	-146.9	3.40	90.1
O_2	-118.4	5.04	78.0
CH_4	-82.1	4.64	99.0
CO_2	31.0	7.39	94.0
C_2H_6	32.27	4.88	148
C_3H_8	96.81	4.26	200
$n-C_4H_{10}$	152.01	3.80	255
$n-C_5H_{12}$	197.2	3.34	311
$n-C_6H_{14}$	234.7	3.03	368
$n-C_7H_{16}$	267.01	2.74	426
$n-C_8H_{18}$	296.2	2.50	490
$H_2O(g)$	374.2	22.14	56.0
NH_3	132.25	11.28	72.62

临界温度、临界压强和临界摩尔体积分别以 T_c(或 t_c)、p_c、V_c 表示。

由以上分析可知,要使气体液化,温度必须低于临界温度,并且施加的压强要大于该温度下的饱和蒸气压。临界温度越高的气体越容易液化。

气体的液化在工业生产和日常生活中经常遇到。工业上利用空气的液化来制取 N_2 和 O_2。生活中使用的瓶装液化气就是通过将可燃气体经高压液化后储存于瓶中的,使用时,打开阀门后,因压强降低,燃料气便从液态重新变成气态。

3. 物质临界参变量间的特殊关系

某些物质临界参变量间的特殊关系见表1-5。

表 1-5 某些物质临界参变量间的特殊关系

物质	N_2	O_2	H_2	CO	NH_3	$H_2O(g)$	CO_2	Cl_2
p_cV_c/RT_c	0.292	0.305	0.305	0.294	0.243	0.230	0.275	0.275

各种实际气体的临界常数不同,这反映了气体的个性。它们都可以液化,都具有临界状态,这反映了气体的共性。实验发现,在临界状态时,各种实际气体的 p_cV_c/RT_c 值几乎相等。这些事实生动地说明各种气体个性和共性的统一,启发我们寻找普遍适用的气体状态方程。

第四节 压缩因子

理想气体状态方程式表达了一个与气体性质无关的普遍化规律,而范德华方程以及许多其他实际气体状态方程式中都含有与气体特性有关的常数,而且这些实际气体状态方程式用起来也不方便,即使是最简单的范德华方程式,使用时也必须查常数 a、b,求 V、n 时还会遇到解三次方程的麻烦。因此人们更希望能找到一个既简单又能普遍适用于实际气体的规律。

一、压缩因子的定义

范德华方程式引入两个修正项修正 $pV = nRT$ 公式,使它能用于实际气体 p、V、T、n 的计算。在工程上,为简便地解决实际气体 p、V、T 之间的关系,经过长期的探索,在理想气体状态方程基础上用一个修正因子代替范德华方程式的两个修正项,把实际气体与理想气体之间的偏差都归结到这个修正因子中去,使它能用于实际气体的 p、V、T、n 的计算。

通常把这个修正因子称为压缩因子,以符号 Z 表示。修正后的方程式可表示为

$$pV = ZnRT \quad (1-11)$$

对于理想气体,任何温度和压强下,$Z = 1$。对于实际气体,一般情况下 $Z \neq 1$;当 $Z > 1$ 时,说明该实际气体不易压缩;当 $Z < 1$ 时,说明该实际气体较易压缩。Z 值的大小表示实际气体压缩的难易程度。

实际气体的 Z 值既与气体的种类有关,又与气体的状态有关。因此在使用式(1-11)时,必须解决的问题是:如何求出 Z 值及在什么条件下各种实际气体才会有相同的 Z 值。

二、对应状态定律

1. 对比状态参数

为把实际气体在任意状态下的 p、V_m、T 和临界状态联系起来,定义如下:

对比压强 $\qquad\qquad p_r = \dfrac{p}{p_c}$

对比温度 $\qquad\qquad T_r = \dfrac{T}{T_c}$

对比体积 $\qquad\qquad V_r = \dfrac{V_m}{V_c}$

p_r、V_r、T_r 统称为对比状态参数。当它们的数值均为 1 时,表明物质处于临界状态。p_r、V_r、T_r 的大小表明物质所处状态距离临界状态的远近程度。

2. 对应状态定律

大量实验证明,各种实际气体在相同的对比压强(p_r)和对比温度(T_r)时,具有相同的对比体积(V_r),称此时的气体处于对应状态,该规律称为对应状态定律。

根据对比参数的定义,把 1mol 实际气体的 p、V_m、T 分别写成:$p = p_r p_c$,$V_m = V_r V_c$,$T = T_r T_c$,代入 $pV_m = ZRT$,即

$$Z = \frac{p_r p_c V_r V_c}{RT_r T_c} = \frac{p_c V_c}{RT_c} \cdot \frac{p_c V_r}{T_r} = Z_c \cdot \frac{p_r V_r}{T_r}$$

Z_c 是临界状态时的压缩因子,各种实际气体的 Z_c 基本相等。各种实际气体处于对应状态时,根据对应状态定律,p_r、V_r、T_r 又相等;因此,在 p_r、T_r 相同时,Z 也是相同的。这个结果可以表述为:处于对应状态的各种气体具有基本相同的压缩因子。

三、实际气体的普遍化计算——压缩因子图

1. 压缩因子图的绘制

把公式 $pV = ZnRT$ 应用于实际气体,关键是求压缩因子。工程上常用压缩因子图来求 Z。

通过对一些气体的实验测定,得出在不同 p_r、T_r 时的一系列 Z 值,将这些数据归纳整理,就绘制出了压缩因子图,如图 1-7 所示。

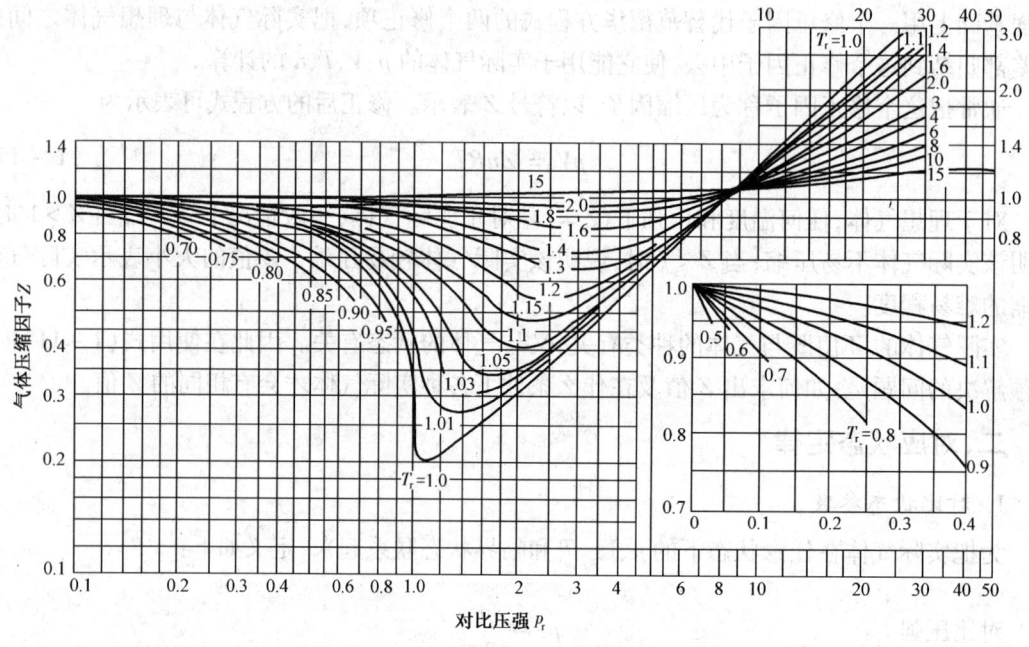

图 1-7 气体压缩因子与对比压强、对比温度关系图

2. 压缩因子图的应用

压缩因子图适用于各种实际气体。当已知某种气体的 p、T 时,求出 p_r、T_r,由图 1-6 即可查出相对应的 Z 值,把 Z 值代入 $pV = ZnRT$,就可以求出气体的体积 V,该方法称为压缩因子图法。

[例 1-7] 求温度为 313K 和压强为 6MPa 二氧化碳气体的摩尔体积 V_m,分别按理想气体计算和用压缩因子图计算,实验测定结果为 0.304L·mol^{-1}。二氧化碳的 p_c = 7.386MPa,T_c = 304.15K。

解:(1)按理想气体计算:

$$V_m = RT/p = \frac{8.314 \times 313}{6 \times 10^6} = 4.34 \times 10^{-4} (\text{m}^3 \cdot \text{mol}^{-1})$$

（2）$p_r = p/p_c$，$T_r = T/T_c$，查压缩因子图得 $Z = 0.66$。

$$V_m = ZRT/p = \frac{0.66 \times 8.314 \times 313}{6 \times 10^6} = 2.86 \times 10^{-4} (\text{m}^3 \cdot \text{mol}^{-1})$$

阅读材料

天然气概述

一、天然气的来源

天然气（Natural Gas）是埋藏在地下的古生物经过亿万年的高温和高压作用而形成的可燃气，是一种无色、无味、无毒，热值高，燃烧稳定，洁净环保的优质能源。天然气其主要成分为甲烷，热值为 $3.55 \times 10^7 \text{J/m}^3$，是一种主要由甲烷组成的气态化石燃料。它主要存在于油田和天然气田，也有少量出于煤层。

当甲烷散逸到大气层中时，它将是一种直接促使全球气温变暖愈演愈烈的温室气体。这种飘散的甲烷就会被视作一种污染物，而不是一种有用的能源。然而，在大气中的甲烷一旦与臭氧发生氧化反应，就会变成二氧化碳和水，因此，排放甲烷所导致的温室效应相对短暂。就燃烧而言，天然气要比煤这类石炭纪燃料产生的二氧化碳要少得多。甲烷的重要生物形式来源主要是白蚁、反刍动物（如牛）等。据估计，这三者的每年甲烷散发量分别是 $15 \times 10^6 \text{t}$、75 和 $100 \times 10^6 \text{t}$（年散发总量约为 $1.0 \times 10^8 \text{t}$）。

二、天然气的发现和早期应用

在公元前 6000 年到公元前 2000 年间，伊朗首先发现了从地表渗出的天然气。许多早期的作家都曾描述过中东有原油从地表渗出的现象，特别是今日阿塞拜疆的巴库地区。渗出的天然气刚开始可能用作照明，崇拜火的古代波斯人因而有了"永不熄灭的火炬"。我国开始利用天然气是在公元前约 900 年。我国在公元前 211 年钻了第一个天然气气井，据有关资料记载，该气井深度为 150m（500ft）。后来钻井深度达到 1000m，至 1900 年已有 1100 多口钻井。

直到 1659 年在英国发现了天然气，欧洲人才对它有所了解，然而，当时天然气并没有得到广泛应用。直到 1790 年，煤气才开始成为用作欧洲街道和房屋照明的主要燃料。1821 年纽约弗洛德尼亚地区对天然气的应用可以看做是北美石油产品的第一次商业应用。当时厂商是通过一根小口径导管将天然气输送至用户，用于照明和烹饪。

三、天然气的主要优点

（1）天然气是较为安全的燃气之一，它不含一氧化碳，也比空气轻，一旦泄漏，立即会向上扩散，不易积聚形成爆炸性气体，安全性较高。

（2）采用天然气作为能源，可减少煤和石油的用量，因而大大改善环境污染问题；天然气作为一种清洁能源，能减少二氧化硫和粉尘排放量近 100%，减少二氧化碳排放量 60% 和氮氧化合物排放量 50%，并有助于减少酸雨形成，舒缓地球温室效应，从根本上改善环境质量。

天然气的主要优点如下。

（1）绿色环保：天然气是一种洁净且利于环保的优质能源，几乎不含硫、粉尘和其他有害物质，它燃烧时产生二氧化碳少于其他化石燃料，对形成温室效应影响小，因而能从根本上改善环境质量。

(2) 经济实惠:天然气与人工煤气相比,同比热值价格相当,并且天然气清洁干净,能延长灶具的使用寿命,也有利于用户减少维修费用的支出。天然气是洁净燃气,供应稳定,能够改善空气质量,因而能为该地区经济发展提供新的动力,带动经济繁荣及环境改善。

(3) 安全可靠:天然气无毒、易散发,密度小于空气,不宜积聚成爆炸性气体,是较为安全的燃气。

(4) 改善生活:随着家庭使用安全、可靠的天然气,必会极大地改善家居环境,提高生活质量。

习 题

一、填空题

1. 理想气体的基本特征是_____。
2. n mol 实际气体的范德华方程式可写为:_____。
3. 通过_____方法可以使气体液化;气体液化的条件是_____。
4. 在恒温下,液—气处于平衡时,若使体积变小,则_____态的量增多(固态、液态或气态),此时压强将_____(变大、变小或不变)。
5. 临界温度是_____。
6. 某气体处于 $Z>1$ 状态下,此时该气体较理想气体_____压缩(难或易)。

二、选择题

1. 可影响气体常数 R 数值的因素是(　　)。
   A. 气体的种类　　B. 气体的状态　　C. p、V 采用的单位　　D. 都不影响
2. 实际气体更能符合 $pV=nRT$ 关系的条件是(　　)。
   A. T 较高,p 较低　B. T 较低,p 较高　C. T 和 p 都较高　D. T 和 p 都较低
3. 若 n_i、p_i、V_i、T_i 分别代表混合气体中 i 组分气体的物质的量、分压、分体积、温度,则下列式子可以成立的是(　　)。
   A. $p_iV_i=n_iRT_i$　B. $p_iV=n_iRT$　C. $pV_i=n_iRT$　D. $pV=n_iRT$
4. 常温下将压强为 100kPa 的氢气由 2L 压缩到 1L,从氢气性质可知压强值是(　　)。
   A. 等于 200kPa　B. 大于 200kPa　C. 小于 200kPa　D. 无法求得
5. 由给出的 T、p 值可知,物质一定处于液态的是(　　)。
   A. $T<T_c$,$p<p_c$　B. $T<T_c$,$p>p_c$　C. $T>T_c$,$p>p_c$　D. $T>T_c$,$p<p_c$
6. 下列常数数值与气体种类有关的是(　　)。
   A. 气体常数 R　B. 范德华常数 a、b　C. 临界参数 T_c、V_c、p_c　D. 对应状态下的 Z
7. 能反映实际气体性质的是(　　)。
   A. 分子占有体积,分子间有作用力;　　B. 压缩因子 $Z=1$
   C. 不可以液化　　D. 可用 $pV=nRT$ 进行准确计算。

三、计算题

1. 在压强为 0.2MPa、温度为 298K 时,16g 氧气的体积为多少升?
2. 0.6L 某气体,在温度为 290K、压强为 100kPa 时质量为 2g,求该气体的相对分子质量。
3. 32g 氧气和 56g 氮气同盛于一只 10L 的容器中,设温度为 300K,试计算:(1)氧气和氮

气的分压;(2)混合气体的总压。

4. 在 5L 的容器中盛有 20℃ 的氮气,测得压强为 50.66kPa,再向容器中加入 0.85mol 氧气,求混合气体总压。

5. 一个容积为 20L 的氧气瓶中装有 1.6kg 氧气,若瓶内气体压强为 15MPa,求此时瓶内温度有多高?(分别用理想气体状态方程式和范德华方程式计算)

6. 5mol 温度为 430K、压强为 15MPa 的二氧化碳气体,求其体积。

(1)当成理想气体处理;

(2)用压缩因子图计算。

7. 在 25℃ 温度下,将氧气充入 40L 的氧气瓶中,直至压强达到 20MPa,试用压缩因子图计算瓶中氧气的质量。

第二章 溶液及相平衡

溶液是由两种或两种以上的物质以分子(原子或离子)状态均匀混合的体系。因此,溶液的组成是均一的,物理性质和化学性质是完全均匀的。

根据溶液聚集状态不同,可将溶液分为气体溶液、液体溶液、固体溶液,如天然气为气体溶液,地层水为液体溶液,合金为固体溶液等。根据溶质的解离性质,可将溶液分为电解质溶液和非电解质溶液,如食盐水为电解质溶液,蔗糖水为非电解质溶液。根据溶剂的不同,还可将溶液分为水溶液和非水溶液,如以酒精、汽油和苯等为溶剂的溶液为非水溶液。根据溶质的相对含量大小,溶液又分为稀溶液和浓溶液(一般稀溶液物质的量浓度小于 $0.2mol \cdot L^{-1}$,浓溶液物质的量浓度大于 $6.0mol \cdot L^{-1}$)。

在有液体物质组成的溶液中,常将液体物质看成溶剂,把其他组分看做溶质。在液体与液体组成的溶液中,通常将溶液中组分含量多的叫做溶剂,组分含量少的叫做溶质。

研究相平衡是研究相与相之间达到平衡时的各种关系。在密闭容器中,一定温度下,液态水可以蒸发变成水蒸气,水蒸气也可冷凝为液态水,当蒸发速率等于冷凝速率时,气、液两相的量不再改变了,气、液两相达到平衡,这就叫做相平衡。此时,存在一个气相,另一个为液相。与化学平衡一样,相平衡也是有条件的、暂时的、相对的,体系的条件改变了,相平衡就会被破坏,在一定的条件下又可以建立新的相平衡。

不同的相组合就有不同的相平衡。在两相平衡体系中,有气—液平衡、液—固平衡、气—固平衡;固—固平衡等多种。

以上列举的均为两相平衡体系,除此以外还有三相平衡体系,如油田采油时的天然气、石油和水就组成了气、油和水三相平衡体系。研究相平衡理论对提高原油产量具有重要的指导作用。

第一节 溶液的组成表示方法

溶液的组成是溶液的重要特性,溶液组成改变,溶液的性质就会发生变化。溶液的组成表示方法较多,这里只介绍常用的 4 种表示方法。

一、物质的量分数

溶液中组分 B 的物质的量与总的物质的量之比称为 B 物质的物质的量分数,通常用 x_B 表示为

$$x_B = \frac{n_B}{\sum n_i} \quad (2-1)$$

式中 n_B——溶液中组分 B 的物质的量,mol;

n_i——溶液中 i 组分的物质的量,mol。

如溶液中含有 n_A(mol) A 组分和 n_B(mol) B 组分,则有

$$x_A = \frac{n_A}{n_A + n_B}, x_B = \frac{n_B}{n_A + n_B}$$

$$x_A + x_B = 1$$

溶液中各个组分的物质的量分数之和等于1,即 $\sum x_i = 1$。

二、质量分数

溶液中组分 B 的质量与总质量之比称为组分 B 的质量分数,通常用 ω_B 表示。

$$\omega_B = \frac{m_B}{\sum m_i} \qquad (2-2)$$

式中 m_B——溶液中组分 B 的质量,kg;

$\sum m_i$——溶液中各组分的总质量,kg。

溶液中各个组分的质量分数之和等于1,即 $\sum \omega_i = 1$。

三、质量摩尔浓度

单位质量溶剂中所含溶质 B 的物质的量,称为组分 B 的质量摩尔浓度,通常用 b_B 表示,单位为 $mol \cdot kg^{-1}$。

$$b_B = \frac{n_B}{m_A} \qquad (2-3)$$

式中 n_B——溶液中组分 B 的物质的量,mol;

m_A——溶液中溶剂的质量,kg。

四、物质的量浓度

单位体积的溶液所含物质 B 的物质的量,称为组分 B 的物质的量浓度,通常用 c_B 表示,单位 $mol \cdot L^{-1}$ 或 $mol \cdot m^{-3}$。

$$c_B = \frac{n_B}{V} \qquad (2-4)$$

式中 n_B——溶液中组分 B 的物质的量,mol;

V——溶液的体积,L 或 m^3。

[例 2-1] 已知 30g 乙醇(B, C_2H_5OH)溶解于 60g 水(A)组成的溶液,其密度 $\rho = 1.113 \times 10^3 kg \cdot m^{-3}$,用物质的量分数、质量分数、质量摩尔浓度和物质的量浓度表示该溶液的组成。

解: 物质的量分数 $x_B = \dfrac{n_B}{\sum n_i} = \dfrac{\frac{30}{46}}{\frac{30}{46} + \frac{60}{18}} = 0.164$

质量分数 $\quad \omega_B = \dfrac{m_B}{\sum m_i} = \dfrac{30}{30+60} = 0.333$

质量摩尔浓度 $\quad b_B = \dfrac{n_B}{m_A} = \dfrac{\frac{30}{46}}{60 \times 10^{-3}} = 10.87(\text{mol} \cdot \text{kg}^{-1})$

物质的量浓度 $\quad c_B = \dfrac{n_B}{V} = \dfrac{\frac{30}{46}}{\frac{(30+60) \times 10^{-3}}{1.113 \times 10^3}} = 8.064 \times 10^3 (\text{mol} \cdot \text{m}^{-3})$

第二节 稀溶液的基本定律

一、拉乌尔定律

拉乌尔定律是一个关于稀溶液中溶剂蒸气压下降的定律。纯溶剂在一定温度下有一定的蒸气压,而溶液中溶剂的蒸气压会下降。

1887 年,法国的物理学家拉乌尔通过实验总结出:在一定温度下,在稀溶液中溶剂蒸气压与溶剂的物质的量分数成正比,比例系数为纯溶剂在该温度下的饱和蒸气压,这就是拉乌尔定律。拉乌尔定律表达式为

$$p_A = p_A^* x_A \tag{2-5}$$

式中 p_A——稀溶液上方溶剂 A 的蒸气压,Pa;

p_A^*——该温度下纯溶剂的饱和蒸气压,Pa;

x_A——溶液中溶剂的物质的量分数。

若溶液由溶剂 A 和溶质 B 组成,由于 $x_A = 1 - x_B$,式(2-5)可写成

$$\dfrac{p_A^* - p_A}{p_A^*} = x_B \tag{2-6}$$

拉乌尔定律最初是在研究不挥发性非电解质的稀溶液时总结出来的,后来发现,对于其他稀溶液中的溶剂,该定律也适用。在任意满足 $x_A \to 1$ 的溶液中,溶剂分子所受的作用力几乎与纯溶剂分子所受作用力相同。所以,在一个溶液中,若其中某组分的分子所受的作用力与纯态时基本相等,则该组分的蒸气压就服从拉乌尔定律。

因此得出,拉乌尔定律只适用于稀溶液,随着溶质的物质的量的增加,拉乌尔定律的实验值和计算值的偏差会越来越大。

二、亨利定律

已经知道,稀溶液中溶剂的蒸气压遵循拉乌尔定律。稀溶液中溶质的蒸气压则遵循另一条规律——亨利定律。

亨利定律是关于气体在液体中溶解度的定律,也是研究溶液中溶质蒸气压的定律。

亨利定律:在一定的温度下,气体 B 在溶液中的溶解度 x_B(物质的量分数)与该气体的平衡分压 p_B 成正比。或者在一定温度下,稀溶液中挥发性溶质在气相中的平衡分压与其在溶液

中的物质的量分数成正比。

$$p_B = kx_B \tag{2-7}$$

式中　p_B——稀溶液上方溶质 B 的平衡分压，Pa；
　　　x_B——溶质 B 的物质的量分数或气体溶解度；
　　　k——亨利常数或溶解度常数，Pa。

由于亨利定律适用于稀溶液，溶质分子很少，其作用力与溶质单独存在时不同，表达式中的比例常数不再是纯组分的蒸气压而是亨利常数 k，其值与溶剂、溶质的性质和温度有关，当溶液一定时，只与温度有关。

利用亨利定律应注意：

(1) 亨利定律仅适用于稀溶液和低中压气体。

(2) 亨利定律只适用于溶质在气相和液相中分子形式相同的物质，如 HCl 溶于苯和氯仿时，在气相和液相中均以 HCl 分子形式存在，适用于亨利定律；而 HCl 溶于水时，则不能以 HCl 分子形式存在，不适用于亨利定律。

(3) 气体混合物溶于同一种溶剂时，亨利定律对各种气体分别适用，其公式中的压强分别为该种气体的分压，而不是总压。

(4) 若稀溶液溶剂的蒸气压遵从拉乌尔定律，溶质的蒸气压遵从亨利定律，则溶液的蒸气压可用下列公式进行计算。

$$p = p_A + p_B = p_A^* x_A + k x_B$$

拉乌尔定律中的比例常数是纯溶剂的饱和蒸气压，而亨利定律中的比例常数是亨利常数，它们的单位相同，均为 Pa。

[例 2-2]　质量分数为 0.05 的乙醇水溶液，在 $p=100\text{kPa}$ 下，加热到 99℃时沸腾。在该温度下，纯水的饱和蒸气压为 92kPa，求在该温度时，若乙醇的物质的量分数为 0.03 时的水溶液的蒸气压和乙醇的分压。

解：质量分数为 0.05 和物质的量分数为 0.03 的乙醇水溶液均可以看做稀溶液，因此，溶剂 A 遵从拉乌尔定律，溶质 B 遵从亨利定律。

先将质量分数 0.05 换算成物质的量分数为

$$x_B = \frac{n_B}{n_A + n_B} = \frac{\dfrac{m_B}{M_B}}{\dfrac{m_A}{M_A} + \dfrac{m_B}{M_B}} = \frac{\dfrac{0.05}{46}}{\dfrac{0.95}{18} + \dfrac{0.05}{46}} = 0.012$$

由于温度一定，比例常数 k 不变。再根据公式：$p = p_A + p_B = p_A^* x_A + k x_B$，求 k 值为

$$k = \frac{p - p_A^*(1 - x_B)}{x_B} = \frac{100 - 92 \times (1 - 0.012)}{0.012} = 758.67(\text{kPa})$$

最后求乙醇物质的量分数为 0.03 的水溶液的蒸气压和乙醇的分压，根据 $p = p_A + p_B = p_A^* x_A + k x_B$ 和 $p_B = k x_B$，有

$$p = 92 \times (1 - 0.03) + 758.67 \times 0.03 = 112(\text{kPa})$$

$$p_B = 758.67 \times 0.03 = 22.76(\text{kPa})$$

三、分配定律

1. 分配定律的含义

分配定律研究的是关于某种溶质在两种互不相溶的溶剂中的分配规律的定律。例如,将互不相溶的水和四氯化碳两种溶剂放在同一容器中,水在上层,四氯化碳在下层;加入碘后,上层为碘的水溶液,下层为四氯化碳的碘溶液。实验证明,达到平衡时,碘在两种溶剂中的浓度比值是不变的。

在一定温度下,一种溶质 B 分配在互不相溶的两种溶剂 α、β 相中的浓度比值为一常数,这就是分配定律,其表达式为

$$K = \frac{x_B^\alpha}{x_B^\beta} \tag{2-8}$$

式中 x_B^α、x_B^β——组分 B 分别在溶剂 α、β 相中的质量浓度,$g \cdot L^{-1}$;

K——分配常数,其值的大小取决于平衡时的温度、溶质和溶剂的性质。

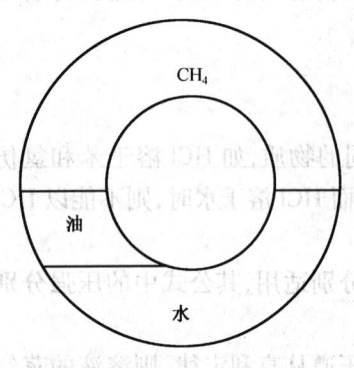

图 2-1 CH_4 在水和油中溶解示意图

下面用亨利定律来解释分配定律。在采油过程中的水、油和天然气(甲烷)系统,假设油、水互不相溶,而甲烷既溶于水又溶于油,如图 2-1 所示。

根据亨利定律,有

在油中 $\quad p_{甲烷} = k_1 x_{油中甲烷}$

在水中 $\quad p_{甲烷} = k_2 x_{水中甲烷}$

平衡时 $\quad k_1 x_{油中甲烷} = k_2 x_{水中甲烷}$

即

$$\frac{x_{油中甲烷}}{x_{水中甲烷}} = \frac{k_2}{k_1} = K$$

2. 分配定律的应用——萃取

萃取是利用一种与溶液不溶的溶剂,将溶质从溶液中抽取出来的操作过程,所用的溶剂称为萃取剂。其原理是分配定律,使用分配定律可计算萃取效率,其表达式为

$$m_n = m\left(\frac{KV_\alpha}{KV_\alpha + V_\beta}\right)^n \tag{2-9}$$

式中 m_n——n 次萃取后留在原溶液中的溶质质量,g;

m——原溶液中溶质的质量,g;

V_α——原溶液的体积,L;

V_β——每次所用萃取剂的体积,L。

从式(2-9)可以看出,随着 n 值的增大,m_n 就越小。对于给定了一定量的萃取剂来说,少

量多次的萃取要比一次萃取的效率高得多。

[例2-3] 证明公式(2-9)的成立。设有一个 α 相溶液,体积为 V_α mL,其中含有质量为 m g 的某溶质,用一种与 α 相互不相溶的 β 相溶剂进行多次萃取,每次用 β 相溶剂均为 V_β mL。令 m_1 为经过一次萃取后,剩余在 α 相中的溶质的质量。经过 n 次萃取后原溶液中剩余溶质为 m_n g。

证明:根据分配定律

$$K = \frac{c_B^\alpha}{c_B^\beta} = \frac{\frac{m_1}{V_\alpha}}{\frac{m-m_1}{V_\beta}} = \frac{m_1 V_\beta}{(m-m_1)V_\alpha}$$

一次萃取后剩余在 α 相中的溶质的质量 m_1 为

$$m_1 = m \cdot \frac{KV_\alpha}{KV_\alpha + V_\beta}$$

二次仍用 V_β mL 新鲜溶剂再次萃取,令 m_2 为二次萃取后剩余在 α 相中的溶质的质量,则

$$m_2 = m_1 \cdot \frac{KV_\alpha}{KV_\alpha + V_\beta}$$

即

$$m_2 = m\left(\frac{KV_\alpha}{KV_\alpha + V_\beta}\right)^2$$

以此类推,n 次萃取后有

$$m_n = m\left(\frac{KV_\alpha}{KV_\alpha + V_\beta}\right)^n$$

[例2-4] 将 0.01g 的碘溶入 85mL 水中形成稀溶液,用总量为 20mL 的某萃取剂萃取碘。试比较一次用 20mL 和分两次分别用 10mL 萃取的效率。已知 $K = 1/85$。

解:用 20mL 一次进行萃取,剩余在水中碘的质量为

$$m_1 = 0.01 \times \frac{\frac{1}{85} \times 85}{\frac{1}{85} \times 85 + 20} = 0.000476(\text{g})$$

每次用 10mL 分两次萃取碘,剩余在水中碘的质量为

$$m_1 = 0.01 \times \left(\frac{\frac{1}{85} \times 85}{\frac{1}{85} \times 85 + 10}\right)^2 = 0.000083(\text{g})$$

可见,用一等量的萃取剂少量多次萃取要比一次萃取的效率高。

第三节 稀溶液的依数性

研究发现,稀溶液的某些性质主要取决于其中所含粒子的数目而与溶质本身的性质无关,称之为稀溶液的依数性。稀溶液的依数性包括溶液的蒸气压下降、沸点上升、凝固点下降和渗透压。电解质的解离程度变化较大,浓溶液的分子间作用复杂,电解质溶液和浓溶液依数性偏差较大,因此,这里只讨论难挥发非电解质稀溶液的性质。

一、溶液的蒸气压下降

如前所述,在一定温度下,密闭容器中液体与其蒸气处于平衡时,蒸气所具有的压强叫做该液体在该温度下的饱和蒸气压。在同一温度下,每种液体的饱和蒸气压是一个定值。

一定温度下,溶剂 A 中溶入了难挥发非电解质 B 后形成稀溶液,稀溶液的蒸气压较纯溶剂的饱和蒸气压低。纯溶剂的饱和蒸气压与溶液蒸气压之差叫做溶液的蒸气压下降,其下降值为

$$\Delta p = p_A^* - p_A = p_A^* - p^* x_A = p_A^*(1 - x_A) = p_A^* x_B \qquad (2-10)$$

式中 Δp——溶液蒸气压下降值,Pa;

p_A^*——纯溶剂的饱和蒸气压,Pa;

p_A——稀溶液的蒸气压,Pa;

x_A, x_B——溶剂、溶质的物质的量分数。

稀溶液的蒸气压下降规律是拉乌尔定律的必然结果,是稀溶液依数性的基础。法国物理学家拉乌尔提出,稀溶液中溶剂的蒸气压等于同温度下纯溶剂的饱和蒸气压与溶液中溶剂的物质的量分数的乘积,即 $p_A = p_A^* x_A$。

式(2-10)的适用条件是一定温度下难挥发非电解质稀溶液。

溶液蒸气压下降的原因可以用分子运动论来解释。液体蒸气压是液体和蒸气处于气、液平衡时的蒸气压,所以液体的蒸气压与液面蒸发的分子数有关。由于加入了溶质,溶液的内部和表面的少部分溶剂分子被难挥发非电解质溶质分子代替,单位体积中溶剂的分子数较纯溶剂时变少,因此再次达到气、液平衡时,液面上方的蒸气分子浓度一定小于纯溶剂上方的蒸气分子浓度,所以稀溶液的蒸气压小于纯溶剂的饱和蒸气压。由于溶质是难挥发的,这里的溶剂蒸气压实际上就是溶液的蒸气压,溶液的蒸气压就下降了。

二、溶液的沸点上升

溶液的沸点是指在一定的外压下,溶液的蒸气压等于外界压强时的温度。对于难挥发非电解质稀溶液,溶液的沸点较纯溶剂的沸点高,其沸点升高值为 ΔT_b,可表示为

$$\Delta T_b = T_b - T_b^* = K_b b_B \qquad (2-11)$$

式中 b_B——溶质的质量摩尔浓度,$mol \cdot kg^{-1}$;

ΔT_b——沸点升高值,K;

T_b——溶液的沸点,K;

T_b^*——纯溶剂的沸点,K;

K_b——溶剂的沸点上升常数，$K \cdot kg \cdot mol^{-1}$。

K_b值仅取决于溶剂的本性，而与溶质的性质无关，一些常见的K_b值列于表2-1中。

表2-1　几种常见溶剂的正常沸点及沸点上升常数

溶剂	水	乙醇	丙酮	环己烷	苯	氯仿	四氯化碳
T_b^*, K	373.15	351.48	329.3	353.25	353.25	334.35	349.387
K_b, $K \cdot kg \cdot mol^{-1}$	0.51	1.20	1.72	2.60	2.53	3.85	5.02

结合图2-2讨论溶液沸点升高的原因。在图2-2中，纯溶剂的饱和蒸气压—沸点曲线用O^*C^*表示，C^*点是纯溶剂的饱和蒸气压p_c与外压p_A等压线的交点，其对应的温度T_b^*为纯溶剂的沸点。OC线为溶液的蒸气压—沸点曲线，因溶液的蒸气压下降，在温度为T_b^*时溶液的蒸气压小于外界压强，溶液并不沸腾，必须将溶液升温，增大溶液蒸气压。当溶液的蒸气压升至与外压相等，即达到C点时，溶液方能沸腾，此时C点对应的温度T_b即为溶液沸点。因此，溶液的沸点升高。

三、溶液的凝固点下降

溶液的凝固点是指液态纯溶剂的饱和蒸气压与固态纯溶剂的饱和蒸气压相等时的温度。当液态纯溶剂中溶入了非电解质，实验表明，溶液的凝固点较纯溶剂的要低，如图2-3所示，可以表示为

$$\Delta T_f = T_f^* - T_f = K_f b_B \quad (2-12)$$

式中　ΔT_f——凝固点下降值，K；

T_f——溶液的凝固点，K；

T_f^*（或T_b^*）——纯溶剂的凝固点，K；

K_f——溶剂的凝固点下降常数，$K \cdot kg \cdot mol^{-1}$。

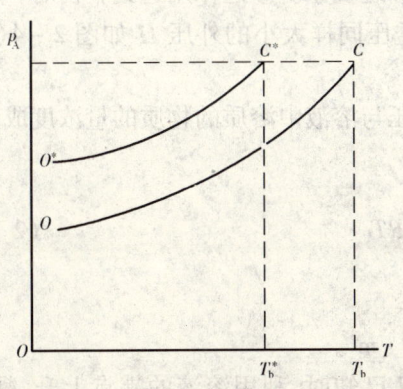

图2-2　稀溶液沸点上升示意图

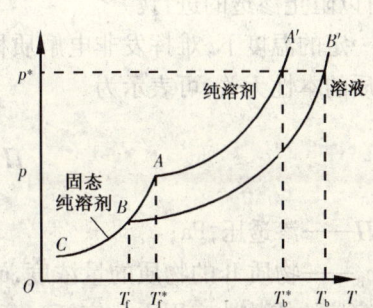

图2-3　稀溶液凝固点下降示意图

K_f值仅取决于溶剂的本性，而与溶质的性质无关，一些常见的K_f列于表2-2中。

表2-2　几种常见溶剂的凝固点及凝固点下降常数

溶剂	水	乙酸	环己烷	苯	萘	三氯甲烷
T_f^*, K	373.15	289.75	279.63	278.65	353.50	280.95
K_f, $K \cdot kg \cdot mol^{-1}$	1.86	3.90	20.0	5.10	6.90	14.4

结合图 2-3 说明溶液凝固点降低的原因。液态纯溶剂的饱和蒸气压与固态纯溶剂的饱和蒸气压相等时的温度为纯溶剂凝固点。图中纯溶剂与固态纯溶剂的饱和蒸气压曲线交于 A 点对应的温度 T_f^* 就是纯溶剂的凝固点。当在溶剂中加入了溶质形成了稀溶液,溶液的蒸气压下降,其溶液的曲线在纯溶剂的下方,欲达溶液曲线与固态纯溶剂曲线相交 B 点,需降低溶液的温度,才能使溶液的蒸气压等于固态纯溶剂蒸气压,B 点对应的温度 T_f 为溶液的凝固点。由此可见,溶液的凝固点比纯溶剂的凝固点要低。

四、溶液的渗透压

溶液的渗透和渗透压是溶液的另一个重要性质。图 2-4 说明了溶液的渗透现象。

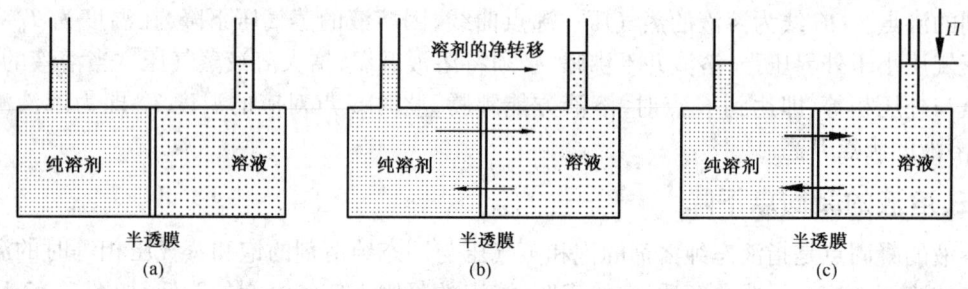

图 2-4 渗透和渗透压示意图

半透膜是一种天然或人造薄膜,具有适当的空隙。这里所说的半透膜指的是只允许溶剂分子通过,而溶质分子不能通过的薄膜。

在容器的左边放入纯溶剂如水,右边放入蔗糖溶液,之间用半透膜隔开。刚开始时,两边液面高度相等,如图 2-4(a)所示;经过一段时间后,右面的液面将上升,左边的液面将下降,如图 2-4(b)所示。这是由于纯水中水分子通过半透膜的速度大于溶液中水分子通过半透膜的速度,结果使蔗糖溶液体积增大,液面上升,这就是渗透现象。渗透作用达到平衡时,半透膜两边的静压差称为渗透压。如果对蔗糖溶液施加渗透压同样大小的外压 Π 如图 2-4(c)所示,就可以阻止渗透的进行。

在一定的温度下,难挥发非电解质稀溶液的渗透压与溶液中溶质的物质的量浓度成正比,而与溶质的本性无关,可表示为

$$\Pi = \frac{n}{V}RT = c_B RT \tag{2-13}$$

式中 Π——渗透压,Pa;

c_B——物质 B 的物质的量浓度,mol·l^{-1} 或 mol·m^3。

稀溶液的依数性应用十分广泛。K_b、K_f、ΔT_b 和 Π 已知时,利用溶液的沸点上升、凝固点下降和渗透压与浓度的关系,可以求得溶质的摩尔质量;又如汽车、坦克等水箱中加入醇类,如乙二醇、甲醇、甘油,使其凝固点降低而防止结冰;向人体进行静脉输液,要求输入溶液的渗透压与血液的渗透压相等;利用渗透技术进行海水的淡化和废水处理等。

[例 2-5] 有一样品,在 20℃ 时,取 1.00g 样品溶于 100g 水中,其沸点上升 0.343×10^{-3} K,凝固点下降 1.24×10^{-3} K,渗透压为 1.62kPa。已知水的沸点上升常数 K_b = 0.51 K·kg·mol^{-1},溶剂的凝固点下降常数 K_f = 1.86 K·kg·mol^{-1}。用 3 种方法计算该样品的摩尔质量。

解:分别用沸点上升、凝固点下降和渗透压求出样品的摩尔质量。

(1) 利用沸点上升求 M:

$$\Delta T_b = K_b b_B$$

$$0.343 \times 10^{-3} = 0.51 \times \frac{\frac{1.00}{M}}{100 \times 10^{-3}}$$

$$M = \frac{0.51 \times 1.00}{0.343 \times 10^{-3} \times 0.1} = 14.87 (\text{g} \cdot \text{mol}^{-1})$$

(2) 利用凝固点下降求 M:

$$\Delta T_f = K_f b_B$$

$$1.24 \times 10^{-3} = 1.86 \times \frac{\frac{1.00}{M}}{100 \times 10^{-3}}$$

$$M = \frac{1.86 \times 1.00}{1.24 \times 10^{-3} \times 0.1} = 15.00 (\text{g} \cdot \text{mol}^{-1})$$

(3) 利用渗透压求 M:

$$\Pi = \frac{n}{V} RT$$

稀溶液的密度近似等于水的密度。

$$1.62 \times 10^3 = \frac{\frac{1.00}{M}}{0.1 \times 10^{-3}} \times 8.314 \times 293$$

$$M = \frac{1.00 \times 8.314 \times 293}{1.62 \times 10^3 \times 0.1 \times 10^{-3}} = 15.00 (\text{g} \cdot \text{mol}^{-1})$$

需要指出的是:利用沸点上升、凝固点下降和渗透压均可测定物质的摩尔质量,由于沸点上升常数最小,故常采用凝固点下降和渗透压测定物质的摩尔质量或检验产品的纯度。

沸点上升公式适用于难挥发非电解质的溶质形成的稀溶液;凝固点下降公式对溶质挥发和非挥发均适用,因凝固点下降与溶质是否挥发无关。

对于电解质溶液或浓溶液,也与非电解质溶液相似,具有溶液的蒸气压下降、沸点上升、凝固点下降和渗透压等性质。但是,利用依数性对浓溶液和电解质溶液的定量计算结果与实验结果偏差较大,所以,不利用此理论进行浓溶液和电解质溶液的定量计算。

第四节 相 律

相律是相平衡所遵循的普遍规律,常需要知道一个相平衡体系有多少相平衡,有多少种物质和几个相,又需要最少给定多少可变因素如温度、压强、组成,才能描述相平衡体系的状态。为了研究相平衡的这些规律,吉布斯总结出相平衡系统均遵守的基本定律——相律。

在介绍相律之前,首先要明确相平衡系统的几个重要概念。

一、基本概念

1. 相和相数

体系中具有完全相同的物理性质和化学性质均匀的部分叫做相。相与相之间有明显的相界面,可以用机械方法分开。平衡系统内相的数目称为相数,常用 Φ 来表示,$\Phi=1$ 为单相体系;$\Phi=2$ 为双相体系;$\Phi=3$ 为三相体系,等等。

一个体系中可以有一个相,也可有两个或以上的相共存。通常气体不管有多少种,平衡时只能形成一个气相,因为任何气体都可以均匀混合;液体如能均匀混合,则形成一个液相,不能均匀混合,则可形成两相或两个以上的液相;固体均不能均匀混合,各成一个固相(固熔体除外)。同时物质的相数与物质的量无关,如液态水,各个部分的物理性质、化学性质相同,不论一杯水、半杯水,还是一滴水都是一相。在杯中加入冰,当冰与水共存时,虽然水和冰的化学性质相同,但两者物理性质不同,可以用机械方法分开,冰水体系为两个相。同理,冰、水和水蒸气组成的体系就是三相的。

物质的相和相数随着条件的变化是可以改变的。比如,在压强为 101.325 kPa 条件下,常温水为液相,温度高于 100℃ 时为气相,温度低于 0℃ 时为固相,温度等于 0℃ 时为固、液两相的共存状态。

2. 相平衡

在一定条件下,当一个多相系统中各相的性质和数量均不随时间变化时,称此系统处于相平衡。此时从宏观上看,没有物质由一相向另一相的净迁移,但从微观上看,不同相间分子转移并未停止,只是两个方向的迁移速率相同而已。下面所讨论的体系,无特殊说明均处相平衡状态。

3. 物种数和组分数

物种数是体系中存在的化学物质的种类数,用 S 表示,如 KCl 水溶液物种数为 $S=6$,包括 KCl、H_2O、K^+、Cl^-、H^+、OH^-。

组分数是指描述相平衡体系所需的最少且能独立存在的化学物种数,用 C 表示,如在 KCl 水溶液中,$C=2$,最少且独立存在的物种为 KCl、H_2O,因为 K^+、Cl^-、H^+、OH^- 这几种离子不能独立存在。

又如系统中含有 PCl_5、PCl_3 和 Cl_2 3 种物质,建立平衡为

$$PCl_5 \rightleftharpoons PCl_3 + Cl_2$$

该系统的物种数是 3,但组分数是 2,说明 3 种物质中只有 2 种物质是可以独立存在的,第三种物质的量可由其他两种物质确定,描述这个系统只需要最少的独立物种数是 2。不难发现,第三种物质能被确定的原因是系统中有一个独立的化学平衡。

再如,只给定 $NH_4Cl(s)$ 分解为 $HCl(g)$ 和 $NH_3(g)$ 的体系,除了存在 $NH_4Cl(s) \rightleftharpoons HCl(g)+NH_3(g)$,由于分解产物均为气相,还存在 $x_{HCl}(g)=x_{NH_3}(g)$ 浓度关系,该系统的物种数是 3,但组分数是 1,说明 3 种物质中只有 1 种物质是可以独立改变的。这是因为,此系统给定了一种物质如 $NH_4Cl(s)$,其他的两种物质的量可由这一种物质确定,描述这个系统只需要最少的独立物种数是 1。不难发现,这个系统中除了有一个独立的化学平衡确定因素外,还有一个浓度限制条件。

显然，组分数等于或小于物种数。实际上，组分数等于系统中的物种数减去独立的化学平衡数和浓度的限制条件数。浓度限制条件只存在同一相中，对不同的相不存在浓度限制条件。平衡体系中组分数可表示为

$$C = S - R - R' \tag{2-14}$$

式中　　C——组分数；

　　　　S——物种数；

　　　　R——独立的化学平衡数；

　　　　R'——浓度限制条件数。

4. 总组成和相组成

对于单相体系，表示物质的相对数量时，只需知道组成的概念就可以了。但对于两相及两相以上的体系，就必须引入总组成和相组成的概念。以甲烷溶于水的体系为例，若问组成，由于体系中有两个相——气相和液相，每个相中又都含有甲烷，且含量不同，所以仅问组成显然是不准确。体系中某一相的组成称为相组成，整个体系的组成称为总组成。上述 $NH_4Cl(s)$ 分解为 $HCl(g)$ 和 $NH_3(g)$ 的体系相组成和总组成可表示为

气相组成：
$$y_{CH_4} = \frac{n_{(g)CH_4}}{n_{(g)CH_4} + n_{(g)H_2O}}$$

液相组成：
$$x_{CH_4} = \frac{n_{(l)CH_4}}{n_{(l)CH_4} + n_{(l)H_2O}}$$

体系的总组成：
$$x = \frac{n_{(g)CH_4} + n_{(l)CH_4}}{n_{(g)CH_4} + n_{(g)H_2O} + n_{(l)CH_4} + n_{(l)H_2O}}$$

习惯上，为区别相态，气相组成用 y_i 表示，液相组成用 x_i 表示，总组成用 x 或 $x_总$ 表示。

对于一个封闭系统，总组成是不变的；对于单相体系，总组成就是相组成。对于多相体系，由于条件的变化，相组成会发生变化，在学习中一定要注意区分相组成和总组成的概念。

5. 自由度数

状态是描述、研究体系存在状况的各种性质的综合表现。性质是指体系的宏观性质，如温度、压强、体积、质量、物质的量、密度、粘度、折射率等宏观物理量。对某个体系来说，当这些宏观性质的数值确定后，体系的状态也就确定了。某种性质的变化必然会造成体系的变化；反之，状态一定，则性质一定。

状态性质可分为强度性质和容量性质。强度性质的数值与体系中物质的量无关，如压强、温度、浓度、密度、粘度、比热容、摩尔体积等；强度性质表现体系"质"的特征，其数值取决于体系自身的特性，不具有加和性。容量性质的数值与体系中物质的量成正比，即具有加和性，整个体系的某容量性质的数值是体系各部分该性质之和，如体积、质量、热容量等；容量性质表现体系"量"的特征。

在不引起旧相消失和新相产生的前提下，可以在一定范围内独立改变的强度性质（如 T、p 和组成等）称为自由度。体系中自由度的最大数目称为该状态下的自由度数，用符号 f 表示。例如在某一范围内，可以任意改变温度和压强，使水始终保持在液相，则这个体系的自由度数 $f=2$（温度、压强）；当水和水蒸气两相平衡时，则温度和压强两个变量中只有一个是可以独立

变动的,即平衡蒸气压由温度决定而不能任意改变,水的气、液平衡体系的自由度数 $f=1$。

二、相律

相律是研究相平衡体系中相数、组分数、自由度数以及外界因素(温度、压强)之间数量关系的一种普遍规律。吉布斯总结出相平衡的基本规律——相律,其相律的表达式为

$$f = C - \Phi + 2 \qquad (2-15)$$

式中 C——独立组分数;

Φ——相数;

2——温度和压强两个变量。

若指定了温度或压强,则 $f = C - \Phi + 1$;若温度和压强同时确定,则 $f = C - \Phi$。

如在密闭容器中,苯和甲苯形成的溶液与其溶液的蒸气平衡共存,体系的相数 $\Phi = 2$(气、液),体系的组分数 $C = 2$(苯、甲苯),根据 $f = C - \Phi + 2$,则该体系的自由度数 $f = 2 - 2 + 2 = 2$。

再如,充满密闭容器中的乙醇水溶液,体系只有一个液相 $\Phi = 1$,组分数 $C = 2$,则该体系的自由度数 $f = 2 - 1 + 2 = 3$。可以解释为:该体系的体现强度性质的变量数有 3 个,温度、压强和两个组分之一的物质的量分数,故自由度数 $f = 3$。

相律与化学平衡所讨论的对象虽然都是平衡体系,但相律只是对系统作出定性讨论,只关心"数目"而不关心"数值"。相律可以确定有几个因素对体系的相平衡产生影响,在一定条件下有几个相,等等。相律不能解决上述数目具体代表哪些相或变量,也不知道每一个相的数量是多少。

[例 2-6] 指出下列平衡系统的组分数 C、相数 Φ 及自由度数 f。

(1) $I_2(s)$ 与其蒸气成平衡;

(2) $CaCO_3(s)$ 与其分解产物 $CaO(s)$ 和 $CO_2(g)$ 成平衡;

(3) $NH_4HS(s)$ 放入一抽空容器中,并与其分解产物 $NH_3(g)$ 和 $H_2S(g)$ 成平衡。

解:在应用相律时,首要的是计算自由度数 f,而计算 f 关键是确定系统的组分数 C, $C = S - R - R'$。难点是如何判断平衡系统中是否存在独立的(组成间)关系式数?如有,有多少个?所以解题时要切实注意。

(1) 因是纯物质 $I_2(s)$ 与其蒸气成平衡的系统,既不发生化学反应,也无独立的限制条件(组成间的关系式数),所以有

$$C = S - R - R' = 1 - 0 - 0 = 1$$

$$\Phi = 2$$

$$f = C - \Phi + 2 = 1$$

这说明该平衡系统的温度与压强两个变量中只有一个是独立的,但究竟是 p 还是 T,则无法确定。

(2) 该平衡系统是由 3 种物质($S = 3$)构成,但三者间存在一个反应平衡关系,故 $R = 1$。而 $CaCO_3(s)$、$CaO(s)$ 和 $CO_2(g)$ 分属三个相,所以每个相均由纯物质构成,也就不存在独立的限制条件,即 $R' = 0$。因此有

$$C = S - R - R' = 3 - 1 - 0 = 2$$

$$\Phi = 2$$

$$f = C - \Phi + 2 = 1$$

这说明上述系统虽由 3 种物质组成,但该系统温度与压强之间只有一个是独立的。若系统的温度确定,则系统压强(CO_2 的压强)就有确定的值。

(3) 根据题中给定条件可知,系统中存在以下反应

$$NH_4HS(s) \rightleftharpoons NH_3(g) + H_2S(g)$$

因此,系统的物种数 $S = 3$,有一个独立的化学平衡式,即 $R = 1$,而且该系统有一个独立的浓度关系式,$R' = 1$,因为平衡系统由 $NH_4HS(s)$ 的纯固相与 $NH_3(g)$ 和 $H_2S(g)$ 两种气体构成的混合气相,而 $NH_3(g)$ 和 $H_2S(g)$ 均由 $NH_4HS(s)$ 分解而得,所以 $p_{NH_3} = p_{H_2S}$,这就存在一个组成间的关系式,即 $R' = 1$。于是有

$$C = S - R - R' = 3 - 1 - 1 = 1$$
$$\Phi = 2$$
$$f = C - \Phi + 2 = 1$$

f 为 1,表示该系统的 p、T 及气相组成这些变量中只有一个是独立的。若系统温度确定时,则系统压强及气相组成均为定值。

第五节 相 图

要描述相平衡体系的性质(例如沸点、蒸气压、熔点、溶解度等)与条件(温度、压强)及组成间的函数关系,可以采用表格法、解析法和图解法等不同的方法,其中图解法是最直观、简洁、方便的一种,图解法就是相图。

相图是根据体系在一定条件下(温度、压强、组成)处于相平衡状态时的大量实验资料绘制而成的。所以,根据相图,可以知道体系在某一条件下最稳定的状态是由几个相组成的,各相的状态、各相的组成以及各相的相对质量等,同时也可以预计当体系的温度或组成发生变化时,体系的相数、相态、各相组成及相的相对质量的变化关系。

相图是以强度性质的变量(温度、压强和组成)为坐标绘制的图,变量较多时,为方便表达,常固定一个变量讨论另两个变量间的关系,因而可用平面图表示。图中的任一点代表了系统的一个状态。

最简单的相图是单组分(纯物质)系统相图,还有二组分系统相图和三组分系统相图,下面分别进行讨论。

一、单组分系统相图

单组分系统就是一种纯物质组成的系统,因其 $C = 1$,根据相律

$$f = C - \Phi + 2 = 3 - \Phi \tag{2-16}$$

自由度数可能有下列 3 种情况:

当 $\Phi = 1$ 时,$f = 2$,称为双变量系统;

当 $\Phi = 2$ 时,$f = 1$,称为单变量系统;

当 $\Phi=3$ 时，$f=0$，称为无变量系统。

由此可知，单组分系统自由度数最大为 2，即温度和压强；单组分系统自由度数最小为 0，此时 3 个相平衡共存，没有变量。

对于单组分体系，没有浓度变化，即纯物质体系，所以最多有两个独立变量（温度和压强），单组分体系的状态或相间平衡关系完全取决于温度和压强，可以用二维 $p-T$ 图表示这种关系。下面以水为例研究单组分体系的相图。

1. 水的相平衡实验数据

水在中常压力下，可以气、液、固三种不同相态存在。通过实验测出这三种两相平衡的温度和压强的数据，见表 2-3。

表 2-3 水的相平衡数据

温度 t，℃	系统的饱和蒸气压 p，kPa		平衡压力 p，kPa
	水⇌水蒸气	冰⇌水蒸气	冰⇌水
-20	0.126	0.103	193.5×10^3
-15	0.191	0.165	156.0×10^3
-10	0.287	0.260	110.4×10^3
-5	0.422	0.414	598.0×10^3
0.01	0.61062	0.61062	0.61062
20	2.338		
60	19.916		
99.65	100.000		
200	1554.4		
300	8590.3		
374.2	22119.247		

2. 水的相图及分析

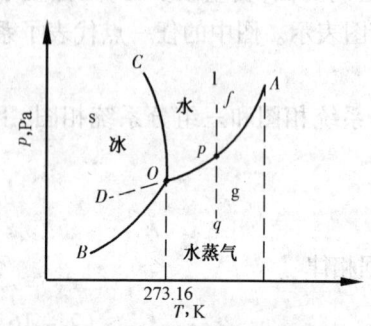

图 2-5 水的相图示意

根据表 2-3 的数据，若以 p 为纵坐标，T 为横坐标，得二维平面 $p-T$ 关系图即水的相图，如图 2-5 所示。

相图分析的内容是利用相律和其他条件改变来说明相图中各相区、相线、相点的物理意义，并讨论外界条件改变对相平衡系统的影响。水的相图中有 3 个相区、3 条相线和 1 个三线交点 O。

1）面

相图中每一个面或区域代表物质的某一个相。用 s、l、g 分别表示水的固相区、液相区和气相区。每个相区均是单相系统，$\Phi=1$，所以 $f=3-\Phi=2$。在各区域内可以有限度地独立改变温度和压强，而不会引起相的种类变化。必须同时指定温度和压强这两个变量，然后系统的状态才能完全确定。

2) 线

相图中有用来分隔某两个相区的三条分界线。OA、OB、OC 3 条线都是根据两相平衡时温度和压强数据绘制出的,称为两相平衡线。线上的任意一点代表系统的某一平衡状态,由于是两相平衡共存,相数 $\Phi = 2$,自由度 $f = 3 - 2 = 1$,指定了温度就不能再任意指定压强,压强由系统决定;反之亦然。如 OA 线上温度为 20℃时,水的饱和蒸气压为 2.338kPa,而不能是其他的值。

OA 线是水和水蒸气的两相平衡曲线,即水的饱和蒸气压曲线。OA 线不能任意延长,它的终点是临界点 $A(T_c = 647.4K, p_c = 2.21 \times 10^7 Pa)$。在临界点,液态的密度与蒸气密度相等,液态和气态之间的界面消失。如果从 A 点对横轴作垂线,则垂线以左,到从 B 点对横轴所作的垂线包围区域的气体,可以通过加压或降温使之液化成水;而 A 点到横轴垂线右侧的气体,因为它高于临界温度,不可能用加压的办法使之液化。通过计算,OA 线斜率大于零,表示水的蒸气压随温度升高而增大,或水的沸点随外界压强增大而升高。

OB 线是冰和水蒸气的两相平衡线,即冰的升华(蒸气压)曲线,理论上可延长到绝对零度附近。其斜率也大于零,且大于 OA 线的斜率,说明温度对冰的蒸气压影响比对水的蒸气压影响更大。

OC 线是冰和水的两相平衡线,即是冰的熔点曲线或水的凝固点曲线。OC 线不能无限向上延长,当压强达到 $2.03 \times 10^8 Pa$,从此时开始,相图变化比较复杂,此处不讨论。

OD 是 AO 线的延长线,也是水和水蒸气的平衡曲线,OD 线在 OB 线之上,它的饱和蒸气压比同温度下处于稳定状态的冰的蒸气压大,因此是不稳定状态,图中用虚线表示,称为过冷水的饱和蒸气压曲线。

3) 点

O 点是三条平衡线的交点,称为三相点。在该点,三相共存,$\Phi = 3, f = 0$。该点的温度和压强均由系统决定,不能任意改变。水的三相点的温度为 273.16K,压强为 610.62Pa。

必须指出,水的三相点与冰点概念不同。三相点和冰点的区别:

三相点——纯水的三相平衡时的温度,即纯水、冰、水蒸气三相共存时的温度。也可以认为是外压等于其饱和蒸气压 0.611kPa 时纯水凝固成冰的温度。

冰点——在外压为 101325Pa 下,被空气饱和了的水凝结成冰的温度。该系统为一多组分系统的三相共存。由 $f = C - \Phi + 2 = C - 3 + 2 = C - 1 > 0$ 可知,冰点可以随外压变化而变化。

图 2 - 5 中有无数个点,每一点代表该系统的一种状态,称为状态点或系统点,如图中的 q、p 和 f 点。q 点表示在一定压强和温度下的水蒸气。当系统经历一恒温加压过程时,系统点 q 沿线向上变化,达到 p 点就凝结出水来。p 点为水和水蒸气两相平衡点。继续加压,水蒸气全部变成液态水,达到 f 点,即一定温度和压强下的水。

[例 2 - 7] 在水的 $p - T$ 图上画 p 等于外界大气压的等压升温线,体系的相将如何变化?自由度数将如何变化?

解:(1) 由于是等压升温线,在水的相图上画一条 $p = 101.325kPa$ 平行于横轴的直线。穿过所有不同相态:起始相固相→固液共存相→液相→液气共存相→终止气相。

(2) 由于纯水系统是单组分系统,$C = 1$,而固相、液相、气相这 3 个区域是单相区,$\Phi = 1$,根据相律 $f = C - \Phi + 2 = 2$,有两个独立变量即温度和压强;在固、液共存线和液、气共存线上,$\Phi = 2$,根据相律 $f = C - \Phi + 2 = 1$,有一个独立变量即温度或压强。

二、二组分系统相图

二组分系统就是有 A、B 两种组分的混合系统,其组分数 $C=2$,根据相律,自由度数 $f=C-\Phi+2=4-\Phi$。相数可以有 $\Phi=1,2,3,4$,自由度数可以有 $f=3,2,1,0$,即二组分系统可能是存在三变量、双变量、单变量和无变量的系统。

不难看出,二组分系统最多可有 3 个独立变量,所以要用三维相图才能完整地描述其相平衡关系,这很不方便。常常将二组分系统 3 个变量其中的一个变量人为设定成常数,而得到立体图形的界面图——两个变量的平面图。

二组分系统相图的类型很多,只能选择介绍一些典型的类型。

在双液系中,可分为完全互溶的双液系;部分互溶的双液系;不互溶的双液系。

在固—液体系中有简单的低共溶混合物;有化合物生成的体系;完全互溶的固溶体;部分互溶的固溶体等。

二组分系统相图按性质分,有蒸气压—组成图,即 $p-x_B$ 图;沸点—组成图,即 $T-x_B$ 图;熔点—组成图,即 $T-x_B$ 图等。

若两个纯液体组分可以按任意的比例互相溶解,这种体系就称为完全互溶的双液体系。根据"相似相溶"的原则,一般说来,两种结构很相似的化合物,例如苯和甲苯、正己烷和正庚烷等混合物,都能以任意的比例混合,形成完全互溶的双液体系。

为了使问题简化,同时力求与第一章研究气体方法相似,提出了理想溶液的概念。

在恒温、恒压下,组分混合形成溶液时,无热效应和体积变化,将此类溶液称为理想溶液。理想溶液应满足两个条件:一是溶质和溶剂的分子大小和形状均相似;二是溶质 B 分子和溶剂 A 分子之间的相互作用力与溶质分子和溶剂分子之间的相互作用力基本相同。这两个条件意味着溶质分子和溶剂分子混合前后其所处的环境与溶质分子和溶剂分子单独存在时基本相同,因此,理想溶液中每种组分的蒸气均服从拉乌尔定律。此时,溶液的性质可以看做是溶质的性质和溶剂的性质的加和,使问题得到简化,因而便于研究。

这里主要讨论理想溶液完全互溶的双液系统,然后再推及其他类型和非理想溶液系统。

二组分系统相图可以直接由实验测定 p、$x_B(y_B)$ 数据来绘制,也可以利用纯物质的饱和蒸气压数据,由拉乌尔定律计算求得 p、$x_B(y_B)$ 数据而绘制,这里利用后者。

1. 二组分理想溶液等温下的压强—组成图

1) 相图的绘制

(1) $p-x_B$ 关系图。

设 A(甲苯)和 B(苯)两种纯物质混合可以形成理想溶液,温度为 T 时,各纯物质的饱和蒸气压分别为 p_A^*、p_B^*,且 $p_A^* < p_B^*$。由于溶液为理想溶液,当达到气液两相平衡时,蒸气分压 p_A、p_B 与液相的组成 x_A、x_B 符合拉乌尔定律,$p_A = p_A^* x_A$,$p_B = p_B^* x_B$。平衡时,蒸气总压为

$$p = p_A + p_B = p_A^*(1-x_B) + p_B^* x_B = p_A^* + (p_B^* - p_A^*)x_B$$

或
$$p = p_B^* + (p_A^* - p_B^*)x_A \tag{2-17}$$

若以 p 为纵坐标,组成 $x_B(x_A)$ 为横坐标作图,得到 $p-x$ 的关系曲线是一条直线,如图 2-6 所示。

直线的端点为 p_A^*、p_B^*,分别为 A、B 两个纯组分的饱和蒸气压,明显得知:$p_A^* < p < p_B^*$,溶液

的总压界于两纯液体的饱和蒸气压之间,横坐标 x_B 区间为 $0\sim1(x_A=1-x_B)$。

该直线上的任意一点均代表系统处于气、液平衡时的状态,若指定液相组成,便可从直线上找到其相应的蒸气压,反之亦成立。该直线表明溶液开始沸腾的状态,此线叫做液相(等温)线也叫做泡点线。

(2)$p-y_B$ 关系图。

在上述的溶液平衡系统中,蒸气压与液相组成符合拉乌尔定律,液面上方的气体视为理想气体,故符合道尔顿分压定律。

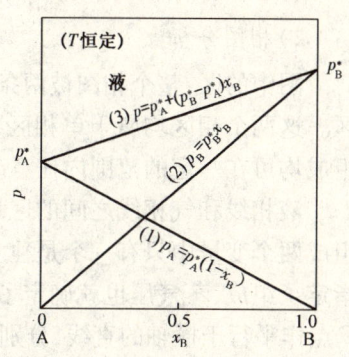

图 2-6 理想溶液的 $p-x$ 关系图

由拉乌尔定律:$p_A=p_A^*x_A$,$p_B=p_B^*x_B$;

由道尔顿分压定律:$p_A=py_A$,$p_B=py_B$;

由第一章可知:$x_A+x_B=1$,$y_A+y_B=1$。

将上各式联立得

$$p=\frac{p_A^*p_B^*}{p_B^*+(p_A^*-p_B^*)y_B} \quad (2-18)$$

若以压力 p 为纵坐标,组成 $y_B(y_A)$ 为横坐标作图,得到总压与气相组成关系曲线,在液相线下方,如图 2-7 所示。

曲线的端点仍为 p_A^*、p_B^*。该曲线上的任意一点均代表系统处于气、液平衡时的状态,若指定气相组成,便可从曲线上找到其对应的蒸气压,反之亦成立。由于在该曲线上蒸气开始冷凝,故将此线叫做气相(等温)线,也叫做露点线。

液相线总在气相曲线之上。因为 $p<p_B^*$,$y_B=\frac{p_B}{p}=\frac{p_B^*}{p}x_B$,$y_Bp=p_B^*x_B$,所以 $y_B>x_B$。这说明,在一定温度下,饱和蒸气压不同的二组分理想混合物的气液平衡体系中,蒸气压较大的组分 B 为易挥发组分,它在气相中的含量大于在液相中的含量。同理可得 $y_A<x_A$,即蒸气压较小的组分为难挥发组分,它在液相中的含量大于平衡气相中的含量。将图 2-6、图 2-7 合并得到图 2-8 理想溶液的 $p-x-y$ 图。这是液体混合物可以通过蒸馏进行提纯分离的理论基础。

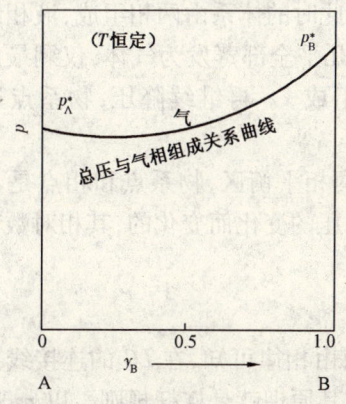

图 2-7 理想溶液的 $p-y$ 关系图

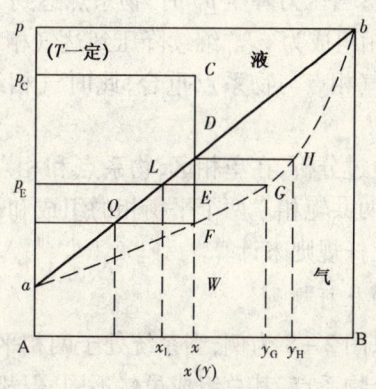

图 2-8 理想溶液的 $p-x-y$ 图

2) 相图分析

图中的区:整个相图被两条线分为3个区域。液相线以上为液相区,气相线以下为气相区。这两个相区均属于单相区,$\Phi=1$,$f=2-1+1=2$(定温),说明在这两个单相区内压强和组成均可在一定的范围内任意改变而不会引起相的变化。

液相线和气相线之间的区域为气、液共存区,$\Phi=2$,$f=2-2+1=1$(定温)。说明压强和组成两个变量中只有一个是独立可变的。若指定了压强,气相、液相的组成就确定了;反之,若指定了组成,蒸气压也就确定了。如指定压强为p_E,另一个变量(总组成x)是独立可变的,过E点作平行于横轴的直线,分别交液相线和气相线于L点和G点,过L点和G点分别作横轴的垂线,相交于x_L和y_G,则x_L为液相组成,y_G为气相组成。

图2-8中的线:气相线和液相线,均为汽、液两相平衡共存,相律分析与上述气、液共存区一样,$\Phi=2$,$f=2-2+1=1$(定温)。压强和组成两个变量中只有一个是独立可变的,若压强和组成同时改变,就会引起相的变化。

图2-8中的点:a、b点是纯组分A和B的气相线和液相线在坐标轴上的交点,该两点的值分别是纯组分A和B的饱和蒸气压。此两点是纯组分气、液平衡点,其自由度数$f=C-\Phi+1=1-2+1=0$(定温),该点的温度和压强均由系统决定,不能任意改变,例如90℃时,苯和甲苯的饱和蒸气压分别为134.7kPa和54.0kPa。

相点:用来表示一个相的压强和相组成(x_B,y_B)所描述的点叫做相点,图2-8中D点、L点、Q点叫做液相点,F点、G点、H点叫做气相点,液相点和气相点统称为相点。

系统点:用来表示系统压强与组成的点叫做物系点或系统点,如图中C点、D点、E点、F点。在封闭系统中,系统的总组成是不变的,但相组成则是可以改变的。那么相组成如何变化呢?

只有一个相时,系统点就是相点,两相共存时,两个相点位于系统点两侧的相线上,且3点处于一条水平线(或称结线)上(因系统温度、蒸气温度和液相温度等同)。

利用相图,可以分析当外界条件发生变化时,系统点和相点发生相变化的情况。在图2-8中,压强为p_C,体系的总组成为x,系统点C,故系统处于液相区。若将其等温降压,因系统的总组成x不变,所以物系点将沿着平行于纵轴的直线CW向下滑动,当压强降至p_D时,物系点到达液相线,液体开始气化出现第一个气泡,但对液相组成影响很小,液相点与物系点重合,液相组成仍认为是x,气相组成为y_H;再减小压强,随着压强的降低,气相的量不断增大,液相组成减少,当压力降至p_E时,物系点达到气、液两相平衡区,此时的体系由两相组成,液相组成为x_L,气相组成为y_G。继续降压到达气相线上的F点,液体几乎全部蒸发为气体,仅剩最后一滴液体,气相点与物系点重合,此时气相组成认为等于总组成x。再继续降压,物系点进入气相区。

通过分析,在单相区,物系点和相点是重合的,而在两相平衡区,物系点和相点是不重合的,为两共轭相。两个平衡相的组成和相对数量是随着总压的变化而变化的,其相对数量可以通过杠杆规则来计算。

3) 杠杆规则

以图2-8为例,当系统处于两相平衡区内的E点时,由相律可知,在LG的连接线上的任何一个物系点,其总组成虽然不同,但相组成却是相同的,其原理就是杠杆规则。以n_g表示体系气相中物质的量,n_l表示体系液相中物质的量,n表示体系总的物质的量,气相组成y_g,液相

组成 x_1，体系的总组成为 x。

$$n_g + n_1 = n$$

体系中某一组分的含量应等于该组分在气相与液相中的含量之和，为

$$n_g y_g + n_1 x_L = (n_g + n_1)x$$

经整理

$$n_1(x - x_L) = n_g(y_g - x)$$

即

$$\frac{n_1}{n_g} = \frac{y_g - x}{x - x_L} = \frac{\overline{GE}}{\overline{EL}} \tag{2-19}$$

式(2-19)称为杠杆规则。若视 E 为支点，气、液两相物质的量可视为两个使杠杆平衡的力，它表明，在两相平衡系统中，两相的物质的量与系统点到两个相点的线段长度成反比。

2. 二组分理想溶液等压下的温度—组成图

实际生产过程中，如一些分离技术中的蒸馏、精馏等都是在等压下进行的。因此讨论一定压强下的温度—组成相图更有现实意义。二组分的温度—组成相图 $T-x(y)$ 与压强—组成相图 $p-x(y)$ 的做法相似，既可通过实验测得的数据，也可利用拉乌尔定律计算得出的数据绘制气、液平衡时温度与组成的关系曲线。如图2-9所示。

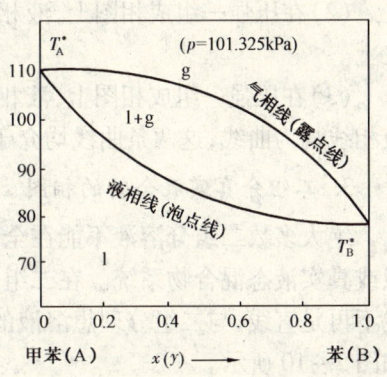

图2-9 苯和甲苯的 $T-x(y)$ 关系图

因系统是恒压，根据拉乌尔定律

$$p = p_A^* x_A + p_B^* x_B = p_A^* x_A + p_B^*(1 - x_A)$$

$$x_A = \frac{p - p_B^*}{p_A^* - p_B^*} \tag{2-20}$$

式(2-20)反映了液相组成与温度的关系。若指定不同的温度，则可求得不同液相组成 x_A 值，将温度为纵坐标，组成为横坐标，即可得到温度—组成 x_A 曲线，即图2-9下方曲线。又根据理想气体分压定律得

$$y_A = \frac{p_A}{p} = \frac{p_A^*}{p} x_A$$

$$y_A = \frac{p_A^*}{p} \cdot \frac{p - p_B^*}{p_A^* - p_B^*} \tag{2-21}$$

式(2-21)反映了气相组成与温度的关系。用相同的做法可得到图2-9中上方曲线。图2-9即是苯和甲苯的 $T-x(y)$ 相图。

相图分析与压强—组成相图相似，气相线与液相线将相图分成3部分，气相线以上为气相

区,液相线以下为液相区;两条曲线之间的区域为气液共存区。

在两个单相区,因 $\Phi=1,C=2$,所以 $f=C-\Phi+1=2$,即温度和组成两个变量均可在一定范围内任意改变,而不会引起相的变化;在两相共存区内,因 $\Phi=2,C=2$,所以 $f=C-\Phi+1=1$,即温度和组成两个变量中只有一个是独立可变的,固定了温度,气相和液相的组成就不能改变,反之也成立。

液相线(泡点线)也叫做沸点线,反映的是组成与沸点的关系;气相线(露点线)也叫做冷凝线,反映的是露点与组成的关系。在两条曲线上的相律分析与气液共存区的相同,不再重述。

各点分析也与压强—组成相图相似,气相与液相中物质量的关系仍然符合杠杆规则。

总结压强—组成相图与温度—组成相图,有如下规律。

(1) A、B 两组分构成的完全互溶双液体系,若纯 B 的蒸气压 p_B^* 高,则纯 B 的沸点 T_B^* 较低。易挥发组分的沸点较低,难挥发组分的沸点较高。

(2)在压强—组成相图上,液相线在气相线之上;在温度—组成相图上,气相线在液相线之上。

(3)在压强—组成相图上,液相线为直线,气相线为曲线;而在温度—组成图上,气相线、液相线均为曲线,这两条曲线均介于 T_A^* 与 T_B^* 之间,即 $T_A^* > T > T_B^*$。

3. 二组分真实混合物的相图

绝大多数二组分溶液不能在全部组成范围内均遵守拉乌尔定律,这种双液体系称为非理想或真实液态混合物系统。在二组分压强—组合相图、温度—组成相图上,真实混合物的液相线不再是直线,与二组分理想溶液的气相线类似,是一条曲线。常见二组分非理想溶液的相图如图 2 - 10 所示。

1) 正偏差液态混合物

若液态混合物的蒸气压实验值大于拉乌尔定律的计算值,则称该液态混合物为正偏差液态混合物。该混合物又分两类,一类是一般正偏差液态混合物:在全部物质的量范围内混合物的蒸气压仍介于两纯组分的饱和蒸气压之间,苯—丙酮组成的系统则属此类,如图 2 - 10(a)所示的实线;另一类是最大正偏差液态混合物:在某一组分范围内,混合物的蒸气压大于任一纯组分的蒸气压,乙醇—环己烷组成的溶液则属此类,如图 2 - 10(c)、(e)中所示的折线。

一般正偏差液态混合物与理想溶液相图相似,仅气、液两相区较理想溶液宽些。最大正偏差液态混合物则不同,图 2 - 10(c)中出现了一个最高点,该点的蒸气压大于任意纯组分的蒸气压,且液相线与气相线相交,有 $y_B = x_B, y_A = x_A$,此点的自由度数 $f=0$。而在温度—组成相图图 2 - 10(e)上,出现了一个最低点 C,C 点为最低恒沸点,在该点的混合物称为恒沸混合物。在该点液相线与气相线相交,有 $y_B = x_B, y_A = x_A$,此点的自由度数 $f=0$。

2) 负偏差液态混合物

若液态混合物的蒸气压实验值小于拉乌尔定律的计算值,则称该种液态混合物为负偏差液态混合物。该混合物又分两类,一类是一般负偏差液态混合物:在全部物质的量范围内混合物的蒸气压仍介于两纯组分的饱和蒸气压之间,氯仿—乙醚组成的系统则属此类,如图 2 - 10(b)中所示的实线;另一类是最大负偏差液态混合物:在某一组分范围内,混合物的蒸气压小于任一纯组分的蒸气压,氯仿—丙酮组成的溶液则属此类,如图 2 - 10(d)、(f)中所示的折线。

一般负偏差液态混合物与理想溶液相似,仅气、液两相区较理想溶液窄些。最大负偏差液态混合物的相图则不同，图中出现了一个最低点，该点的蒸气压小于任意纯组分的蒸气压，且液相线与气相线相交，有 $y_B = x_B$、$y_A = x_A$，此点的自由度数 $f = 0$。对应的温度—组成图上有一个最高点，此点称为最高恒沸点。

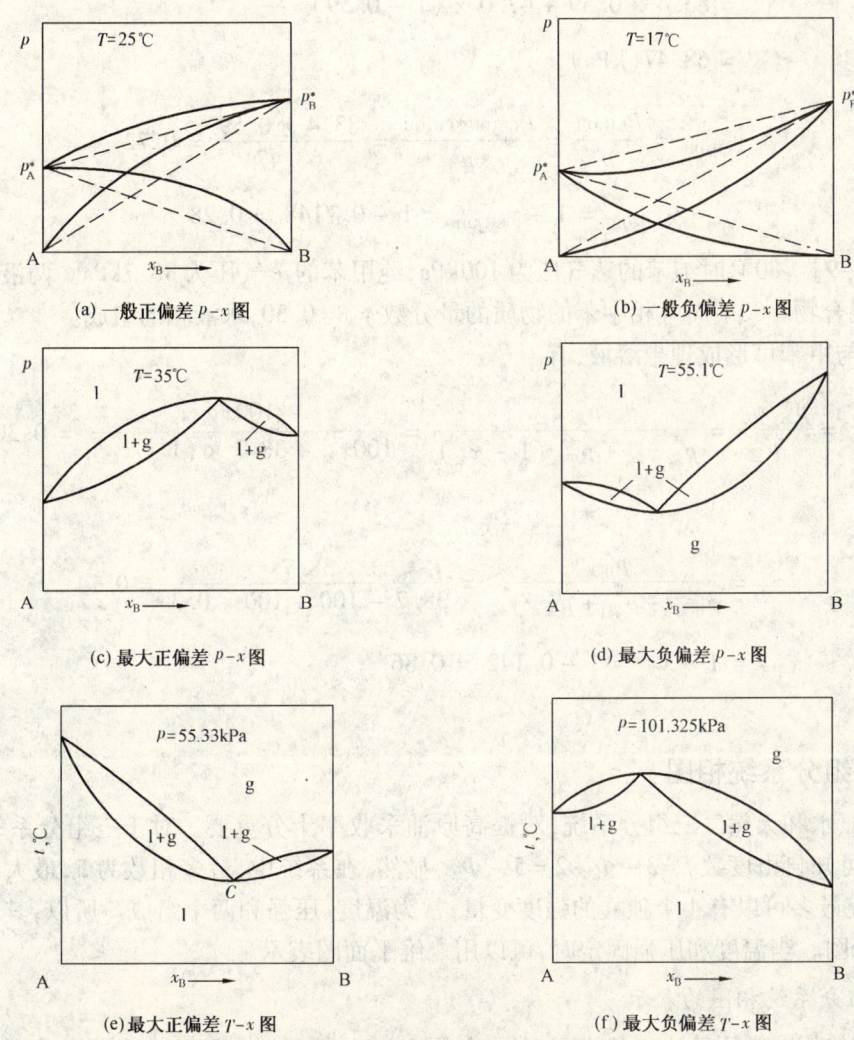

图 2-10 二组分非理想溶液相图

按道理说，在 $T-x$ 图中也有两个一般正偏差、负偏差图，与 $p-x$ 组成图类似，各物系点的组成解决方法与理想溶液相同，在此没有列出。

[**例 2-8**] 在某温度下，甲醇的饱和蒸气压是 83.4kPa，乙醇的饱和蒸气压是 47.0kPa，两者可形成理想溶液。若溶液中两种物质的质量分数，$\omega_{乙醇} = \omega_{甲醇} = 50\%$，求该温度下，此溶液的平衡蒸气组成，以物质的量分数表示。

解： $M_{CH_3OH} = 30.042 \text{kg} \cdot \text{mol}^{-1}$，$M_{C_2H_5OH} = 46.069 \text{kg} \cdot \text{mol}^{-1}$

$$x_{CH_3OH} = \frac{\dfrac{50}{32.042}}{\dfrac{50}{32.042} + \dfrac{50}{46.069}} = 0.59$$

所以

$$p = p_{CH_3OH} + p_{C_2H_5OH} = p^*_{CH_3OH} x_{CH_3OH} + p^*_{C_2H_5OH}(1 - x_{CH_3OH})$$
$$= 83.4 \times 0.59 + 47.0 \times (1 - 0.59)$$
$$= 68.47 \text{(kPa)}$$

$$y_{CH_3OH} = \frac{p_{CH_3OH}}{p} = \frac{p^*_{CH_3OH} x_{CH_3OH}}{p} = \frac{83.4 \times 0.59}{68.47} = 0.72$$

$$y_{C_2H_5OH} = 1 - y_{CH_3OH} = 1 - 0.7148 = 0.28$$

[**例 2 - 9**] 80℃时纯苯的蒸气压为 100kPa,纯甲苯的蒸气压为 38.7kPa。两液体可形成理想液态混合物。80℃时气相中苯的物质的量分数 $y_{苯} = 0.30$,求液相的组成。

解: 苯与甲苯可形成理想溶液,有

$$y_{苯} = \frac{p^*_{苯} x_{苯}}{p} = \frac{p^*_{苯} x_{苯}}{p^*_{苯} x_{苯} + p^*_{甲苯}(1 - x_{苯})} = \frac{100 x_{苯}}{100 x_{苯} + 38.7 \times (1 - x_{苯})} = 0.30$$

整理得

$$x_{苯} = \frac{p^*_{甲苯}}{p^*_{甲苯} - p^*_{苯} + p^*_{苯}/y_{苯}} = \frac{38.7}{38.7 - 100 + 100 \div 0.3} = 0.14$$

$$x_{甲苯} = 1 - x_{苯} = 1 - 0.142 = 0.86$$

三、三组分系统相图

研究油、水和天然气三组分系统,对提高原油采收率十分重要。对于三组分系统,$C = 3$,根据相律,可知自由度数 $f = 3 - \Phi + 2 = 5 - \Phi$。显然,在系统中,最多相数为 5,最大自由度数为 4,即系统最多可以有 4 个独立的强度变量,常为温度、压强和两个组成。所以,其相图也就是四维坐标图。当温度和压强固定时,可以用二维平面图表示。

1. 三组分系统相图的表示

三组分的相图常用等边三角坐标表示,如图 2 - 11 所示。A、B、C 三个顶点分别表示三种纯物质 A、B、C,各顶点均为单组分体系。AB、BC、CA 三条边分别表示体系只含有 A 和 B、B 和 C、C 和 A,在各线上均是二组分体系。三角形内部任意一点代表由 A、B、C 三个组分所组成的三组分体系。读法如下:图中有任意一点 P,要读出它的各物质的含量,则过 P 点作 AB、BC、CA 的平行线,平行线的高度便是对应顶点该纯物质的相对含量,越靠近顶点 P,该组分的含量越多。P 点各物质的相对物质的量分数应为:$x_A = 0.5, x_B = 0.3, x_C = 0.2$;当组成用 ω_i 表示时,则可表示

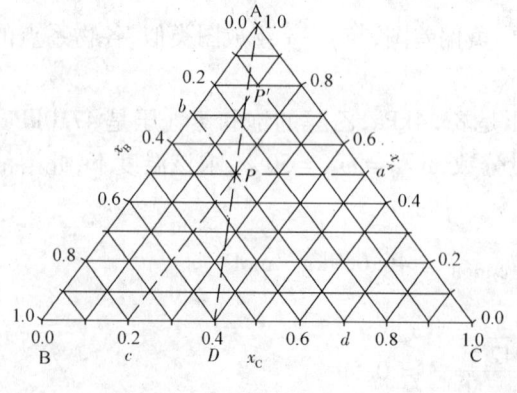

图 2 - 11 等边三角坐标示意图

为：$\bar{\omega}_A = 50\%$，$\bar{\omega}_B = 30\%$，$\bar{\omega}_C = 20\%$。

依据下列各点的组成，试画出三角坐标图中 T、S、R 各点。

$$T点\begin{cases} x_A = 0.3 \\ x_B = 0.0 \\ x_C = 0.7 \end{cases} \quad S点\begin{cases} x_A = 0.5 \\ x_B = 0.2 \\ x_C = 0.3 \end{cases} \quad R点\begin{cases} x_A = 0.8 \\ x_B = 0.1 \\ x_C = 0.1 \end{cases}$$

2. 三组分系统相图的几种规则

1) 等含量规则

平行于三角形某一边的直线，在此线上的任一点对顶点所代表的组分的含量都相等，如图 2-12(a) 中 DE 线平行于 BC 线，线上的任一点所含 A 的物质的量分数 x_A 或质量分数或 $\bar{\omega}_A$ 均相等，$x_{AE} = x_{AD}$。

2) 等比例规则

通过顶点 A 的任何一条直线上的任意一点 A 的含量不同，B、C 组分的含量也不同，但 B、C 两组分的含量之比保持恒定，若 M、M' 点的组成分别用 x、x' 表示，则有 $\dfrac{x_B}{x_C} = \dfrac{x_B'}{x_C'}$，如图 2-12(b) 所示。

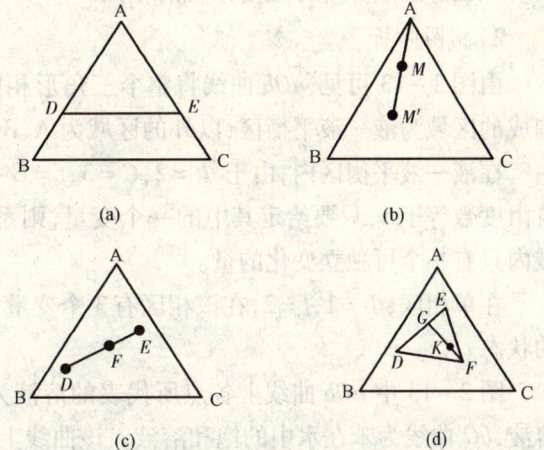

图 2-12 三组分相图的几种规则示意图

3) 杠杆原理

如果由两个系统 D 与 E 构成新的系统，其系统点 F 必定位于 D、E 两点之间的连线上。杠杆规则在这里仍成立，$n_D \cdot \overline{FD} = n_E \cdot \overline{FE}$，如图 2-12(c) 所示。

4) 重心规则

由 3 个三组分系统 D、E、F 混合而成的混合物，其物系点可通过下列方法求得。先依据杠杆规则求出 D 和 E 两个三组分系统所构成混合物的物系点 G，然后再根据杠杆规则求出 G、F 所形成物系点 K，K 就是 D、E、F 3 个三组分系统所构成的混合物的系统点，K 点可以看成是系统的重心，如图 2-12(d) 所示。

3. 三组分系统相图的绘制

1) 相图的绘制

以水、苯和乙醇三组分系统为例，讨论如何绘制三组分系统的相图。体系中，水、苯部分互溶，苯与乙醇、乙醇与水完全互溶，属于部分互溶三组分系统，其相图做法如下。

(1) 将水和苯放入锥形瓶中，充分振荡，由于两者部分互溶，所以分为两层，形成两个液相，以直线 AB 表示二组分系统，a 点表示水在苯中的溶解度，即水的组成，b 点表示苯在水中的溶解度，即苯的组成，如图 2-13 所示。

(2) 在上述锥形瓶中加入乙醇并充分振荡，乙醇分别溶入苯层和水层，达到平衡时得到两个新液层，测其浓度并在三角形内找到对应的物系点 a'、b'；再加入乙醇并充分振荡，达平衡时

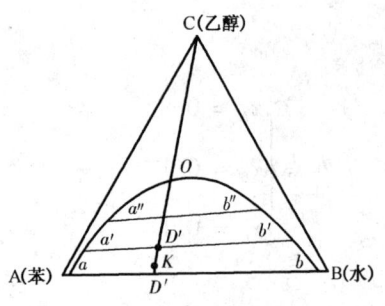

图 2-13 三组分体系相图示意图

溶液又分为两层,即苯层和水层,测其浓度并在三角形内找到对应的物系点 a''、b'';以此类推,继续加入乙醇,将得到 a'''、b''',等等,如图 2-13 所示,由于乙醇的加入,使苯和水的互相溶解度增加,苯层和水层的溶解度 a 和 b 点彼此靠近,最终将在 O 点重合。

(3)连接 $b'a'$、$b''a''$ 等,这些连线叫做结线,由于 a 点和 b 点彼此靠近,所以连接线越来越短,最后缩成一点 O,此 O 点叫做临界点。aO 是水在苯中的溶解度曲线,bO 是苯在水中的溶解度曲线。如此得到的图即为水、苯、乙醇三组分部分互溶系统的相图。

2)相图分析

由图 2-13 可见,aOb 曲线将整个三角形相图分成两部分,aOb 曲线与三角形的底边 AB 围成的区域为液—液平衡区,以外的区域为 A、B、C 三组分完全互溶单相区。

在液—液平衡区内,由于 $\Phi = 2$,$C = 3$,$f = C - \Phi + 2$,又由于温度和压强恒定,$f = 1$。由于自由度数等于 1,只要给定其中的一个变量,则系统中的其他变量均可确定。也就是说,该区域内只有一个可独立变化的量。

在单相区,$\Phi = 1$,$f = 2$,在该相区有 3 个变量 x_A、x_B、x_C,只要确定其中的两个就可确定系统的状态。

图 2-13 中 aOb 曲线上各点所代表的溶液为饱和溶液,其中 aO 曲线为水在苯中的饱和溶液,bO 曲线为苯在水中的饱和溶液。该曲线上相图的分析与两个液相区相同。在两个液相共存区域内,其相组成可由杠杆规则求得。如当往 D 点表示的二组分混合物中加入第三组分 C 时,物系点将沿着 DKC(O 和 K 不是同一个点,O 点是临界点,K 点是通过 C 点向 AB 方向线的交点)线向 C 点移动。达到 D' 点时,系统分为组成为 a'、b' 的两层共轭。继续往有 A、B 组成的混合物中加入 C,随物系点越来越靠近 C 点,相平衡的两层共轭溶液的组成越来越接近。当物系点到达 O 时,两层共轭溶液的组成相同,两层溶液合并成一层的点 O。此后继续加入 C,系统进入 A、B、C 组成完全互溶的单相区。

3)温度和压强对三组分系统相图的影响及应用

在等温、等压下绘制了三相图,若温度和压强改变,溶解度曲线也将发生变化。对于液—液相图,如上述所讲的三组分系统相图,由于温度升高可使液体的溶解度增大,故两相区面积缩小,当温度 $T_3 > T_2 > T_1$,两相区变化如图 2-14(a)所示。对于含有气体组分的相图,增加压强,溶解度增加,两相缩小;升高温度,溶解度减小,两相区扩大,如图 2-14(b)、(c)所示。

上面介绍了三组分系统相图中两相区是液—液相的相平衡。但在采油中用到的三组分系统相图中的两相区是气—液相的相平衡,系统可以看做是由轻烃 C_1 甲烷气体、中烃($C_2 \sim C_6$)的烃气体和重烃(C_7 以上)的液体烃组成。在油层条件下,C_1 与 $C_2 \sim C_6$ 可以混溶,C_7 与 $C_2 \sim C_6$ 可以混溶,C_1 与 C_7 部分混溶,形成三相图如图 2-15 所示。在 C_1 与 C_7 连线上的 D 点表示 C_7 在 C_1 中的饱和蒸气压,E 点表示 C_1 在 C_7 中的饱和溶解度曲线,C 点为临界点,过 C 点的切线叫做临界结线。曲线 DCE 将整个图形分成两部分,DCE 曲线与 C_1、C_7 直线围成的区域为气

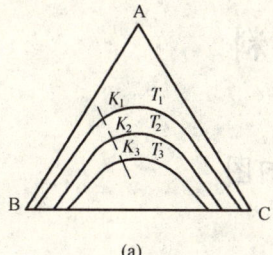
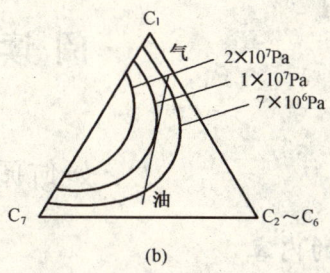

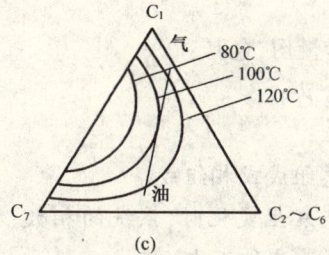

图 2-14 温度和压强对三组分系统相图的影响

液两相共存区,以外为单相区。与图 2-13 不同的是,以临界结线为界又将单相区分成 3 部分,临界结线以右为超临界区 M 区,在该临界区中三个组分可以任意比例混溶。在临界结线以左,且靠近 C_1 端的单相区内是气相区 V 区,靠近 C_7 端的单相区内是液相 L 区。V 区、L 区与 M 区可以混溶,但 V 区与 L 区不能混溶。

尽管 V 区、L 区与 M 区可以混溶,但物系点连接线不能在两相区相交。比如物系点 G_1 与物系点 M_1

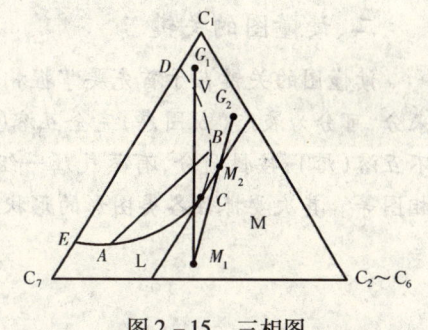

图 2-15 三相图

的体系不能混溶,因为物系点与两相区相交,但物系点 G_2 与物系点 M_2 的体系能混溶。对于不能混溶的体系,比如注入气体,当压强为 7×10^6Pa 注入气 G,与油层油 M 不能混溶,可以采用增压降温措施使其达到混溶条件;当压强增至 1×10^7Pa 时注入气,与油层油开始混溶,此时的压强叫做最低混相压强,混相压强是混相驱采油中的重要参数。

[例 2-10] 有 3mol A 和 7mol B 混合组成理想溶液 F,再向 F 溶液中逐渐加入 5molC 物质时,问体系的相组成如何变化? 体系组成的具体位置?

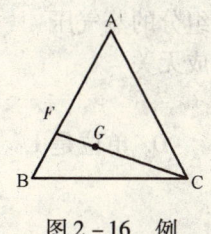

图 2-16 例 2-10 示意图

解:此溶液为 A、B、C 三种液体物质构成的三组分体系。因为在体系中加入 C 物质,n_A 和 n_B 的比例始终为 3:7,这一点可以根据相似三角形原理证明。当加入 5mol C 时,设该体系的组成以 G 表示,由杠杆规则,得:$\dfrac{n_C}{n_F}=\dfrac{l_{GF}}{l_{GC}}=\dfrac{5}{10}=\dfrac{1}{2}$,按此比例,可在图 2-16 中标出体系组成 G 的位置。

阅读材料

如何阅读相图

一、读懂图的内容

相图的学习其难点在于能否正确地读图。若真正读懂一个类型的图,则可触类旁通,甚至可一通百通。

以读二组分相图为例,所谓读懂图,包括:

(1) 读懂图中的点、区、线的含义;

(2) 区分图中的物系点及相点;

(3) 能够读懂或确定系统的总组成或相组成;

(4) 能够描述系统的强度状态发生变化时,系统的相数、相的聚集态、系统的总组成或相组成的变化情况(例如用一条线表达这种变化);

(5) 会用相律对相图进行分析;

(6) 会用杠杆规则进行有关的计算。

二、读懂图的关键

读懂图的关键在于首先要掌握相图的分类,以二组分相图为例,按两个组分的相互溶解度来分,可分为液态(或固态)完全互溶(熔)、液态(或固态)部分互溶(熔)、液态(或固态)完全不互溶(熔);按性质分,有蒸气压—组成图、沸点—组成图、熔点—组成图以及形成化合物的相图等。其次要抓住各类图形的形状特征。

习 题

一、填空题

1. 溶液组成的常用表示方法有_____、_____、_____。

2. 在稀溶液中溶质和溶剂的蒸气压遵循的定律是_____。

二、选择题

1. 下列关于二组分溶液的蒸气压的叙述正确的是( )。

A. 小于任一纯组分的蒸气压　　　　　　B. 大于任一纯组分的蒸气压

C. 介于两纯组分的蒸气压之间　　　　　D. 与溶液的组成无关

2. 在亨利定律表达式 $p = kx$ 中,亨利常数的国际单位制是( )。

A. $Pa \cdot L \cdot mol^{-1}$　　　　B. $Pa \cdot mol \cdot L^{-1}$　　　　C. Pa　　　　D. 单位是1

3. 下列休系中,组分数为2的是( )。

A. 氯化钠水溶液

B. 高温下碳酸钙固体的加热分解反应

C. 在一定条件下,将一定量的五氯化磷放入密闭容器中的平衡反应

D. 密闭容器中的95%乙醇水溶液。

4. 在一个抽空的容器中放有过量的 $NH_4I(s)$,同时存在下列平衡:$NH_4I(s) = NH_3(g) + HI(g)$;$2HI(g) = H_2(g) + I_2(g)$,求此系统的自由度数为( )。
A. 1   B. 2   C. 3   D. 4

5. 在 298K 时,A 和 B 两种气体单独在某一溶剂中溶解,遵守亨利定律,亨利常数分别为 $k_{x,A}$ 和 $k_{x,B}$,且知 $k_{x,A} > k_{x,B}$,则当气液达到平衡 A 和 B 平衡分压相同时,在一定的该溶剂中所溶解的物质的量分数是( )。
A. A 的物质的量大于 B 的物质的量
B. A 的物质的量小于 B 的物质的量
C. A 的物质的量等于 B 的物质的量
D. A 的物质的量与 B 的物质的量无法比较

三、简答题

1. 为什么说拉乌尔定律是稀溶液性质的必然结果?
2. 什么叫做体系的组分数、自由度数?两者如何确定?
3. 总组成与相组成的关系如何确定?
4. 如何绘制理想溶液的压强—组成图,试利用相律分析理想溶液的压强—组成图。
5. 三组分系统相图有哪些重要规则?
6. 部分互溶三组分系统相图在油田中有何重要应用?

四、综合题

1. 试分析如习题 2-1 图所示二组分体系相图中 1、2、3、4 点的自由度数分别是多少。

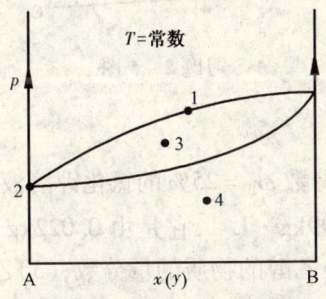

习题 2-1 图

2. 在水的相图习题 2-2 图中,OA、OB、OC 各线分别叫做什么线?各代表什么含义?

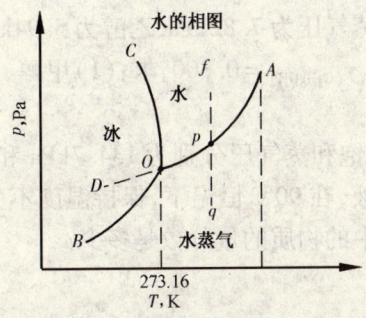

习题 2-2 图

若系统在 $p = p_1$ 下等压升温,体系的相将如何变化?自由度数将如何变化?

3. 习题2-3图为等温、等压下A、B、C三组分构成的液—液相图,画图说明并回答:(1)当A组分4mol与B组分6mol混合,得到的混合物再与5molC组分混合后,体系总组成的位置如何表示?(2)在该组成下,体系是单相还是两相?

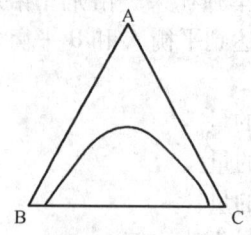

习题2-3图

4. 如习题2-4图所示,在A、B、C三组分体系中,B与C部分互溶。若在A与B形成的溶液中加入C,总组成以O点表示,相组成是否分别以M、N两点表示?a点溶液中加入C,而且a点溶液物质的量与C的物质的量相同,总组成以哪点表示?

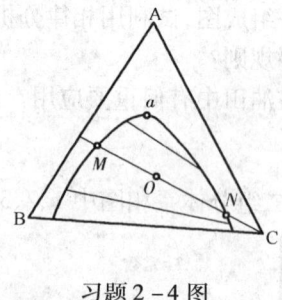

习题2-4图

五、计算题

1. 如何将50gKCl配成质量分数$\omega_B = 25\%$的氯化钾溶液?

2. 乙醇水溶液的密度为$0.99 kg \cdot L^{-1}$,它是由0.022kg乙醇溶解于0.5kg水中得到,计算:(1)乙醇的物质的量浓度;(2)乙醇的物质的量分数;(3)乙醇的质量摩尔浓度。

3. 在0.05kg的四氯化碳中,溶有0.513×10^{-3}kg萘($M = 128$kg·mol^{-1}),测得$\Delta T_b = 0.402$K,若在同量溶剂中溶解某物质0.62×10^{-3}kg,可测得$\Delta T_b = 0.641$K,求此物的摩尔质量。

4. 在20℃时,甲醇的饱和蒸气压为7.82kPa,乙醇为5.94kPa。已知甲醇和乙醇混合所形成的溶液为理想溶液,若平衡时$y_{(C_2H_5OH)} = 0.300$,求:(1)甲醇、乙醇的分压力;(2)甲醇在液相中的物质的量分数。

5. 已知90℃时苯和甲苯的饱和蒸气压分别为134.7kPa和54.0kPa。在活塞中放有物质的量相等的苯和甲苯组成的溶液,在90℃恒温下,保持温度不变,减少压强,求开始有蒸气产生时总压为多少?甲苯在气相中的物质的量分数是多少?

第三章　电化学基础及金属材料的防腐

第一节　原电池和电极电势

一、原电池

1. 原电池的组成

在甲乙两烧杯中分别放入 $ZnSO_4$ 溶液和 $CuSO_4$ 溶液。在盛有 $ZnSO_4$ 溶液的烧杯中插入锌片，在盛有 $CuSO_4$ 溶液的烧杯中插入铜片，用导线把检流计和两金属片串联起来。把两个烧杯中的溶液用一倒置的 U 形管连接起来。U 形管中装满用 KCl 饱和溶液和琼胶做成的冻胶。这种装满冻胶的 U 形管叫做盐桥。此时串联在铜片和锌片间的检流计指针立即向一方偏转，说明导线中有电流通过。这种装置被称为铜锌原电池，铜片和锌片又被称为原电池的电极，如图 3-1 所示。

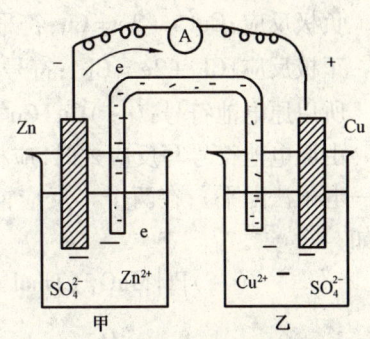

图 3-1　铜锌原电池

铜锌原电池中有电流产生，主要是因为发生以下反应：

还原反应　$Cu^{2+} + 2e \rightleftharpoons Cu\downarrow$

氧化反应　$Zn \rightleftharpoons Zn^{2+} + 2e$

锌片发生氧化生成 Zn^{2+} 进入溶液，锌片为负极；Cu^{2+} 获得电子变成金属铜析出，铜片为正极。

在上述原电池装置中，化学能变成了电能，这种使化学能变为电能的装置叫做原电池，该原电池的电池反应为 $Cu^{2+} + Zn \rightleftharpoons Zn^{2+} + Cu\downarrow$。

在氧化还原反应中，还原是物质获得电子的作用，失电子者为还原剂；氧化是物质失去电子的作用，得电子者为氧化剂。在该原电池反应中，Zn 失去电子，氧化数升高，被氧化，金属锌为还原剂；Cu^{2+} 获得电子，氧化数降低，Cu^{2+} 为氧化剂。由此可知，氧化剂和还原剂之间发生电子转移是氧化还原反应的本质。

2. 原电池符号

原电池可用符号：(−)电极｜电解质溶液｜电极(+)表示，例如上述铜锌原电池可表示为

$$(-)Zn|ZnSO_4(c_1)\|CuSO_4(c_2)|Cu(+)$$

其中"｜"表示半电池中两相之间的界面，"‖"表示盐桥，c_1，c_2 分别表示 $ZnSO_4$ 溶液和 $CuSO_4$ 溶液的物质的量浓度。习惯上负极写在左边，正极写在右边。对于有气体参与的反应，还需说明气体的分压。若溶液中含有两种离子参与电极反应，可用逗号将它们分开。若使用惰性电

极,也要注明。

例如以氢电极和 Fe^{3+}/Fe^{2+} 电极组成的原电池,其原电池符号为

$$(-)Pt,H_2(p)|H^+(c_1)\|Fe^{3+}(c_2),Fe^{2+}(c_3)|Pt(+)$$

3. 反应式与原电池符号的互换

同一元素的氧化态与还原态彼此依靠、相互转化的关系称为氧化还原电对,简称电对。电对的常用符号为氧化态/还原态,例如,$Cr_2O_7^{2-}/Cr^{3+}$,SO_4^{2-}/H_2SO_3,Zn^{2+}/Zn。氧化剂越强,意味着它越易获得电子而转变为相应的还原剂,因此,还原剂就越难失电子转变为原来的氧化剂,即强的氧化剂对应于弱的还原剂;强的还原剂必对应于弱的氧化剂。

由反应式写原电池符号时,首先把总反应式分为两个半反应:正极(还原)反应和负极(氧化)反应;找出半反应的氧化还原电对,并判断所组成的电极类型;写出两个电极符号并组成原电池,例如,$Cu + Cl_2 = Cu^{2+} + 2Cl^-$。

负极反应:$Cu^{2+} + 2e = Cu$;符号为 $(-)Cu|Cu^{2+}(c_1)$

正极反应:$Cl_2 + 2e = Cl^-$;符号为 $Cl^-(c_2)|Cl_2(p_1)|Pt(+)$

所以原电池符号:$(-)Cu|Cu^{2+}(c_1)\|Cl^-(c_2)|Cl_2(p_1)|Pt(+)$

由原电池符号写反应式时,应根据原电池符号分别写出两个电极反应并分别配平(见离子—电子法配平);在两个半反应前乘以适当系数后相加或相减并约化得到总反应方程式,例如:

$$(-)Pt|MnO_4^-(1mol\cdot L^{-1}),Mn^{2+}(1mol\cdot L^{-1}),H^+(1mol\cdot L^{-1})\|$$

$$H^+(mol\cdot L^{-1}),PbSO_4(s),PbO_2(s)|Pt(+)$$

正极反应: $(PbO_2 + SO_4^{2-} + 4H^+ + 2e = PbSO_4 + 2H_2O) \times 5$

负极反应: $\dfrac{(MnO_4^- + 8H^+ + 5e = Mn^{2+} + 4H_2O) \times 2}{5PbO_2 + 5SO_4^{2-} + 2Mn^{2+} + 4H^+ = 5PbSO_4 + 2MnO_4^- + 2H_2O}$

二、电极电势

1. 电极电势与电池电动势的产生

根据图 3-1 装置,当用导线把铜锌原电池的两个电极连接起来,检流计指针就会偏转。这表明在两个电极之间存在电势差,也就是说,两个电极的电势不同。什么是电极电势? 它是如何产生的? 早在 1889 年,德国化学家能斯特在解释金属活动顺序表时提出了一个金属在溶液中的双电层理论(double electrode layer theory),并用此理论定性地解释了电极电势产生的原因。下面以锌电极为例来说明。

当把金属锌放在锌离子溶液中时,会同时出现两种相反的趋向。一方面锌表面上的锌离子由于受极性很大的水分子的作用,有离开金属锌表面而溶解于溶液中的趋向,金属锌的表面由于失去锌离子而带负电荷;另一方面,溶液中的锌离子碰撞到锌的表面,受电子的吸引也可沉积到金属表面上。此两过程可表示如下:

$$Zn \underset{沉积}{\overset{溶解}{\rightleftharpoons}} Zn^{2+} + 2e$$

当溶解与沉积的速率相等时,则达到一种动态平衡。

由于锌较活泼,其溶解趋势大于沉积趋势,结果锌表面自由电子过剩而带负电荷,锌附近溶液则具有带正电荷的剩余电量,而在锌片和溶液间形成了双电层,如图 3-2 所示。与锌相比,对于活泼性较差的金属如铜,当达到平衡时,沉积趋势大于溶解趋势,使金属表面带正电荷,而附近的溶液带负电荷,也构成双电层。像这种形成的双电层之间的电势差就是电极的电极电势(electrode potential)。其他类型的电极与金属电极类似,也由于在电极与溶液之间形成双电层产生电势差而具有电极电势。

不同的电极形成双电层的电势差不同,电极电势就不同。电极电势用 φ(氧化态/还原态)表示。当两个电极电势不同的电极组合时,电子将从负极流向正极,从而产生电流。例如,在铜锌原电池中,若两种溶液的浓度相等,则因锌比铜活

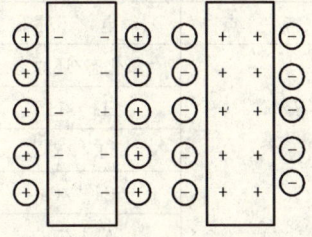

图 3-2 双电层示意图

泼,在锌极上集聚的电子要比铜极上的多,电极电势相对较低,用导线连接时,就有一定数量的电子流向铜极。锌极上电子的减少和铜极上电子的增加破坏了两极的双电层,锌极上又会有一定数量的锌离子溶入溶液中,同时也有相应数量的铜离子在铜极上获得增加的电子而析出,使电子再由锌极流向铜极,并使锌的溶解和铜的析出过程继续下去,原电池就持续不断地产生电流。显然,此电流的产生是由于两个电极间存在电势差所致。

在接近零电流条件下,原电池两极之间的电势差就是原电池的电动势(electromotive force,简写为 emf),常用 E 表示。电极电势高的为正极($\varphi_{正}$),电极电势低的为负极($\varphi_{负}$),则电池的电动势为 $E = \varphi_{正} - \varphi_{负}$。

2. 标准电极电势

1)标准电极电势的测定

电极电势的绝对值无法测量,只能选定某种电极作为标准,其他电极与之比较,求得电极电势的相对值。通常选定的是标准氢电极。

标准氢电极是这样构成的:在 298.15K 恒温下,将镀有铂黑的铂片置于氢离子物质的量浓度为 $1.0\text{mol} \cdot \text{L}^{-1}$ 的硫酸溶液中,然后不断地通入压强为 $1.013 \times 10^5 \text{Pa}$ 的纯氢气达到饱和,形成一个氢电极,在这个电极周围发生了这样的平衡:$H_2 \rightleftharpoons 2H^+ + 2e$。

这时,产生在标准氢电极和硫酸溶液之间的电势叫做氢的标准电极电势,将它作为电极电势的相对标准,规定其为零,表示为:$\varphi^{\ominus}_{(H^+/H_2, 298.15K)} = 0$。

用标准氢电极与其他各种标准状态下的电极组成原电池,测得这些原电池的电动势,从而计算各种电极的标准电极电势。所谓的标准状态,是指组成电极的离子物质的量浓度为 $1.0\text{mol} \cdot \text{L}^{-1}$,气体分压为 $1.013 \times 10^5 \text{Pa}$,液体或固体都是纯物质。标准电极电势的符号用 $\varphi^{\ominus}$ 表示。例如测定 Zn^{2+}/Zn 电对的标准电极电势,可将 $Zn|Zn^{2+}$ 电极与标准氢电极组成一个原电池:

$(-)Zn|Zn^{2+}(1\text{mol} \cdot L^{-1})||H^+(1\text{mol} \cdot L^{-1})|H_2(p^{\ominus})|Pt(+)$,用电位计测得该电池电动势 E 为 0.7628V。$E = \varphi_{正极} - \varphi_{负极} = \varphi_{H^+/H_2} - \varphi_{Zn^{2+}/Zn}$,$0.7628 = 0 - \varphi_{Zn^{2+}/Zn}$,所以 $\varphi_{Zn^{2+}/Zn} = -0.7628V$。用同样的方法,可测得其他电对的标准电极电势。对某些剧烈与水反应而不能直接测定的电极,例如 Na^+/Na、F_2/F^- 等,则可通过热力学数据,用间接方法来计算其标准电极电势。

2）标准电极电势表

把所测得的一系列电对的标准电极电势汇制成表，就得到标准电极电势表。表3-1列出了一些常见电极的标准电极电势。

表3-1 常见电极的标准电极电势(298.15K)

特点	电对	电极反应	$\varphi^{\ominus}$,V	特点
	氧化态/还原态	氧化态 + ne ⇌ 还原态		
还原态的还原性减弱	Li^+/Li	$Li^+ + e ⇌ Li$	-3.040	氧化态的氧化性增强
	K^+/K	$K^+ + e ⇌ K$	-2.931	
	Ca^{2+}/Ca	$Ca^{2+} + 2e ⇌ Ca$	-2.868	
	Na^+/Na	$Na^+ + e ⇌ Na$	-2.710	
	Mg^{2+}/Mg	$Mg^{2+} + 2e ⇌ Mg$	-2.372	
	Al^{3+}/Al	$Al^{3+} + 3e ⇌ Al$	-1.662	
	Zn^{2+}/Zn	$Zn^{2+} + 2e ⇌ Ca$	-0.762	
	Fe^{2+}/Fe	$Fe^{2+} + 2e ⇌ Fe$	-0.447	
	Cd^{2+}/Cd	$Cd^{2+} + 2e ⇌ Cd$	-0.403	
	Sn^{2+}/Sn	$Sn^{2+} + 2e ⇌ Sn$	-0.138	
	Pb^{2+}/Pb	$Pb^{2+} + 2e ⇌ Pb$	-0.126	
	H^+/H_2	$2H^+ + 2e ⇌ H_2$	0.000	
	Sn^{4+}/Sn^{2+}	$Sn^{4+} + 2e ⇌ Sn^{2+}$	+0.151	
	Cu^{2+}/Cu	$Cu^{2+} + 2e ⇌ Cu$	+0.342	
	O_2/OH^-	$O_2(g) + 2H_2O + 4e ⇌ 4OH^-$	+0.401	
	I_2/I^-	$I_2 + 2e ⇌ 2I^-$	+0.536	
	Fe^{3+}/Fe^{2+}	$Fe^{3+} + e ⇌ Fe^{2+}$	+0.771	
	Hg_2^{2+}/Hg	$Hg_2^{2+} + 2e ⇌ Hg$	+0.797	
	Ag^+/Ag	$Ag^+ + e ⇌ Ag$	+0.800	
	Hg^{2+}/Hg	$Hg^{2+} + 2e ⇌ Hg$	+0.851	
	Br_2/Br^-	$Br_2 + 2e ⇌ 2Br^-$	+1.066	
	O_2/H_2O	$O_2(g) + 4H^+ + 4e ⇌ 2H_2O$	+1.229	
	$Cr_2O_7^{2-}/Cr^{3+}$	$Cr_2O_7^{2-} + 14H^+ + 6e ⇌ 2Cr^{3+} + 7H_2O$	+1.232	
	Cl_2/Cl^-	$Cl_2(g) + 2e ⇌ 2Cl^-$	+1.358	
	Au^{3+}/Au	$Au^{3+} + 3e ⇌ Au$	+1.498	
	MnO_4^-/Mn^{2+}	$MnO_4^- + 8H^+ + 5e ⇌ Mn^{2+} + 4H_2O$	+1.507	
	Au^+/Au	$Au^+ + e ⇌ Au$	+1.692	
	$S_2O_8^{2-}/SO_4^{2-}$	$S_2O_8^{2-} + 2e ⇌ 2SO_4^{2-}$	+2.010	
	F_2/F^-	$F_2(g) + 2e ⇌ 2F^-$	+2.866	

查标准电极电势表数据时应注意以下几点。

(1)标准电极电势是表示在标准状态下某电极的电极电势。非标准状态下不可直接应用标准电极电势,可通过下面介绍的能斯特方程进行计算。

(2) 同一种物质在某一电对中是氧化型,在另一电对中也可以是还原型,查电极电势值时应特别注意。

例如,Fe^{2+} 在 $Fe^{2+} + 2e \rightleftharpoons Fe$ 中是氧化型,在 $Fe^{3+} + e \rightleftharpoons Fe^{2+}$ 中是还原型,所以在讨论与 Fe^{2+} 有关的氧化还原反应时,应分清 Fe^{2+} 是还原型还是氧化型,不同情况对应的电极反应不同,标准电极电势值也不同。

(3) 同一电对在不同介质中电极电势的值不同,甚至存在形态也不相同。

例如,在酸性介质中,电极电势 $\varphi_{O_2/H^+} = +1.229V$;而在碱性介质中,电极电势 $\varphi_{O_2/OH^-} = +0.401V$。查电极电势值表时应搞清楚是酸性介质还是碱性介质。

(4) 标准电极电势是电对的强度性质,与电极反应式中的系数无关。

例如,$Cl_2(g) + 2e \rightleftharpoons 2Cl^-$,$\varphi$ 值为 1.358V,也可以书写为 $\frac{1}{2}Cl_2(g) + e \rightleftharpoons Cl^-$,其 φ 值为 1.358V 不变。

3. 影响电极电势的因素

电极电势的大小不仅取决于电极的性质,还与温度和溶液中离子的浓度、气体的分压有关。能斯特(Nernst)从理论上推导出电极电势与浓度之间的关系为

$$a\text{氧化型} + ne^- \rightleftharpoons b\text{还原型}$$

$$\varphi = \varphi^{\ominus} - \frac{RT}{nF}\ln\frac{[c'(\text{还原型})]^b}{[c'(\text{氧化型})]^a} \tag{3-1}$$

式(3-1)称为能斯特方程式。

式中 φ——电对在任一温度、浓度时的电极电势,V;

$\varphi^{\ominus}$——电对的标准电极电势,V;

R——气体常数($8.314 J \cdot mol^{-1} \cdot K$);

F——法拉第常数($96485 C \cdot mol^{-1}$);

T——热力学温度,K;

n——电极反应式中转移的电子数。

$c'(\text{还原型}),c'(\text{氧化型})$——电极反应中还原型一侧和氧化型一侧各物质浓度与标准浓度的比值,标准浓度用 $c^{\ominus}$ 表示,$c^{\ominus} = 1 mol \cdot L^{-1}$。

若电极反应中还原型或氧化型为气体,则代入分压与标准压力之比值;若是固态物质或者纯液体,则它们的浓度不包括在能斯特方程中。

若温度取 298.15K,并将自然对数换为常用对数,则能斯特方程变为

$$\varphi = \varphi^{\ominus} - \frac{0.0592}{n}\lg\frac{[c'(\text{还原型})]^b}{[c'(\text{氧化型})]^a} \text{ 或 } \varphi = \varphi^{\ominus} + \frac{0.0592}{n}\lg\frac{[c'(\text{氧化型})]^a}{[c'(\text{还原型})]^b}$$

从能斯特方程式可看出,氧化型物质浓度增大或还原型物质浓度减少,都会使电极电势值增大;反之,电极电势值减少。

利用能斯特方程可以计算电对在各种浓度下的电极电势,在实际应用中非常重要。下面举例说明如何正确地应用能斯特方程。

[例 3-1] 计算温度为 298.15K 时,将 Pt 片浸入这样的溶液中:$c(Cr_2O_7^{2-}) = c$

$(Cr^{3+}) = 1.0 mol \cdot L^{-1}, c(H^+) = 10.0 mol \cdot L^{-1}$,求 $\varphi_{Cr_2O_7^{2-}/Cr^{3+}}$ 的值。

解:电对 $Cr_2O_7^{2-}/Cr^{3+}$ 的电极反应为:$Cr_2O_7^{2-} + 14H^+ + 6e \rightleftharpoons 2Cr^{3+} + 7H_2O$

查得 $\varphi^\ominus = 1.232V$,根据能斯特方程为有

$$\varphi_{2Cr_2O_7^{2-}/Cr^{3+}} = \varphi^\ominus_{Cr_2O_7^{2-}/Cr^{3+}} + \frac{0.0592}{n}\lg\frac{[c(Cr_2O_7^{2-})/c^\ominus][c(H^+)/c^\ominus]^{14}}{[c(Cr^{3+})/c^\ominus]^2}$$

$$= 1.232 + \frac{0.0592}{6}\lg 10^{14} = 1.370(V)$$

[例 3-2] 计算 MnO_4^-/Mn^{2+} 电对在温度为 298.15K 时,当 $c(H^+) = 1.0 mol \cdot L^{-1}$ 时的电极电势。$c(MnO_4^-) = c(Mn^{2+}) = 1.0 mol \cdot L^{-1}$

解:电对 MnO_4^-/Mn^{2+} 的电极反应为 $MnO_4^- + 8H^+ + 5e \rightleftharpoons Mn^{2+} + 4H_2O$

查得 $\varphi^\ominus_{MnO_4^-/Mn^{2+}} = 1.507V$

所以

$$\varphi_{MnO_4^-/Mn^{2+}} = \varphi^\ominus_{MnO_4^-/Mn^{2+}} + \frac{0.0592}{5}\lg\frac{[c(MnO_4^-)/c^\ominus][c(H^+)/c^\ominus]^8}{[c(Mn^{2+})/c^\ominus]^2}$$

$$= 1.507 + \frac{0.0592}{5}\lg[c(H^+)/c^\ominus]^8$$

当 $c(H^+) = 1.0 mol \cdot L^{-1}$ 时:$\varphi_{MnO_4^-/Mn^{2+}} = 1.507 + \frac{0.0592}{5}\lg 1^8 = 1.507(V)$

当 $c(H^+) = 0.001 mol \cdot L^{-1}$ 时:$\varphi_{MnO_4^-/Mn^{2+}} = 1.507 + \frac{0.0592}{5}\lg(0.001)^8 = 1.223(V)$

由此可以看出,随着溶液酸性的增强,其电极电势值增大。

[例 3-3] 在含有电对 Ag^+/Ag 的体系中,电极反应为:$Ag^+ + e \rightleftharpoons Ag$,$\varphi^\ominus = 0.7996V$,若加入 NaCl 溶液至溶液中 $c(Cl^-)$ 维持 $1.00 mol \cdot L^{-1}$ 时,计算 $\varphi_{Ag^+/Ag}$ 的值。

解:加入 NaCl 溶液,便生成 AgCl 沉淀:$Ag^+ + Cl^- \longrightarrow AgCl \downarrow$

因为 $K^\ominus_{sp}(AgCl) = [c(Ag^+)/c^\ominus][c(Cl^-)/c^\ominus]$

所以

$$c(Ag^+) = \frac{K^\ominus_{sp}(AgCl)(c^\ominus)^2}{c(Cl^-)}$$

当 $c(Cl^-) = 1.00 mol \cdot L^{-1}$ 时,$c(Ag^+) = 1.77 \times 10^{-10}/1.00 = 1.77 \times 10^{-10}(mol \cdot L^{-1})$

将 $c(Ag^+)$ 代入此式:$\varphi_{Ag^+/Ag} = \varphi^\ominus_{Ag^+/Ag} + \frac{0.0592}{1}\lg[c(Ag^+)/c^\ominus]$

$$= 0.7996 + \frac{0.0592}{1}\lg(1.77 \times 10^{-10})$$

$$= 0.223(V)$$

比较 $\varphi_{Ag^+/Ag}$ 与 $\varphi^\ominus_{Ag^+/Ag}$ 值,由于 AgCl 沉淀的生成,Ag^+ 平衡浓度的减小,Ag^+/Ag 电对的电极电势下降了 0.5773V,使 Ag^+ 的氧化能力降低。

第二节 电极电势的应用

标准电极电势是化学中的重要数据之一,它可以将物质在水溶液中进行的氧化还原反应系统化。本节将从以下几个方面来说明电极电势的应用。

一、判断氧化剂氧化性与还原剂还原性的相对强弱

在 $M^{n+}+ne \rightleftharpoons M$ 电极反应中,M^{n+} 为物质的氧化型,M 为物质的还原型,即氧化型 $+ne$ $\rightleftharpoons$ 还原型。氧化型物质氧化能力强弱和还原型物质还原能力强弱可以从 φ 值大小来判断。φ 值越大,氧化型物质氧化能力越强,还原型物质还原能力越弱。

[例 3-4] 试判断 Cl_2、Br_2、I_2 的氧化能力和 Cl^-、Br^-、I^- 的还原能力。

解:已知下列电极反应及电极电势分别为

$I_2 + 2e \rightleftharpoons 2I^-$ ($\varphi_1^\ominus = 0.536V$)

$Br_2 + 2e \rightleftharpoons 2Br^-$ ($\varphi_2^\ominus = 1.066V$)

$Cl_2 + 2e \rightleftharpoons 2Cl^-$ ($\varphi_3^\ominus = 1.358V$)

三个电对相对应的电极反应的电极电势:电对为 I_2/I^-、Br_2/Br^-、Cl_2/Cl^-,$\varphi_{Cl_2/Cl^-}^\ominus$ 的值最大,说明 Cl_2 氧化能力最强,而 Cl^- 还原能力最弱;$\varphi_{I_2/I^-}^\ominus$ 的值最小,说明 I_2 氧化能力最弱,而 I^- 还原能力最强。所以氧化能力强弱排序为:$Cl_2 > Br_2 > I_2$,还原能力弱强排序为:$Cl^- < Br^- < I^-$。

二、判断氧化还原反应进行的方向

对于由氧化还原反应组成的原电池,如果 $\varphi_{正极} - \varphi_{负极} > 0$,则该氧化还原反应可自发进行;如果其 $\varphi_{正极} - \varphi_{负极} < 0$,则反应不能自发进行。

[例 3-5] 判断反应 $2Fe^{3+} + Cu \rightleftharpoons 2Fe^{2+} + Cu^{2+}$ 在标准状态下自发进行的方向。

解:按照给定的反应方向,从氧化数的变化看,Fe^{3+} 是氧化剂,Cu 是还原剂,由 Fe^{3+}/Fe^{2+} 和 Cu^{2+}/Cu 组成原电池,Fe^{3+}/Fe^{2+} 作正极,Cu^{2+}/Cu 作负极,电极反应为

负极:$Cu - 2e \rightleftharpoons Cu^{2+}$ ($\varphi^\ominus = 0.337V$)

正极:$Fe^{3+} + e \rightleftharpoons Fe^{2+}$ ($\varphi^\ominus = 0.770V$)

电池电动势 $E^\ominus = \varphi_{(+)} - \varphi_{(-)} = 0.770 - 0.337 = 0.433(V)$

$E^\ominus > 0$,所以,反应自发向右进行。这就是 $FeCl_3$ 溶液可以腐蚀铜的原因。

原电池的电动势是电流的推动力,其值越大,这种推动力越大,氧化还原反应自发正向进行的趋势就越大;反之,其值越小,反应自发正向进行的趋势就越小,逆向进行的趋势增大。显然,$E^\ominus = 0$ 时,氧化还原反应达到了动态平衡。

三、判断氧化还原反应发生的次序

一般情况下,当一种氧化剂遇到几种还原剂时,氧化剂首先与最强的还原剂反应。同样,当一种还原剂遇到几种氧化剂时,还原剂首先与最强的氧化剂反应。从电极电势的角度看,就是电池电动势大的反应首先发生。

工业上通氯气于晒盐所得的苦卤中,使 Br^- 和 I^- 氧化制取 Br_2 和 I_2,就是基于这个原理,从电极电势的角度看:

$I_2 + 2e \rightleftharpoons 2I^-$ ($\varphi_1^\ominus = 0.536V$)
$Br_2 + 2e \rightleftharpoons 2Br^-$ ($\varphi_2^\ominus = 1.066V$)
$Cl_2 + 2e \rightleftharpoons 2Cl^-$ ($\varphi_3^\ominus = 1.358V$)

当把氯气通入苦卤中时，首先将 I^- 氧化成 I_2。控制 Cl_2 的流量，待 I^- 几乎全部被氧化后，Br^- 才被氧化，Br_2 析出，从而分别得 Br_2 和 I_2。

四、判断氧化还原反应进行的程度

任意一个化学反应完成的程度可以用平衡常数的大小来衡量。氧化还原的平衡常数可以通过两个电对的标准电极电势求得。

[例 3-6] 已知，$\varphi_{AgCl/Ag}^\ominus = 0.223V$，利用电化学方法求反应：$Ag^+ + Cl^- \rightleftharpoons AgCl \downarrow$ 在 25℃ 时的平衡常数 $K^\ominus$ 及 $K_{sp}^\ominus(AgCl)$。

解：为了利用电化学方法求反应的平衡常数，就必须先将所给反应设计为原电池，写出原电池的两个半反应。

负极：$Ag + Cl^- \rightleftharpoons AgCl \downarrow + e$　　　　$\varphi_{AgCl/Ag}^\ominus = 0.223(V)$

正极：$Ag^+ + e \rightleftharpoons Ag$　　　　　　　　$\varphi_{Ag^+/Ag}^\ominus = 0.800(V)$

反应开始时，$\varphi_{AgCl/Ag} = \varphi_{AgCl/Ag}^\ominus + \dfrac{0.0592}{1}\lg\dfrac{1}{c'(Cl^-)}$

$$\varphi_{Ag^+/Ag} = \varphi_{Ag^+/Ag}^\ominus + \dfrac{0.0592}{1}\lg c'(Ag^+)$$

随着反应的进行，溶液中 $c'(Ag^+)$、$c'(Cl^-)$ 不断减少，当 $\varphi_{Ag^+/Ag} = \varphi_{AgCl/Ag}$ 时，反应达到平衡状态，则有：$\varphi_{AgCl/Ag}^\ominus + \dfrac{0.0592}{1}\lg\dfrac{1}{c'(Cl^-)} = \varphi_{Ag^+/Ag}^\ominus + \dfrac{0.0592}{1}\lg c'(Ag^+)$，即

$$E^\ominus = \varphi_{Ag^+/Ag}^\ominus - \varphi_{AgCl/Ag}^\ominus$$

$$= \dfrac{0.0592}{1}\lg\dfrac{1}{c'(Cl^-)} - \dfrac{0.0592}{1}\lg c'(Ag^+)$$

$$= \dfrac{0.0592}{1}\lg K^\ominus$$

所以，$\lg K^\ominus = \dfrac{1 \times E^\ominus}{0.0592} = 9.75$，即

$$K^\ominus = 5.65 \times 10^9$$
$$K_{sp}^\ominus(AgCl) = 1/K^\ominus = 1.77 \times 10^{-10}$$

推广到一般，温度为 298.15K 时，任一氧化还原反应的平衡常数和对应电对的 $\varphi^\ominus$ 值的关系可以写成通式

$$\lg K^\ominus = \dfrac{n[\varphi^\ominus(氧化) - \varphi^\ominus(还原)]}{0.0592} \tag{3-2}$$

五、元素标准电势图及其应用

元素标准电势图（或拉特摩图）是表示一种元素各种氧化值之间标准电极电势的图解。

例如,元素铜的标准电势图为

$$\mathrm{Cu^{2+}} \xrightarrow{0.163} \mathrm{Cu^+} \xrightarrow{0.505} \mathrm{Cu} \quad (\varphi^{\ominus}/\mathrm{V})$$
$$\underset{0.342}{\longleftrightarrow}$$

它清楚地表明了同种元素的不同氧化值物质氧化、还原能力的相对大小。此外,元素电势图还可以判断是否可以发生歧化反应。

歧化反应是一种元素处于中间氧化值时,可同时向较高氧化值状态和较低氧化值状态变化的反应,它是一种自身氧化还原反应,例如,$2\mathrm{Cu^+} \rightarrow \mathrm{Cu} + \mathrm{Cu^{2+}}$。

歧化反应发生的规律是:当电势图中($\mathrm{M^{2+}} \xrightarrow{\varphi_{左}^{\ominus}} \mathrm{M^+} \xrightarrow{\varphi_{右}^{\ominus}} \mathrm{M}$)$\varphi_{右}^{\ominus} > \varphi_{左}^{\ominus}$时,$\mathrm{M^+}$容易发生歧化反应。

[例3-7] 欲保存$\mathrm{Fe^{2+}}$溶液,通常加入数枚铁钉,为什么?说明作用原理。

解: 此作用可从元素电势图得到解释。铁的元素电势图为

$$\mathrm{Fe^{3+}} \xrightarrow{+0.771} \mathrm{Fe^{2+}} \xrightarrow{-0.447} \mathrm{Fe} \quad (\varphi^{\ominus}/\mathrm{V})$$

由电势图可见,$\mathrm{Fe^{2+}}$溶液易被空气中的$\mathrm{O_2}$氧化成$\mathrm{Fe^{3+}}$。由于$\varphi_{右}^{\ominus} < \varphi_{左}^{\ominus}$,所以不能正向发生歧化反应,因而能发生逆歧化反应。因此配制亚铁盐溶液时,放入少许铁钉,只要溶液中有铁钉存在,即使有$\mathrm{Fe^{2+}}$被氧化成$\mathrm{Fe^{3+}}$,$\mathrm{Fe^{3+}}$立即与铁发生逆歧化反应,重新生成$\mathrm{Fe^{2+}}$,反应式为:$2\mathrm{Fe^{3+}} + \mathrm{Fe} = 3\mathrm{Fe^{2+}}$,由此保持了溶液的稳定性。

第三节 电解原理

电流通过电解质溶液或熔融态离子化合物而发生化学反应,将电能转变为化学能的过程称为电解。原电池是将化学能转换成电能的装置,与此相反,将电能转化为化学能的装置称为电解池或电解槽。电解池中与电源正极相连发生氧化反应的一极是阳极,与电源负极相连发生还原反应的一极是阴极。电解池接通电源后,正离子移向阴极,负离子移向阳极,并分别在两极上发生氧化、还原反应,获得氧化产物和还原产物,此过程就是电解。电解时,阳离子得到电子或阴离子失去电子的过程都称为放电。

电解电解质水溶液时,除了电解质本身电离的阴阳离子外,还有水部分解离出的$\mathrm{H^+}$和$\mathrm{OH^-}$,所以阴极上发生放电的可能是$\mathrm{H^+}$或金属阳离子;阳极上发生放电的可能是$\mathrm{OH^-}$或其他阴离子。究竟哪一种离子先放电,一般遵循以下规律。

(1)阴极——在阴极上电解活泼金属的盐溶液时,$\mathrm{H^+}$放电生成$\mathrm{H_2}$,电解其他金属的盐溶液时,相应的金属离子放电,析出金属。阳离子放电顺序一般按金属活动顺序表

$$\mathrm{Ag^+} > \mathrm{Hg^{2+}} > \mathrm{Fe^{3+}} > \mathrm{Cu^{2+}} > \mathrm{H^+} > \mathrm{Pb^{2+}} > \mathrm{Sn^{2+}} > \mathrm{Fe^{2+}} > \mathrm{Zn^{2+}} > \mathrm{Al^{3+}} > \mathrm{Mg^{2+}} > \mathrm{Na^+} > \mathrm{Ca^{2+}} > \mathrm{K^+}$$

(2)阳极——用惰性材料作电极时,阴离子在阳极上的放电顺序一般为

$$\mathrm{S^{2-}} > \mathrm{I^-} > \mathrm{Br^-} > \mathrm{Cl^-} > \mathrm{OH^-} > 含氧酸根 > \mathrm{F^-}$$

(3)金属材料(除Pt等惰性电极外,如Zn或Cu、Ag等)作阳极时,阳极金属首先被氧化,生成金属离子。

一、分解电压

在电解池中施加多大的外加电压才可以使电解质发生分解呢?这是电解过程中要解决的一个重要问题。现以电解水为例,说明分解电压的概念。

图3-3为测定分解电压的装置图,在1.0mol·L^{-1} H$_2$SO$_4$溶液中放入两个Pt电极,接到由可变电阻器和电源组成的分压器上。实验时,通过调节可变电阻R调节外加电压V,使电压从零逐渐增大,并从电流计G记录相应的电流数值。以电流对电压作图便可得到如图3-4所示的电流I-电压V曲线。此曲线可分为两段,在D点以前的一段,电流随外加电压的增加而增大得很小,电极上也无明显的物质析出;在D点以后的一段,电流随外加电压成正比例的增大,两极上有明显的气泡析出。

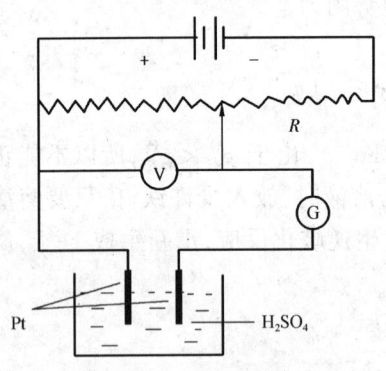

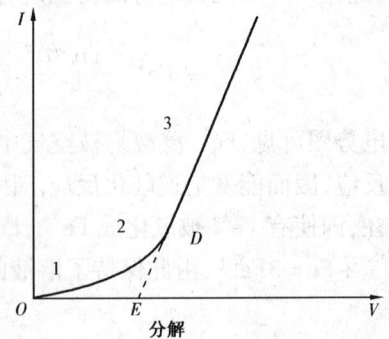

图3-3 电解过程分解电压测定图　　　　图3-4 电流—电压曲线

具体到本实验,可以发现,当开始加电压并逐渐增大到1.227V之前,电流强度很小,电极上观察不到电解现象,没有气泡产生;当电压增加到接近1.67V时,电流突然直线上升,同时电极上有气泡逸出,电解能够顺利进行。通常把能使电解顺利进行的最低电压称为实际分解电压,简称分解电压。将图3-4中直线外延到电流为零处的电压E(分解)就是电解质在两极上连续不断进行电解所需的分解电压。不同物质电解反应的分解电压不相同,可通过实验测定。

二、理论分解电压

下面还以电解H$_2$SO$_4$水溶液为例,说明理论分解电压的产生和计算方法。当电解池中通入电流后发生反应

阴极反应析出氢气:4H$^+$(aq) + 4e$^-$ → 2H$_2$(g)

阳极反应析出氧气:4OH$^-$ → 2H$_2$O(l) + O$_2$(g) + 4e$^-$

析出的H$_2$和O$_2$分别吸附在Pt电极表面上,并与溶液中的H$^+$和OH$^-$建立平衡,而成为氢电极和氧电极,并组成原电池

$$\text{Pt} | \text{H}_2(p^\ominus) | \text{H}_2\text{SO}_4(1.0\text{mol}\cdot\text{L}^{-1}) | \text{O}_2(p^\ominus) | \text{Pt}$$

该原电池的负极是氢电极,正极是氧电极,一旦原电池形成,它也要发生反应,其电极反应为

$$负极:H_2(g) \rightarrow 2H^+(aq) + 2e^-$$

$$正极:O_2(g) + 2H_2O(l) + 4e^- \rightarrow 4OH^-(aq)$$

可见,原电池中进行的电极反应正好是电解池中两电极上进行的反应的逆过程,原电池产生的电动势与外加电压数值相等而方向相反。所以,要使电解顺利地进行,外加电压必须克服并超过这一相反方向的电动势,这种相反方向的电动势称为反电动势。因此,理论上的分解电压可通过相应的原电池电动势计算出来。

$$\frac{0.0592}{2}\lg\frac{\{p[H_2]/p^\ominus\}\{p[O_2]/p^\ominus\}^{1/2}}{\{[H^+]/c^\ominus\}^2\{[OH]/c^\ominus\}^2} \tag{3-3}$$

在 298.15K 时,$\varphi_{H^+/H_2} = 0.000V$,$\varphi^\ominus_{O_2/OH^-} = 0.401V$,$p(H_2) = p(O_2) = p^\ominus$,$[H^+] \cdot [OH^-] = 1.0 \times 10^{-14}$,所以该电池的电动势为

$$E = \varphi_{O_2/OH^-} - \varphi^\ominus_{H^+/H_2} + \frac{0.0592}{2}\lg\frac{1}{[H^+]^2 \cdot [OH^-]^2}$$

$$= 0.401 + \frac{0.0592}{2}\lg\frac{1}{(1.0 \times 10^{-14})^2}$$

$$= 0.401 + 0.0592\lg 10^{14}$$

$$= 1.227(V)$$

此电池的电动势正好与电解时的外加电压相反。显然,要使电解进行,外加电压至少应等于这个电动势。这个由电解产物所形成的原电池产生的反电动势,称为理论分解电压 E(理论)。在 H_2SO_4 水溶液中,从理论上讲,外加电压只要稍稍超过 1.227V,电解反应就能进行,即理论分解电压为 1.227V。但实际测得的分解电压是 1.67V,比理论分解电压高很多,这种现象称为极化作用。

三、极化与超电势

要使电解以明显的速率进行,外加电压必须大于电解产物构成的原电池的电动势,即 E(分解)大于 E(理论)。这是因为当电极上有电流通过时,实际电解过程是一个偏离平衡态的不可逆过程,这使电极电势偏离平衡电极电势。这种在有电流通过时的电极电势与平衡电极电势发生偏离的现象,称之为电极的极化。电解池中实际分解电压与理论分解电压之间的偏差,除了因电阻所引起的电位降以外,就是由于电极的极化所引起的。

电极极化包括浓差极化和电化学极化两个方面。

1. 浓差极化

在电解过程中,电极附近某离子浓度由于电极反应而发生变化,本体溶液中(即离电极较远而浓度均匀的溶液)离子扩散的速度又不能弥补这个变化,就导致电极附近溶液的浓度与本体溶液浓度间有一个浓度梯度,这种浓度差别引起的电极电势的改变称为浓差极化。它可以通过搅拌电解液和升高温度,使离子的扩散速率增大而得到一定程度的削弱。

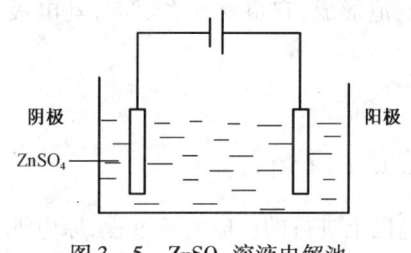

图 3-5 ZnSO₄ 溶液电解池

如图 3-5 装置,以电解 $ZnSO_4$ 溶液为例,电流通过电极时,阴极反应:$Zn^{2+} + 2e^- \rightarrow Zn$,由此降低了阴极周围 Zn^{2+} 的浓度,如果本体溶液中的 Zn^{2+} 来不及补充上去,则阴极附近液层中 Zn^{2+} 将低于它在本体溶液中的浓度,就好像是将此电极浸入一个浓度较低的溶液中一样,而通常所言的电极电势是针对本体溶液中的浓度而言,显然此电极的电位将小于其平衡值,这就是浓差极化。

2. 电化学极化

电极反应总是分若干步进行,若电解产物析出过程某一步骤反应速率迟缓而引起电极电势偏离平衡电势的现象称为电化学极化,即电化学极化主要是由电化学反应速率决定的。对电解液的搅拌一般并不能消除电化学极化的现象。

仍以上述锌极为例,当电流通过阴极时,由于电极反应的速率有限,当外电流将电子供给阴极后,锌离子还来不及将这些电子全消耗掉,结果使电极表面上积累了多于平衡状态的电子,电极表面上电子数量的增多使得其电极电势比平衡时的电极电势更低。

总结上述两种极化的结果:极化使阴极的电极电势变的更低,使阳极的电极电势变得更高。实验证明,电极电势与电流的大小有关,描述电流与电极电势关系的曲线就是极化曲线。

在一定电流密度下,实际发生电解的电极电势 φ(电极)与平衡电极电势 φ(电极,平)之差的绝对值称为超电势,用 η 表示,即

$$\eta = |\varphi(电极) - \varphi(电极,平)|$$

η 值越大,表明电极的极化程度越大。无论是电解池还是原电池中的电极,只要电极过程偏离平衡态,就会出现超电势,超电势可通过实验测定。电解时电解池的实际分解电压 E(分解)与理论分解电压 E(理论)之差则称为超电压 E(超),即

$$E(超) = E(分解) - E(理论)$$

显然,电解池的超电压等于阴极超电势 η(阴)与阳极超电势 η(阳)之和,即

$$E(超) = \eta(阴) + \eta(阳)$$

第四节 电化学腐蚀与防护

金属或合金由于外部介质的化学作用或电化学作用而引起的破坏现象称为金属的腐蚀。金属腐蚀现象在自然界中非常普遍,例如钢铁制品在潮湿空气中很容易生锈,地下的金属管道遭受腐蚀而穿孔,桥梁钢架在潮湿大气中的腐蚀,等等。一般估计,世界上每年因腐蚀而损失的金属制品的重量大约相当于金属的产量的 1/4 到 1/3,而腐蚀所造成的破坏远远超过腐蚀本身,不仅造成巨大的经济损失,还会危害环境。因此,了解腐蚀发生的原理及防护方法,采取有效的防腐措施,对工农业生产和人们生活都有着十分重要的意义。

根据金属腐蚀反应机理的不同,可分为化学腐蚀和电化学腐蚀。单纯由化学作用而引起

的腐蚀为化学腐蚀,如金属在高温下氧化;金属与电解质溶液相接触,因形成原电池而发生电化学反应引起的腐蚀为电化学腐蚀,如铜板上带有的铁铆钉暴露在潮湿空气中很容易生锈,如图3-6所示。二者的不同之处在于,发生化学腐蚀时无电流产生,发生电化学腐蚀时形成原电池(微电池)反应,有电流生成。

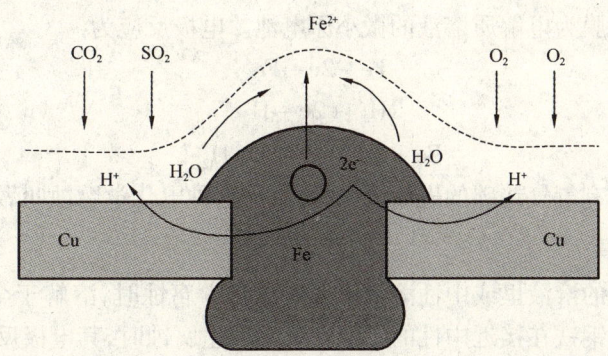

图3-6　铜板上带有的铁铆钉生锈

化学腐蚀和电化学腐蚀的本质都是金属原子失去电子成为阳离子的氧化过程,在一般情况下这两种腐蚀往往同时发生。高温下发生的主要是化学腐蚀。常温下在潮湿的环境中电化学腐蚀最普遍,破坏作用也最强,所以金属的腐蚀主要是电化学腐蚀。电化学腐蚀是极广泛的腐蚀形式,金属在大气中的腐蚀以及金属在土壤及海水中的腐蚀和在电解质溶液中的腐蚀都是电化学腐蚀。

一、电化学腐蚀

金属与电解质溶液相接触,因形成原电池而发生电化学反应引起的腐蚀叫做电化学腐蚀。这里所说的电解质溶液,简单说就是能导电的溶液,它是金属产生电化学腐蚀的基本条件。几乎所有的水溶液,包括雨水、淡水、海水和酸、碱、盐的水溶液,甚至从空气中冷凝的水蒸气都可以成为构成腐蚀环境的电解质溶液。

电化学腐蚀实质上是金属与化学介质之间构成原电池,电化学腐蚀过程的本质是原电池放电的过程。例如钢铁在水中的腐蚀就是电化学腐蚀(图3-7)。钢铁中除含铁外,还含有少量的 Si、Mn、C 等杂质,这些杂质以小颗粒的形式分散在钢铁中,它们的失电子能力比铁弱,这样铁和可导电的杂质与电解质溶液正好构成了原电池,铁作为原电池的负极被氧化,杂

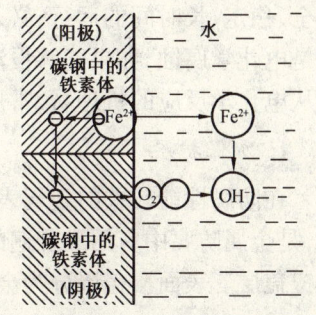

图3-7　钢铁在水中的腐蚀示意图

质是正极。当钢铁暴露在潮湿的空气中,它的表面会吸附水气,形成一层极薄的水膜,这层水膜又溶有空气中的 CO_2、SO_2、H_2S 等气体,使水膜中 H^+ 浓度增大,形成了电解质溶液。由于杂质是极小的颗粒,又分散在钢铁各处,所以含有杂质的钢铁表面在电解质溶液中能够构成无数微小的原电池,发生电化学腐蚀。除钢铁外,其他合金中各种元素或组织在电解质溶液中也会构成多电极的微电池而发生电化学腐蚀。

电化学腐蚀又可分为析氢腐蚀和吸氧腐蚀。电化学腐蚀过程中,金属通常作为阳极,被氧化而腐蚀;阴极反应则根据腐蚀类型而异,可发生生成氢离子或与氧气的反应,故分别称为析氢腐蚀和吸氧腐蚀。

1. 析氢腐蚀

金属在酸性较强的溶液中,发生电化学腐蚀时有氢气放出,这种腐蚀叫做析氢腐蚀。例如在钢铁制品中一般都含有碳,在潮湿空气中,钢铁表面会吸附水蒸气而形成一层极薄的水膜。水膜中溶有二氧化碳后就变成一种电解质溶液,使水里的 H^+ 增多,这就构成无数个以铁为负极、碳为正极、酸性水膜为电解质溶液的微小原电池。电极反应为

阳极(铁): $Fe - 2e \rightarrow Fe^{2+}$

阴极(杂质): $2H^+ + 2e \rightarrow H_2 \uparrow$

总反应方程式: $Fe + 2H^+ \rightarrow Fe^{2+} + H_2 \uparrow$

铁被腐蚀的同时有氢气在碳的表面放出,所以把这种电化学腐蚀叫做析氢腐蚀。

2. 吸氧腐蚀

金属在酸性很弱的溶液里或中性溶液里发生电化学腐蚀时,溶解于金属表面水膜中的氧气会参加反应。例如钢铁在接近中性的潮湿空气中发生腐蚀时,其电极反应为

阳极(铁): $Fe - 2e \rightarrow Fe^{2+}$

阴极(杂质): $2H_2O + O_2 + 4e \rightarrow 4OH^-$

总反应方程式: $2Fe + 2H_2O + O_2 \rightarrow Fe(OH)_2$

$Fe(OH)_2 + H_2O + O_2 \rightarrow Fe(OH)_3$

腐蚀过程中生成的 $Fe(OH)_2$ 在空气中进一步被氧化生成 $Fe(OH)_3$,$Fe(OH)_3$ 脱水生成的 Fe_2O_3 即是常见的铁锈。这类电化学腐蚀因过程中消耗氧,故称为吸氧腐蚀。金属在自然条件下的电化学腐蚀基本上都属于吸氧腐蚀。

二、电化学腐蚀的防护

为了防止石油化工生产设备因腐蚀而造成损坏,延长设备的使用寿命,切实保障生产设备安全、稳定、长时间的运行,必须采取一定的方法和措施来保护金属免遭腐蚀。金属的腐蚀主要是电化学腐蚀,如果能够设法阻止金属与周围物质反应,那么金属腐蚀即可减轻或避免。所以从电化学反应的机理看,常用的保护措施有加保护层、加缓蚀剂、电化学保护等。

1. 加保护层

在防腐性能较差的金属表面覆盖一层保护层,将金属与外界环境隔绝开以达到防腐的目的,是金属防腐中应用最普遍的一种方法。这种方法称为覆盖层保护法,这样的覆盖层称为表面覆盖层。表面覆盖层分为金属覆盖层与非金属覆盖层两类。

1) 金属覆盖层(镀层)

用耐腐蚀性较强的金属或合金覆盖在被保护的金属表面上,如在金属表面用电镀或化学镀的方法镀上 Au、Ag、Ni、Cr、Zn、Sn 等,保护内层不被腐蚀。按防腐蚀的性质来说,保护层可分为阳极保护层和阴极保护层。前者是镀上去的金属比被保护的金属有较低的电极电势,例如把锌镀在铁上(锌为阳极,铁为阴极);后者是镀上去的金属比被保护的金属有较高的电极电势,例如把锡镀在铁上(此时锡为阴极,铁为阳极)。

2) 非金属覆盖层(涂层)

在金属表面涂上油漆、沥青、高分子材料或覆盖塑料、搪瓷、橡胶等,使金属与腐蚀介质隔开。如果覆盖层对被保护金属只起到隔离作用,那么一旦覆盖层失去完整性,内部金属裸露出来后,覆盖层即失去了对金属的保护作用。如在覆盖层中加入比被保护金属电极电位更低的

活泼金属,那么即使覆盖层的完整性被破坏掉而发生电化学腐蚀时,覆盖层中的活泼金属可作为原电池的负极被腐蚀,从而起到对被保护金属的保护作用。美国在20世纪50年代首先将合成树脂涂到钢管上,目前美国铺设的管线中有机涂层管道用量已增至50%,年增长10%。在大型设备和工程实施中,往往是保护层既起到防护作用又起到隔热、保温等多种作用。

2. 加缓蚀剂

在腐蚀介质中,加入少量的一种或几种能降低腐蚀速率的物质以防止腐蚀的方法叫做缓蚀剂法,所加的物质称为缓蚀剂。缓蚀剂能够改变介质的性质,在金属表面形成一层保护层来防止金属的腐蚀。我们往往只需在腐蚀介质中加入少量的缓蚀剂(0.1%~1%)就能大大降低金属的腐蚀速率。近年来,随着工业的迅速发展,加缓蚀剂作为一门防腐蚀技术越来越得到广泛应用。由于其具备设备简单、使用方便、投资少、见效快、保护效果好等优点,已由原来的单一金属——钢铁的保护扩大到有色金属及合金的保护,应用范围也由当初的钢铁清洗除锈扩大到石油化工、化学清洗、工业循环冷却水、锅炉水以及各种防腐蚀涂料应用等。缓蚀剂按其化学成分不同,可分成无机缓蚀剂和有机缓蚀剂两大类。

1) 无机缓蚀剂

无机缓蚀剂多用于以氧为腐蚀性物质的腐蚀体系。在中性或碱性介质中主要采用无机缓蚀剂,常用的无机缓蚀剂有硅酸盐、正磷酸盐、亚硝酸盐、铬酸盐、钒酸盐等。它们主要是使金属表面产生化学变化,在金属的表面形成氧化膜或沉淀物。有些能形成带负电的胶粒向阳极迁移,与金属腐蚀的阳极溶解产物形成沉淀,覆盖阳极表面因而起防腐作用,故称阳极缓蚀剂。锅炉水中可加入六偏磷酸钠作为缓蚀剂,它能与硬质水中的 Ca^{2+} 形成带正电的胶粒 $(Na_5CaP_6O_{18})_n^{n+}$ 向金属阴极部分迁移,生成保护薄膜,因而对于含有一定钙盐的水,聚磷酸盐是一种有效的缓蚀剂。这种类型的缓蚀剂便是阴极缓蚀剂。

2) 有机缓蚀剂

有机缓蚀剂常用于酸性腐蚀体系,以物理作用或化学作用吸附于金属表面,阻碍腐蚀介质与金属表面接触。有机缓蚀剂一般是含有 N、S、O 的有机化合物,如乌洛托品[六次甲基四胺 $(CH_2)_6(NH_2)_4$]、胺类、亚胺类、吡啶类、炔醇类和甲醛等。有许多有机缓蚀剂能形成吸附膜。它的极性基团(如 $R-NH_2$ 中的 $-NH_2$ 基)是亲水性的,而非极性基团(如 $R-NH_2$ 中的 R 基是亲油性的)。在吸附时,它的极性基团吸附于金属表面,而非极性基团则背向金属表面。由于这些化合物有较强的化学吸附性,所以又称为吸附缓蚀剂。

3) 气相缓蚀剂

气相缓蚀剂属于有机缓蚀剂。它们是一类挥发速率适中的物质,其蒸气能溶解于金属表面的湿膜中,从而起到缓蚀的作用。常用的气相缓蚀剂有亚硝酸二环己烷基胺、碳酸环己烷基胺等。

缓蚀剂保护法是一种重要的防腐蚀方法,由于成本低、效率高,在油田中得到了广泛的应用。但缓蚀剂只能用于封闭或循环体系中,使用温度不能太高。

3. 电化学保护

根据电化学腐蚀原理,依靠外部电流的流入改变金属/介质的电极电位,从而降低金属腐蚀速率的保护技术称为电化学保护。按照金属电位变动的趋向,电化学保护分为阴极保护法和阳极保护法两类。

1)阴极保护法

将被保护的金属作为原电池的正极或作为电解池的阴极而不受腐蚀,防止金属在电解质(海水、淡水及土壤等介质)中腐蚀的电化学保护技术称为阴极保护法。根据保护电流的来源,阴极保护法有外加电流保护法和牺牲阳极保护法。

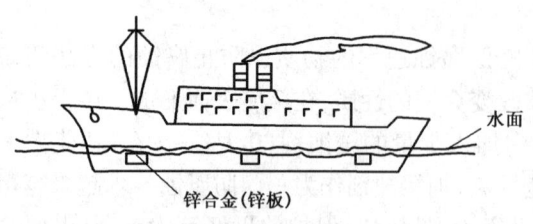

图3-8 牺牲阳极保护法示意图

根据原电池正极不被腐蚀的原理,常在被保护金属上连接比其活泼的金属,发生电化学腐蚀时,被保护金属作为原电池的正极受到保护,活泼金属作为原电池的负极被腐蚀,这种方法称为牺牲阳极保护法。如图3-8所示,海上航行的船舶在船底四周镶嵌锌板,此时,船体是阴极受到保护,锌板是阳极代替船体而受腐蚀,所以又称牺牲阳极的阴极保护法。牺牲阳极的表面积与被保护金属的表面积应有适当比例,通常前者为被保护金属表面积的1%~5%左右,分布于被保护金属的表面。

在外加直流电的作用下,电源的负极连接被保护对象,并在系统中引入另一辅助阳极(如废钢或石墨等难溶性导电物质),与外电源的正极相连,如图3-9所示,通过电解质环境构成电流回路,以改变金属的电极电位,达到减缓金属腐蚀的作用,这种方法即为外加电流保护法。此法主要用于保护闸门、地下金属结构(如地下贮槽、输油管、电缆等)、受海水及淡水腐蚀的设备、化工设备的结晶槽、蒸发罐等金属设备的腐蚀。

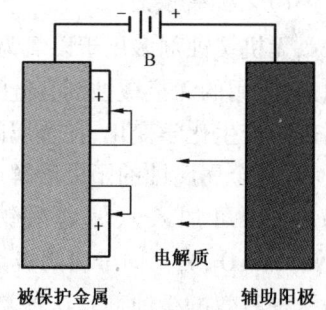

图3-9 外加电流保护法示意图

阴极保护法可以单独使用,也可以与涂料防腐法联合使用,这样一来,当涂料受到损伤存在微孔时仍能有阴极保护的作用,从而可以延长涂料的使用寿命,又能减小阴极保护电流,减小电能的消耗。阴极保护法是防止金属腐蚀比较经济、有效的方法之一,其应用范围愈来愈广泛。

2)阳极保护法

利用外加直流电,将被保护金属接到正极上,电极电势向正的方向移动,使金属钝化(在金属表面形成金属氧化物组成的钝化膜),这种通过提高可钝化金属的电位,使其进入钝态而达到保护目的的防腐方法,称为阳极保护法。阳极保护是利用阳极极化电流使金属处于稳定的钝态,其保护系统类似于外加电流阴极保护系统,只是极化电流的方向相反。只有具有活化—钝化转变的腐蚀体系才能采用阳极保护技术,例如浓硫酸储罐、氨水贮槽等。

电化学保护法是一种用于防止金属在电解质溶液中腐蚀的保护技术,一旦离开电解质溶液或不能建立循环电路,电化学保护法也就失去了作用。

除了上述的金属防腐蚀方法外,还有制成耐腐蚀的合金、化学处理法等。另外需注意,在制造金属制品时,就应当合理设计金属构件,避免使电极电势相差很大的金属材料互相接触。根据不同的金属及所处的不同环境,采取适当的防护措施后,相信可以减缓或基本消除金属的电化学腐蚀。

注意：钝态——化学活性不大的状态，尤指金属失去了正常的化学活性，因而抗腐蚀。

金属的钝化——在稀硝酸中，一块普通的铁片很容易溶解，但在浓硝酸中铁片几乎不溶解。经过浓硝酸处理后的铁片，即使再把它放在稀硝酸中，其腐蚀速率也比原来未处理前有显著的下降，这种现象叫做化学钝化，此时的金属处于钝态。除了硝酸之外，其他一些试剂（通常是强氧化剂），例如 $AgNO_3$、$HClO_3$、$K_2Cr_2O_7$、$KMnO_4$ 等都可使金属钝化。金属变成钝态之后，其电极电势向正的方向移动，甚至可以升高到接近于贵金属（如 Au、Pt）的电极电势。由于电极电势升高，钝化了的金属失去了它原来的特性，例如钝化了的铁在铜盐溶液中不能将铜取代出来。金属除了用氧化剂处理可使之变成钝态外，用电化学的方法也可使之成钝态。

阅读资料

金属防腐涂料的种类

长期以来，人们一直采用多种技术对金属加以保护，防止金属腐蚀的发生。金属设备防腐蚀最有效、最常用的方法之一是在金属表面涂敷防腐蚀涂层，以隔绝腐蚀介质与金属基体。防腐涂料和其他涂料一样，其配方组成主要包括基料（树脂）、颜料、填料和溶剂。基料树脂是成膜物质，是涂料中的主要成分，它的分子结构决定着涂料的主要性能；颜料、填料是用来辅助隔离腐蚀因素的，常用的有防锈颜料和片状填料；溶剂分为有机溶剂或水，用来溶解基料树脂，便于成膜。

一、环氧树脂涂料

环氧树脂是平均每个分子含有两个或两个以上环氧基的热固性树脂。环氧树脂以其易于加工成型、固化物性能优异等特点而被广泛应用，通过环氧结构改性、环氧合金化、填充无机填料、膨胀单体改性等高性能化后可以制成防腐涂料。环氧树脂涂料有优良的物理机械性能，最突出的是它对金属的附着力强；它的耐化学药品性和耐油性也很好，特别是耐碱性非常好。环氧树脂涂料的主要成分是环氧树脂及其固化剂，辅助成分有颜料、填料等。

二、聚氨酯涂料

聚氨酯涂料是以聚氨酯树脂为基料，以颜料、填料等为辅助材料的涂料。聚氨酯涂料对各种施工环境和对象的适应性较强，可以在低温固化，可以在潮湿环境和潮湿的底材上施工，并且耐油性能突出。聚氨酯涂料的主要缺点是有较大的刺激性和毒性。

聚氨酯产品是多种多样的。按产品的包装形式可分为两大类：单组分湿固化聚氨酯涂料和双组分聚氨酯涂料。单组分湿固化聚氨酯涂料是含异氰酸基的预聚物，涂布以后，涂膜与空气中的湿气反应而交联固化。常用的有以蓖麻油醇解物或聚醚为基础的预聚物。这种涂料的主要优点是使用方便，可以避免现场配制的麻烦。主要缺点是色漆制造比较复杂，需要特殊的工艺方法，成品的储存期限一般也较短。双组分聚氨酯涂料包括多羟基与多异氰酸酯两组分，在使用前将两组分混合，由多羟基组分中的羟基与多异氰酸酯组分中的异氰根反应而交联成膜。所采用的多羟基化合物的种类很多，如聚酯、聚醚、环氧树脂和丙烯酸树脂等。涂层的耐热、耐水和耐油性良好，但耐碱性较差。

三、鳞片树脂涂料

金属及某些无机化合物经用物理或化学的特殊方法处理后，使其呈一定大小粒径、微厚的薄片，工程上称之为鳞片。以鳞片为填料，合成树脂为成膜物质(粘合剂)，再加以其他添加剂，可制成耐腐蚀材料，即鳞片树脂涂料。各类鳞片树脂涂料的共性是：抗渗透性好；收缩性小；抗冲击性、耐磨性好。目前已有像玻璃片涂料、云母鳞片涂料、耐蚀金属片涂料、有机材料涂料等鳞片树脂涂料。对涂料影响最大的是鳞片添加量及表面处理剂量，对施工性能影响较大的是悬浮触变剂、活性稀释剂及颜料。

1. 玻璃片涂料

玻璃片涂料是用微细片状玻璃粉填充的一种涂料，其涂层不但可厚涂，而且由于片状玻璃粉隔离作用很大，对水、水蒸气、电解质和氧的防渗透效果很好，是一种优异的重防腐涂料。采用适当规格的玻璃片填充的不饱和聚酯涂膜，透湿率比其他涂膜要小得多。

2. 云母鳞片涂料

云母是水铝硅酸盐，从结构上讲，它属于层状结构硅酸盐。云母的化学稳定性好，它的耐碱性和耐有机溶剂性极好。云母鳞片不饱和聚酯涂料与玻璃鳞片不饱和聚酯涂料在同样的环境条件下，化学稳定性差不多。

四、无机富锌涂料

无机富锌涂料有水性和溶剂型两类。前者是以硅酸钠为基料，后者是以正硅酸乙酯为基料的。正硅酸乙酯可溶于有机溶剂，涂刷后，溶剂挥发的同时，正硅酸乙酯中的烷氧基吸收空气中潮气并发生水解反应，交联固化成高分子硅氧烷聚合物。

由正硅酸乙酯与锌粉(质量分数为70%~90%)制成无机富锌涂料，锌粉具有阴极保护作用，所以该涂层有好的耐热性、耐磨性和耐溶性，同时有强的防锈性。其缺点是涂膜韧性差，往往需加一些有机树脂进行改性。例如一种耐高温、重防腐的新型涂料HWE型无机硅酸锌底漆已开发成功，该油漆主要由烷基硅酸酯、超细锌粉、颜料与填料、特种助剂、固化剂等组成，粘度适中，熟化期短，具有优异的耐热性、耐腐性。

习　题

一、填空题

1. 氧化还原反应中，获得电子的物质是_____剂，自身被_____；失去电子的物质是_____剂，自身被_____。

2. 下列氧化剂：$KClO_4$，Br_2，$FeCl_3$，$KMnO_4$，H_2O_2，当其溶液中 H^+ 浓度增大时，氧化能力增强的是_____，不变的是_____。

3. $K_2Cr_2O_7$ 中铬的氧化数是_____，$KMnO_4$ 中锰的氧化数是_____，MnO_2 中锰的氧化数是_____，$HClO$ 中氯的氧化数是_____。

4. 铜锌原电池的电池符号是_____，其正极半反应式为_____，负极半反应式为_____，原电池反应为_____。

5. 配平氧化还原反应方程式的依据是_____。

6. 在氧化还原反应中，$\varphi^\ominus$ 值_____的电对中的_____态物质是氧化剂，$\varphi^\ominus$ 值_____的电对中的_____态物质是还原剂。

二、选择题

1. 下列反应中，属于氧化还原反应的是_____。

A. 硫酸与氢氧化钡溶液的反应　　　　　　　B. 石灰石与稀盐酸的反应
C. 二氧化锰与浓盐酸在加热条件下反应　　　D. 醋酸钠的水解反应

2. 对于原电池$(-)Fe|Fe^{2+}(c_1)||Cu^{2+}(c_2)|Cu(+)$，随着反应的进行，电极电势将_____。

   A. 变大　　　　B. 变小　　　　C. 不变　　　　D. 等于零

3. 在酸性溶液中和标准状态下，下列各组离子可以共存的是_____。

   A. MnO_4^- 和 Cl^-　　B. Fe^{3+} 和 Sn^{2+}　　C. NO_3^- 和 Fe^{2+}　　D. I^- 和 Sn^{4+}

4. 半反应 $CuS + H_2O \longrightarrow SO_4^{2-} + H^+ + Cu^{2+} + e$ 的配平系数从左至右依次为_____。

   A. 1,4,1,8,1,1　　　　　　　　　　B. 1,2,2,3,4,2
   C. 1,4,1,8,1,8　　　　　　　　　　D. 2,8,2,16,2,8

5. 根据反应 $Fe^{2+} + Ag^+ \longrightarrow Ag + Fe^{3+}$ 构成原电池，其电池符号为_____。

   A. $(-)Fe^{2+}(1.0mol \cdot L^{-1})|(-)Fe^{3+}(1.0mol \cdot L^{-1})||Ag^+(1.0mol \cdot L^{-1})|Ag(+)$
   B. $(-)Pt|Fe^{2+}(1.0mol \cdot L^{-1})||(-)Fe^{3+}(1.0mol \cdot L^{-1})||Ag^+(1.0mol \cdot L^{-1})|Ag(+)$
   C. $(-)Pt|Fe^{2+}(1.0mol \cdot L^{-1}),Fe^{3+}(1.0mol \cdot L^{-1})||Ag^+(1.0mol \cdot L^{-1}),Ag|Pt(+)$
   D. $(-)Pt|Fe^{2+}(1.0mol \cdot L^{-1}),Fe^{3+}(1.0mol \cdot L^{-1})||Ag^+(1.0mol \cdot L^{-1})|Ag(+)$

6. 在含有 Cl^-，Br^-，I^- 的混合溶液中，欲使 I^- 氧化成 I_2，而 Br^-、Cl^- 不被氧化，根据 $\varphi^{\ominus}$ 值大小，应选择下列氧化剂中的_____。

   A. $KMnO_4$　　　　B. $K_2Cr_2O_7$　　　　C. $(NH_4)_2S_2O_8$　　　　D. $FeCl_3$

7. 根据下列标准电极电势，指出在标准状态时不可共存于同一溶液的是_____。

   $Br_2 + 2e \rightleftharpoons 2Br^- \ (+1.07V)$　　　　$2Hg^{2+} + 2e \rightleftharpoons Hg_2^{2+} \ (+0.92V)$
   $Fe^{3+} + e \rightleftharpoons Fe^{2+} \ (+0.77V)$　　　　$Sn^{2+} + 2e \rightleftharpoons Sn \ (-0.14V)$

   A. Br^- 和 Hg^{2+}　　B. Br^- 和 Fe^{3+}　　C. Hg_2^{2+} 和 Fe^{3+}　　D. Sn 和 Fe^{3+}

8. 在 $MgCl_2$ 与 $CuCl_2$ 的混合溶液中放入一只铁钉，将生成_____。

   A. Mg、Fe^{2+} 和 H_2　　B. Fe^{2+} 和 Cu　　C. Fe^{2+}、Cl_2 和 Mg　　D. Mg 和 H_2

三、是非题

1. 在判断原电池正负极时，电极电势代数值大的电对作原电池正极，电极电势代数值小的电对作原电池负极。（　）

2. 因电极反应 $Ni^{2+} + 2e^- = Ni$ 的 $\varphi_1^{\ominus} = -0.25V$，故 $2Ni^{2+} + 4e^- = 2Ni$ 的 $\varphi_2^{\ominus} = 2\varphi_1^{\ominus}$。（　）

3. H_2S 水溶液在空气能长期保存。（　）

4. 根据标准电极电势判定 $I_2 + Sn^{2+} \rightleftharpoons 2I^- + Sn^{4+}$ 反应只能逆向进行。（　）

5. 在氧化还原反应中，两个电对的 $\varphi^{\ominus}$ 值相差越大，反应进行得越彻底。（　）

6. 298.15K 时若将氢电极置于 pH = 7 的溶液中 $[p(H_2) = 100kPa]$，此时氢电极的电势值为 $-0.414V$。（　）

7. 当溶液中酸性增强时，$KMnO_4$ 的氧化能力会增大。（　）

8. 某电对的氧化态物质可以氧化电极电位比它低的另一电对的还原态物质。（　）

四、配平下列反应方程式（必要时可自加反应物或生成物）

1. $Zn + NO_3^- + H^+ \longrightarrow Zn^{2+} + NH_4^+ + H_2O$

2. $NaBiO_3(s) + MnSO_4 + HNO_3 \longrightarrow HMnO_4 + Bi(NO_3)_3 + Na_2SO_4 + NaNO_3 + H_2O$

3. $S + H_2SO_4(浓) \longrightarrow SO_2 \uparrow + H_2O$

4. $KMnO_4 + H_2O_2 + H_2SO_4 \longrightarrow K_2SO_4 + MnSO_4 + O_2 + H_2O$

5. $Cr^{3+} + PbO_2 \longrightarrow Cr_2O_7^{2-} + Pb^{2+}$（酸性介质）

6. $CrO_4^{2-} + H_2SnO_2^- \longrightarrow CrO_2^- + HSnO_3^-$（酸性介质）

五、问答题

1. 有人因铜不易被腐蚀而在某钢铁设备上装铜质阀门,你认为合适否？为什么？

2. 何谓电极电势？何谓标准电极电势？标准电极电势的数值是怎么确定的？其符号和数值大小有什么物理意义？

3. 怎样判断氧化剂和还原剂的氧化、还原能力的相对强弱？为什么许多物质的氧化还原能力和溶液的酸碱性有关？

4. 为什么 $SnCl_2$ 溶液长期储存易失去还原性？

5. 为何金属银不能从稀硫酸或盐酸中置换出氢气,却能从氢碘酸中置换出氢气？

6. 铁溶于过量盐酸或稀硝酸,其氧化产物有何不同？

7. 将铁片和锌片分别浸入稀硫酸中,它们都被溶解,并放出氢气,如果将两种金属同时浸入稀硫酸中,两端用导线连接,这时有什么现象发生？是否两种金属都溶解了？氢气在哪一片金属上析出？试说明理由。

六、计算题

1. 查出下列电对的标准电极电势,判断各组中哪一种物质是最强的氧化剂？哪一种物质是最强的还原剂？

（1）$Na^+/Na, Al^{3+}/Al, Sn^{2+}/Sn, Sn^{4+}/Sn, Cu^{2+}/Cu$

（2）$F_2/F^-, Cl_2/Cl^-, Br_2/Br^-, I_2/I^-$

（3）$MnO_4^-/Mn^{2+}, MnO_4^-/MnO_2, MnO_4^-/MnO_4^{2-}$

（4）$Cr^{3+}/Cr, CrO_2^-/Cr, Cr_2O_7^{2-}/Cr^{3+}, CrO_4^{2-}/Cr(OH)_3$

2. 计算在 $1.0 mol \cdot L^{-1}$ 盐酸溶液中,当 $c(Cl^-) = 1.0 mol \cdot L^{-1}$ 时,Ag^+/Ag 电对的条件电极电位。

3. 试判断下列反应能否按指定方向进行。

（1）$Fe^{2+} + Cu^{2+} \longrightarrow Cu(s) + Fe^{3+}$

参加反应的各离子浓度均为 $1.0 mol \cdot L^{-1}$。

（2）$2Br^- + Cu^{2+} \longrightarrow Cu(s) + Br_2(l)$

$c(Br^-) = 0.1 mol \cdot L^{-1}, c(Cu^{2+}) = 0.1 mol \cdot L^{-1}$。

4. 溶液中同时存在 Hg^{2+} 和 Cl_2,当加入 Sn^{2+} 时,问：Hg^{2+} 与 Cl_2 哪个先和 Sn^{2+} 反应？

5. 在298K时,反应 $Fe^{3+} + Ag \rightleftharpoons Fe^{2+} + Ag^+$ 的平衡常数为0.531。已知 $\varphi^{\ominus}_{Fe^{3+}/Fe^{2+}} = 0.77V$。计算 $\varphi^{\ominus}_{Ag^+/Ag}$。

6. 在 Ag^+ 和 Cu^{2+} 浓度分别为 $1.0 \times 10^{-2} mol \cdot L^{-1}$ 和 $0.10 mol \cdot L^{-1}$ 的混合溶液中加入铁粉,哪种金属离子先被还原？当第二种离子被还原时,第一种金属离子在溶液中的浓度是多少？

7. 已知锰在酸性介质中的元素电势图：

$$\varphi^{\ominus}/\text{V} \quad \text{MnO}_4^- \xrightarrow{0.564} \text{MnO}_4^{2-} \xrightarrow{2.26} \text{MnO}_2 \xrightarrow{0.95} \text{Mn}^{3+} \xrightarrow{1.51} \text{Mn}^{2+} \xrightarrow{-1.18} \text{Mn}$$

其中 $\text{MnO}_2 \xrightarrow{1.28} \text{Mn}^{2+}$，$\text{MnO}_4^- \xrightarrow{1.695} \text{MnO}_2$

（1）试判断哪些物质可以发生歧化，写出歧化反应式。
（2）估计在酸性介质中，哪些是较稳定的物质。

8. 电池反应为：$\text{Zn} + 2\text{H}^+(1.0\,\text{mol}\cdot\text{L}^{-1}) \rightleftharpoons \text{Zn}^{2+}(1.0\,\text{mol}\cdot\text{L}^{-1}) + \text{H}_2(p^{\ominus})$，测得此电池电动势为 $+0.46\,\text{V}$，求氢电极中溶液的 pH 值是多少？

第四章 配位化合物

近现代科学在发展过程中,新的事物的出现往往打破一些经典的理论,随后便有了新的理论产生,配位化学也是在这种规律下诞生的。18世纪初期起,化学家们相继制备出许多不能用经典化学键理论来解释的复杂无机化合物,如 $CuSO_4 \cdot NH_3$、$4KCN \cdot Fe(CN)_2$ 等。后来发现,自然界中绝大多数无机化合物(包括盐的水合晶体如 $CuSO_4 \cdot 5H_2O$ 等)都是以复杂化合物的形式存在的。直到1893年瑞士无机化学家维尔纳(A. Werner)提出配合物配位理论后,这些复杂化合物的结构才逐渐被人们所认识。因此,配合物配位理论也被视为化学历史中的重要里程碑。

以金属有机配位化合物为主的配位化合物具有多种特性,在分析化学、生物化学、电化学、催化动力学等方面都有广泛应用;在科学研究和生产实践中也日益起着越来越重要的作用,如金属的分离和提取、工业分析、催化、电镀、环保、医药工业、印染工业、化学纤维工业以及生命科学、人体健康等,无一不与配位化合物有关。因此配位化学业已形成了一门独立的分支学科。

第一节 配位化合物组成及命名

一、配位化合物的基本概念

1. 配位化合物的定义

配位化合物简称配合物,配合物可看做是一类由简单化合物反应生成的复杂化合物。实验室常见的 NH_3、H_2O、$CuSO_4$、$AgCl$ 等化合物可进一步形成复杂的化合物。比如,在 $CuSO_4$ 溶液中滴加一定浓度的氨水,可以得到一种蓝色的沉淀,若继续加入过量氨水,我们会发现沉淀消失,得到深蓝色的溶液,其反应方程式为

$$CuSO_4 + 4NH_3 \longrightarrow [Cu(NH_3)_4]SO_4$$

此时若向其中加入 NaOH 溶液,不会产生 $Cu(OH)_2$ 沉淀,说明此时溶液中简单的 Cu^{2+} 浓度很低,而以复杂的离子形式 $[Cu(NH_3)_4]^{2+}$ 存在于溶液中,这种复杂离子与 SO_4^{2-} 构成化合物 $[Cu(NH_3)_4]SO_4$。我们将含像这样 $[Cu(NH_3)_4]^{2+}$ 复杂离子的化合物称为配位化合物,这样的复杂离子称为配位离子。$[Cu(NH_3)_4]^{2+}$ 叫做铜氨配位离子,它在溶液中能稳定存在,其结构目前被认为是每个 NH_3 分子的 N 原子上的孤电子对进入 Cu^{2+} 的空的价电子轨道,共形成四个配位键,结合成 $[Cu(NH_3)_4]^{2+}$。

这种由简单离子与一定数目的中性分子或负离子以配位键结合的配位个体(或复杂离子)就是配位离子。含配位离子的化合物就是配位化合物(配合物),简称配合物或络合物。

许多简单无机化合物往往具有配合物的结构,如 $AlCl_3 \cdot 6H_2O$ 可视为 $[Al(H_2O)_6]Cl_3$。可以认为,在水溶液中几乎不存在简单金属离子,大多数金属离子都与水分子形成较复杂的配位

离子——水合离子。另外,还有一些不带电荷的中性化合物,如[$CoCl_3(NH_3)_3$]、[$Ni(CO)_4$]、[$Fe(CO)_5$]等也叫做配合物。

事实上由于配合物种类繁多,要给出一个适合所有配合物的定义是困难的,我们在这里仍然可以给出一个粗略的定义。

配合单元(配位个体):由一个简单阳离子(或原子)与一定数目的中性分子(或阴离子)以配位键结合,按一定的组成和空间构型形成一个复杂的离子或分子。形成的离子称为配位离子,形成的分子称为配位分子。

配位化合物(配合物或络合物):由配位离子与带有相反电荷的离子组成的中性化合物以及不带电荷的配位分子本身。

配位离子有的带正电荷,有的带负电荷。带正电荷的配位离子叫做正配位离子,带负电荷的配位离子叫做负配位离子。配位离子的电荷数可由形成体的电荷与配位体电荷总数的代数和来推算,也可以由配位离子结合的离子的电荷的总数来决定。例如 $K_4[Fe(CN)_6]$,由于 Fe 的氧化数为 +2,6 个 CN^- 共带 6 个负电荷,所以配位离子带 4 个负电荷,也可由其与 4 个 K^+ 结合而确定配位离子带 4 个负电荷。

配合物和配位离子在概念上应有所不同,但使用上对此常不严加区分。有时使用配合物这一名词,就是指配位离子。我们在使用时应加以注意,有个明确的理解。

需要指出,有一类在组成上与配合物相似的化合物,如 $KAl(SO_4)_2 \cdot 12H_2O$(明矾)、$KCl \cdot MgCl_2 \cdot 6H_2O$(光卤石)等,由于没有稳定的配位离子存在,它们属于复盐而不是配合物。复盐与配合物的不同点在于复盐溶于水后,除了水合离子外不存在其他配位离子,如光卤石在稀溶液中几乎完全电离。

$$KCl \cdot MgCl_2 \cdot 6H_2O \longrightarrow K^+ + Mg^{2+} + 3Cl^- + 6H_2O$$

2. 配位化合物的组成

由前面的配合物定义我们知道:配合物一般是由配位离子与带有相反电荷的离子组成的化合物。由此将配位离子部分即配合物中组成比较稳定的部分称为内界,以外的部分称为外界。这样,配合物就分为内界和外界两部分,如[$Cu(NH_3)_4$]SO_4,有这样的结构:

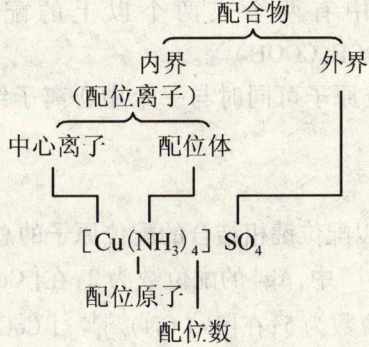

中性配合物只有内界没有外界,称其为配位分子,如[$CoCl_3(NH_3)_3$]、[$Fe(CO)_5$]、[$Ni(CO)_4$]。

内界是配合物的特征部分,是由形成体与配位体结合而成的稳定的整体,书写配合物的化学式时,常用方括号将内界括起来。

1) 形成体

配合物形成体(一般以 M 表示,也叫做中心离子)位于配位离子的中心,一般为带正电荷的阳离子,常见的为过渡金属元素离子,如 Cr^{3+}、Fe^{3+}、Cu^{2+} 等。

有少数配合物形成体不是离子而是中性原子,如 $[Ni(CO)_4]$ 中的 Ni 原子。

2) 配位体

与中心离子(或原子)结合的中性分子或阴离子叫做配位体(一般以 L 表示),或简称配体。常见配位体例如 NH_3、H_2O、CO、OH^-、CN^-、X^-(卤素阴离子)等。提供配位体的物质叫做配位剂,如 NaOH、KCN 等。有时配位剂本身就是配位体,如 NH_3、H_2O、CO 等。

$$HgCl_2 + 4KI \longrightarrow K_2[HgI_4] + 2KCl$$

KI 是配位剂,I^- 是配位体。

$$CuSO_4 + 4NH_3 \cdot H_2O \longrightarrow [Cu(NH_3)_4]SO_4 + 4H_2O$$

$NH_3 \cdot H_2O$ 是配位剂,NH_3 是配位体。

配位体中与中心离子(或原子)直接以配位键结合的原子叫做配位原子。配位原子提供孤对电子给中心离子(或原子)而形成配位键。通常作配位原子的是电负性较大的非金属元素的原子,如 F、Cl、Br、I、O、S、N、P、C 等。常见的配位体(标出孤对电子的原子是配位原子)如

含氮配位体	$\ddot{N}H_3$、$R\ddot{N}H_2$、$N\ddot{C}S$
含氧配位体	$H_2\ddot{O}$、$\ddot{O}H^-$、$R\ddot{O}H$
卤素配位体	$\ddot{F}^-$、$\ddot{C}l^-$、$\ddot{B}r^-$、$\ddot{I}^-$
含碳配位体	$\ddot{C}N^-$、$\ddot{C}O$
含硫配位体	$\ddot{S}CN^-$、$H_2\ddot{S}$

根据一个配位体中所含配位原子的数目不同,可将配位体分为单齿配位体和多齿配位体。

单齿配体:一个配位体中只有一个配位原子,如 NH_3、OH^-、X^-、CN^-、SCN^- 等。

多齿配体:一个配位体中有两个或两个以上的配位原子,如 $C_2O_4^{2-}$、乙二胺($NH_2C_2H_4NH_2$)、氨基乙酸(NH_2CH_2COOH)等。

当形成配合物时,这些配位原子可同时与一个中心离子结合,形成的配合物常称为螯合物。

3) 配位数

与中心离子(或原子)直接以配位键相结合的配位原子的总数叫做该中心离子(或原子)的配位数。例如,在 $[Ag(NH_3)_2]^+$ 中,Ag^+ 的配位数为 2;在 $[Cu(NH_3)_4]^{2+}$ 中,Cu^{2+} 的配位数为 4;在 $[Fe(CO)_5]$ 中,Fe 的配位数为 5;在 $[Fe(CN)_6]^{4-}$、$[CoCl_3(NH_3)_3]$ 中,Fe^{2+} 和 Co 的配位数皆为 6。

中心离子配位数的多少,取决于中心离子和配位体的性质(它们的电荷、半径、中心离子电子层构型等)以及形成配合物时的外界条件(如浓度、温度等)。一些形成体常见的配位数见表 4-1。

表 4-1 一些形成体常见的配位数

形成体	Ag^+、Cu^+	Ni^{2+}、Cu^{2+}、Zn^{2+}、Hg^{2+}	Fe^{2+}、Fe^{3+}、Co^{3+}、Al^{3+}、Co^{2+}、Ni^{2+}
常见配位数	2	4	6

4) 配位离子的电荷

配位离子的电荷数等于中心离子和配位体二者电荷的代数和。

3. 配合物的化学式的书写和命名

配合物的组成比较复杂,化学式的书写和命名只有遵守统一的规则才不致造成混乱。我国化学会无机化学专业委员会制定了一套命名规则,这里通过表 4-2 作些必要的说明。

表 4-2 一些常见配合物的化学式和系统命名

类别	化学式	系统命名	编序
配位酸	$H_2[SiF_6]$	六氟合硅(Ⅳ)酸	(a)
配位碱	$[Ag(NH_3)_2](OH)$	氢氧化二氨合银(Ⅰ)	(b)
配位盐	$[Cu(NH_3)_4]SO_4$	硫酸四氨合铜(Ⅱ)	(c)
	$[CrCl_2(H_2O)_4]Cl$	一氯化二氯·四水合铬(Ⅲ)	(d)
	$[Co(NH_3)_5(H_2O)]Cl_3$	三氯化五氨·一水合钴(Ⅲ)	(e)
	$K_4[Fe(CN)_6]$	六氰合铁(Ⅱ)酸钾	(f)
	$Na_3[Ag(S_2O_3)_2]$	二硫代硫酸根合银(Ⅰ)酸钠	(g)
	$K[PtCl_5(NH_3)]$	五氯·一氨合铂(Ⅳ)酸钾	(h)
	$[Pt(NH_3)_6][PtCl_4]$	四氯合铂(Ⅱ)酸六氨合铂(Ⅱ)	(i)
非电解质配合物	$[Fe(CO)_5]$	五羰基铁(0)	(j)

1) 化学式书写原则的说明

a. 对含有配位离子的配合物而言,阳离子放在阴离子之前,见表 4-2 中的(a)到(i)。

b. 对配位个体而言,先写中心离子(或原子)的元素符号,再依次列出阴离子配位体和中性分子配位体,例见表 4-2 中的(d)、(h);同类配位体(同为负离子或同为中性分子)以配位原子元素符号英文字母的先后排序书写,例如表 4-2 中的(e)NH_3 和 H_2O 两种中性分子配位体的配位原子分别为 N 原子和 O 原子,因而 NH_3 写在 H_2O 之前。

2) 关于命名原则的说明

配合物的命名法服从一般无机化合物的命名原则,如果配合物中的酸根是一个简单的阴离子,则称某化某,如$[Co(NH_3)_4Cl_2]Cl$,称为氯化二氯四氨合钴(Ⅲ);如果酸根是一个复杂的阴离子,则称为某酸某,如$[Cu(NH_3)_4]SO_4$,称为硫酸四氨合铜(Ⅱ);若外界是 H^+,则在配位阴离子后缀以"酸"字,如 $H[PtCl_3(NH_3)]$,称为三氯氨合铂(Ⅱ)酸。

配合物的命名比一般无机化合物命名更复杂的地方在于配合物的内界。

处于配合物内界的配离子,其命名方法一般依照如下顺序:配位体数—配位体的名称(不同配位体名称之间以"·"分开)—"合"字—中心离子名称—中心离子氧化数(用带括号的罗马数字注明)。现具体举例加以说明。

(1) 氢配酸和氢配酸盐。

氢配酸的命名次序为:酸性原子团—中性原子团—中心原子—氢酸(氢字也可以略去)。

氢配酸盐的命名次序同上,只是词尾用酸而不用氢酸,酸字后面再附上金属名称。

(2)配位阳离子化合物的命名次序是:外界阴离子—酸性原子团—中性原子团—中心原子。

(3)中性配合物命名次序是:酸性原子团—中性原子团—中心原子。

若配位离子配位体不止一种,在命名时配位体列出的顺序按如下规定。

① 在配位个体中如既有无机配位体又有有机配位体,无机配位体排列在前,有机配位体排列在后。

② 在有多种无机配位体和有机配位体时,按阴离子—阳离子—中性分子的顺序。例如 $K[PtCl_5(NH_3)]$,应命名为五氯·一氨合铂(Ⅳ)酸钾。

③ 同类配位体的名称按配位原子元素符号的英文字母顺序排列。例如 $[Co(NH_3)_5(H_2O)]Cl_3$,应命名为三氯化五氨·一水合钴(Ⅲ)。

④ 同类配位体中若配位原子相同,则将含较少原子数的配位体排在前面,含较多原子数的配位体列后。例如 $[PtNO_2NH_2OH(Py)]Cl$,应命名为氯化硝基·羟胺·吡啶合铂(Ⅱ)。

⑤ 若配位原子相同,配位体中含的原子数目也相同,则按在结构式中与配位原子相连的原子的元素符号的字母顺序排列。

⑥ 配位体化学式相同但配位原子不同(如:—SCN,—NCS),按配位原子元素符号的字母顺序排列。若配位原子尚不清楚,则以配位个体的化学式中所列的顺序为准。

某些配位体具有相同的化学式,但由于配位原子不同而有不同的命名,使用时一定要严加注意,如

—NO_2(以氮原子为配位原子)硝基根

—ONO(以氧原子为配位原子)亚硝酸根

—SCN(以硫原子为配位原子)硫氰酸根

—NCS(以氮原子为配位原子)异硫氰酸根

另外,对于一些常见的配合物,通常都用习惯上的简单叫法,如 $[Cu(NH_3)_4]^{2+}$,称为铜氨配位离子;$[Ag(NH_3)_2]^+$,称为银氨配离子;$K_3[Fe(CN)_6]$,称为铁氰化钾(赤血盐);$H_2[SiF_6]$,称为氟硅酸等。

4. 螯合物

螯合物也称内配合物,它是由多齿配位体与中心离子结合形成的比较复杂的具有环状结构的配合物。"螯合"即成环的意思。多齿配位体的配位原子好比螃蟹的螯把中心离子"钳"起来,形成环状结构的配合物。如

$$Cu^{2+} + 2 \begin{array}{c} CH_2-NH_2 \\ | \\ CH_2-NH_2 \end{array} \longrightarrow \left[\begin{array}{c} H_2C \\ | \\ H_2C \end{array} \begin{array}{c} NH_2 \\ \diagdown \\ \diagup \\ NH_2 \end{array} Cu \begin{array}{c} NH_2 \\ \diagup \\ \diagdown \\ NH_2 \end{array} \begin{array}{c} CH_2 \\ | \\ CH_2 \end{array} \right]^{2+}$$

乙二胺

二乙二胺合铜(Ⅱ)离子($[Cu(en)_2]^{2+}$)

由 $[Cu(en)_2]^{2+}$ 结构式可见,在 $[Cu(en)_2]^{2+}$ 中,有两个五原子环,每个环皆由两个碳原子、两个氮原子和中心离子构成。乙二胺(简写为 en)分子的 N 原子与 Cu^{2+} 结合形成四个配位键,

故 $[Cu(en)_2]^{2+}$ 中 Cu^{2+} 的配位数为 4。一般地,大多数螯合物具有五原子环或六原子环,常称五元环、六元环,这是较稳定的结构。

目前,最常见的一种螯合剂是被简称为 EDTA 的乙二胺四乙酸,它是四元酸,通常用简式 H_4Y 表示,其结构如下。

$$\begin{array}{c} H\ddot{O}OCH_2C \\ \diagdown \\ H\ddot{O}OCH_2C \end{array} \ddot{N}-\overset{H}{\underset{H}{C}}-\overset{H}{\underset{H}{C}}-\ddot{N} \begin{array}{c} CH_2CO\ddot{O}H \\ \diagup \\ CH_2CO\ddot{O}H \end{array}$$

每个 EDTA 分子中有 6 个配位原子。由于 H_4Y 仅微溶于水,实际中常见的是它的二钠盐 $Na_2H_2Y \cdot 2H_2O$,习惯上把 Na_2H_2Y 也称为 EDTA。

第二节 配位化合物在水溶液中的配位平衡

含有配位离子的配合物是一个复杂体系,其内界和外界之间以离子键相结合,这种结合与强电解质类似,在水中几乎完全离解,例如

$$[Cu(NH_3)_4]SO_4 \longrightarrow [Cu(NH_3)_4]^{2+} + SO_4^{2-}$$

因此,当向溶液中加入 $BaCl_2$ 溶液,会产生白色的 $BaSO_4$ 沉淀,而加入稀 NaOH 溶液得不到 $Cu(OH)_2$ 沉淀。但是若加入 Na_2S 溶液时,又可得到黑色的 CuS 沉淀。这说明 $[Cu(NH_3)_4]^{2+}$ 在水溶液中可像弱电解质一样,能部分解离出 Cu^{2+} 和 NH_3,Cu^{2+} 与 S^{2-} 反应,生成了溶解度很小的 CuS 沉淀,即存在着如下平衡

$$[Cu(NH_3)_4]^{2+} \rightleftharpoons Cu^{2+} + 4NH_3$$

由此可见,配位化合物在水溶液中存在配位解离平衡。

一、配位平衡及其常数

如上面所述,在水溶液中,$[Cu(NH_3)_4]^{2+}$ 可部分解离产生 Cu^{2+} 和 NH_3,同时 Cu^{2+} 和 NH_3 又能结合生成 $[Cu(NH_3)_4]^{2+}$。在一定条件下,当解离速率与结合速率相等时,体系可以达到平衡状态,这就是配位平衡,即一定条件下,配位离子与中心离子、配位体之间在水溶液中建立的平衡。多配位体的配位离子在水溶液中的解离与多元弱酸(或弱碱)的解离相类似,是分步进行的。

$$[Cu(NH_3)_4]^{2+} \rightleftharpoons Cu^{2+} + 4NH_3 \tag{1}$$

$$[Cu(NH_3)_4]^{2+} \rightleftharpoons [Cu(NH_3)_3]^{2+} + NH_3 \tag{2}$$

$$[Cu(NH_3)_3]^{2+} \rightleftharpoons [Cu(NH_3)_2]^{2+} + NH_3 \tag{3}$$

$$[Cu(NH_3)_2]^{2+} \rightleftharpoons [Cu(NH_3)]^{2+} + NH_3 \tag{4}$$

$$[Cu(NH_3)]^{2+} \rightleftharpoons Cu^{2+} + NH_3 \tag{5}$$

$$Cu^{2+} + 4NH_3 \rightleftharpoons [Cu(NH_3)_4]^{2+} \tag{6}$$

(1)配位个体的离解反应,(2)~(5)为离解反应的各分步反应。与(1)对应的标准平衡常数叫做解离常数(dissociation constant),符号为 $K_d^\ominus$,其(2)~(5)每一步解离都存在一个解离平衡常数,每一级解离平衡常数逐级的乘积等于该配位离子的总解离常数。(6)则是配位个体的生成反应,其标准平衡常数称为生成常数(formation constant),符号为 $K_f^\ominus$。显然 $K_d^\ominus$ 是配位个体不稳定性的量度,$K_d^\ominus$ 越大,表明配位个体越不稳定;$K_f^\ominus$ 是配位个体稳定性的量度,$K_f^\ominus$ 越大,表明配位个体越稳定。因而,解离常数和生成常数分别又叫做不稳定常数和稳定常数。

$$K_d^\ominus = K_{\text{不稳}}^\ominus = \frac{c'(Cu^{2+})[c'(NH_3)]^4}{c'([Cu(NH_3)_4]^{2+})}$$

$$K_f^\ominus = K_{\text{稳}}^\ominus = \frac{c'([Cu(NH_3)_4]^{2+})}{c'(Cu^{2+})[c'(NH_3)]^4}$$

$K_d^\ominus$ 与 $K_f^\ominus$ 互为倒数关系,有

$$K_d^\ominus(\text{或 } K_{\text{不稳}}^\ominus) = \frac{1}{K_f^\ominus(\text{或 } K_{\text{稳}}^\ominus)}$$

配位平衡及其常数的重要应用之一就是计算配合物溶液中中心离子的浓度。

[例 4-1] 计算溶液中与 1.0×10^{-3} mol·L^{-1} $[Cu(NH_3)_4]^{2+}$ 和 1.0 mol·L^{-1} NH$_3$ 处于平衡状态的游离 Cu^{2+} 浓度。

解:查得 $[Cu(NH_3)_4]^{2+}$ 的稳定常数 $K_f^\ominus$ 为 $10^{12.59}$(3.89×10^{12})。

$$Cu^{2+} + 4NH_3 \rightleftharpoons [Cu(NH_3)_4]^{2+}$$

平衡时的浓度 x 1.0 mol·L^{-1} 1.0×10^{-3} mol·L^{-1}

由 $K_f^\ominus$ 计算式得

$$K_f^\ominus = K_{\text{稳}}^\ominus = \frac{c'([Cu(NH_3)_4]^{2+})}{c'(Cu^{2+})[c'(NH_3)]^4} = \frac{1.0 \times 10^{-3}}{x \cdot (1.0)^4} = 3.89 \times 10^{12}$$

计算可得 $c'(Cu^{2+}) = 2.57 \times 10^{-16}$ (mol·L^{-1})。

二、配位平衡的移动

配位平衡和其他化学平衡一样是有条件的,当外界条件改变时,配位平衡就会发生移动。配位平衡的移动,即由于外界条件的改变,使配位反应由一种平衡状态向另一种平衡状态转化的过程。

1. 配位平衡与酸碱平衡

在试管中加入 2mL 0.1 mol·L^{-1} 的 FeCl$_3$ 溶液,滴加 1.0 mol·L^{-1} NaF 溶液至无色 ($[FeF_6]^{3-} \rightleftharpoons Fe^{3+} + 6F^-$)。将所得溶液分成两份,一份滴加 2.0 mol·L^{-1} H$_2$SO$_4$ 溶液,另一份滴加 2.0 mol·L^{-1} NaOH 溶液。

所得无色溶液是 $[FeF_6]^{3-}$ 的配位平衡体系:$Fe^{3+} + 6F^- \rightleftharpoons [FeF_6]^{3-}$

若向配位平衡体系中加酸,由于发生反应

$$H^+ + F^- \longrightarrow HF$$

使 F^- 浓度下降,配位平衡向左移动,促使 $[FeF_6]^{3-}$ 进一步解离,溶液重新变为黄色。

若向配位平衡体系中加碱,也会使 $[FeF_6]^{3-}$ 变得不稳定。可见,配合物在水溶液中要稳定存在,对体系的酸碱度是有一定要求的。

对由强酸根作配位体形成的配位离子,如 $[CuCl_4]^{2-}$、$[CuBr_4]^{2-}$ 等,酸度增大,对其稳定性影响不大。

2. 配位平衡与沉淀溶解平衡

在试管中加入 $0.1\ mol\cdot L^{-1}$ 的 $AgNO_3$ 溶液和 $0.1\ mol\cdot L^{-1}$ 的 NaCl 溶液各 10 滴,再滴加 $6\ mol\cdot L^{-1}$ 的 $NH_3\cdot H_2O$,至白色沉淀溶解。然后再向试管中先后滴加 $0.1\ mol\cdot L^{-1}$ 的 NaCl 溶液和 KI 溶液。

AgCl 沉淀的溶解是生成了 $[Ag(NH_3)_2]^+$。在 $[Ag(NH_3)_2]^+$ 溶液中,若加入 NaCl 溶液,一般不产生沉淀或沉淀不明显;若向其中加入 KI 溶液,则会产生明显的 AgI 黄色沉淀。这是由于 $[Ag(NH_3)_2]^+$ 在溶液中存在解离平衡,产生了少量的 Ag^+

$$[Ag(NH_3)_2]^+ \rightleftharpoons Ag^+ + 2NH_3$$

由于 AgCl 的溶度积比 AgI 的溶度积大得多,故 $[Ag(NH_3)_2]^+$ 转化为 AgCl 沉淀的趋势比转化为 AgI 沉淀的趋势要小得多。

若在 $[Ag(CN)_2]^-$ 溶液中,分别加入 NaCl 溶液和 KI 溶液,都不大可能出现沉淀,这是由于 $[Ag(CN)_2]^-$ 很稳定,在溶液中 $c(Ag^+)$ 极小。

可见,在配位离子溶液中加入适当的沉淀剂,可以使配合物转化为难溶化合物。难溶化合物的溶度积常数 $K_{sp}^{\ominus}$ 越小,配位离子的稳定性越小,由配位离子转化为沉淀的趋势就越大,转化就越完全。

相反,一些难溶盐往往因形成配合物而溶解,这个过程称为配位溶解。配位溶解是化学上溶解难溶物质的重要方法之一,但需要选择合适的配位剂。

[例 4-2] 如果要将 $0.1\ mol\ AgCl$ 溶解在 1L 氨水中,那么氨水的最初浓度至少要多大?

解 AgCl 与氨水作用的反应方程式为

$$AgCl(s) + 2NH_3 \rightleftharpoons [Ag(NH_3)_2]^+ + Cl^-$$

其平衡常数表达式为

$$K^{\ominus} = \frac{c'(Cl^-)c'([Ag(NH_3)_2]^+)}{[c'(NH_3)]^2}$$

为了利用 AgCl 的溶度积常数 $K_{sp}^{\ominus}$ 和配合物 $[Ag(NH_3)_2]^+$ 的稳定常数进行计算,将上述平衡常数表达式的分子和分母同乘以 $c'(Ag^+)$ 得

$$K^{\ominus} = \frac{c'(Cl^-)c'([Ag(NH_3)_2]^+)}{[c'(NH_3)]^2} \cdot \frac{c'(Ag^+)}{c'(Ag^+)} = K_{稳}^{\ominus} K_{sp}^{\ominus}$$

假定溶解了的 Ag^+ 都转化为 $[Ag(NH_3)_2]^+$,则溶液中 $c'([Ag(NH_3)_2]^+)$ 和 $c'(Cl^-)$ 都是 $0.1\ mol\cdot L^{-1}$,设平衡时 $c'(NH_3)$ 为 x,则

$$AgCl(s) + 2NH_3 \rightleftharpoons [Ag(NH_3)_2]^+ + Cl^-$$
$$ x 0.1 0.1$$

平衡时

$$\frac{c'(Cl^-)c'([Ag(NH_3)_2]^+)}{[c'(NH_3)]^2} = K_{稳}^{\ominus} K_{sp}^{\ominus}$$

查 $K_{稳}^{\ominus}([Ag(NH_3)_2]^+) = 1.7 \times 10^7$,$K_{sp}^{\ominus}(AgCl) = 1.8 \times 10^{-10}$。

$$\frac{0.1 \times 0.1}{x^2} = 1.7 \times 10^7 \times 1.8 \times 10^{-10}$$

$$x = \sqrt{\frac{0.1 \times 0.1}{1.7 \times 10^7 \times 1.8 \times 10^{-10}}} = 1.8(mol \cdot L^{-1})$$

即 $c'(NH_3) = 1.8(mol \cdot L^{-1})$。

从反应方程式可以看出,溶解掉 0.1mol AgCl 后,结合掉 0.2mol NH_3,故氨的最初浓度至少应为

$$c_{初}(NH_3) = 1.8 + 0.2 = 2.0(mol \cdot L^{-1})$$

可见 AgCl 是易溶于氨水的。

3. 配位离子之间的平衡

在试管中加入 $0.1\ mol \cdot L^{-1} FeCl_3$ 溶液 1.0mL,滴加 $0.1\ mol \cdot L^{-1}$ KSCN 溶液,再向出现了血红色的溶液中滴加 $1.0 mol \cdot L^{-1}$ NaF 溶液,至血红色溶液变为无色溶液。

$FeCl_3$ 溶液与 KSCN 溶液作用生成血红色的配合物$[Fe(NCS)_6]^{3-}$。

在血红色的$[Fe(NCS)_6]^{3-}$ 溶液中,存在着如下的平衡

$$[Fe(NCS)_6]^{3-} \rightleftharpoons Fe^{3+} + 6NCS^-$$

当向其中加入 NaF 溶液时,血红色则褪去成为无色溶液。这是由于 F^- 与 Fe^{3+} 形成了更稳定的$[FeF_6]^{3-}$,破坏了$[Fe(NCS)_6]^{3-}$的配位平衡,使$[Fe(NCS)_6]^{3-}$不断转化为$[FeF_6]^{3-}$。

$$[Fe(NCS)_6]^{3-} + 6F^- \rightleftharpoons [FeF_6]^{3-} + 6NCS^-$$
$$K_{稳}^{\ominus} = 1.48 \times 10^3 K_{稳}^{\ominus} = 2.04 \times 10^{14}$$

由于$[FeF_6]^{3-}$比$[Fe(NCS)_6]^{3-}$稳定得多,$[Fe(NCS)_6]^{3-}$转化为$[FeF_6]^{3-}$的反应进行得很完全,以至于$[Fe(NCS)_6]^{3-}$的血红色全部褪去。

可见,配合物的相互转化总是由稳定性较低的配合物转化为稳定性较高的配合物,两者稳定性相差越大,这种转化就越容易、越完全。

4. 配位平衡与氧化还原反应

在试管中加入 $1.0mL\ 0.1\ mol \cdot L^{-1}$ 的 $FeCl_3$ 溶液和 5 滴 CCl_4,滴加 $0.1\ mol \cdot L^{-1}$ 的 KI 溶液 1.0mL,振荡。

另取一支试管,加入 $1.0mL\ 0.1\ mol \cdot L^{-1}$ 的 $FeCl_3$ 溶液,滴加 $1.0mol \cdot L^{-1}$ 的 NaF 溶液至

无色后,再加入 1.0mL 0.1 mol·L^{-1}的 KI 溶液和 5 滴 CCl$_4$,振荡。

在溶液中 FeCl$_3$ 能顺利地将 KI 氧化成 I$_2$

$$2Fe^{3+} + 2I^- \longrightarrow 2Fe^{2+} + I_2$$

因为 $\varphi^\ominus_{Fe^{3+}/Fe^{2+}} = 0.771V$,$\varphi^\ominus_{I_2/I^-} = 0.535V$,可见 Fe^{3+} 的氧化性较强,I^- 的还原性较强,上述反应可自左向右进行。实验中可清楚地观察到 CCl$_4$ 层中 I$_2$ 的紫红色。

如果在反应前,加入 NaF 溶液,Fe^{3+} 与 F^- 结合生成[FeF$_6$]$^{3-}$,由于[FeF$_6$]$^{3-}$ 稳定,溶液中 Fe^{3+} 浓度大大降低,致使 $\varphi_{Fe^{3+}/Fe^{2+}}$ 值变得很小,已不能氧化 I^-。因此,实验中 CCl$_4$ 层没有发生颜色的改变。

这样的例子很多,如 Pb^{4+} 氧化性很强,很不稳定,PbCl$_4$ 极易分解成 PbCl$_2$ 和 Cl$_2$,但当它形成[PbCl$_6$]$^{2-}$ 后,氧化能力下降,+4 价态的铅就能以配合物的形式保持稳定;又如 Cu^+ 不稳定,当它形成[Cu(CN)$_2$]$^-$ 后,则变得相当稳定。

可见形成体形成配合物以后,其氧化还原能力会发生改变,有时甚至会改变氧化还原反应的方向。

三、配合物形成时的特征

配合物在水溶液中形成时,常伴随出现一些特征,这些特征常可作为判断配合物生成的依据。

1. 颜色改变

某些金属离子在形成配合物时,会明显地发生颜色改变。例如,Fe^{3+} 形成[Fe(NCS)$_6$]$^{3-}$ 时,颜色由淡黄色变为血红色;Cu^{2+} 形成[Cu(NH$_3$)$_4$]$^{2+}$ 时,颜色由蓝色变为深蓝色。

一般地说,具有颜色的水合离子生成配离子时,会发生颜色的改变;没有颜色的水合离子形成配位离子时,不发生颜色的改变。例如

$$[Co(H_2O)_6]^{2+} \longrightarrow [Co(NCS)_4]^{2-}$$

(粉红色) (蓝紫色)

$$[Zn(H_2O)_4]^{2+} \longrightarrow [Zn(NH_3)_4]^{2+}$$

(无色) (无色)

$$[Ag(H_2O)_2]^+ \longrightarrow [Ag(NH_3)_2]^+$$

(无色) (无色)

2. 难溶化合物溶解——配位溶解

一些难溶于水的化合物常因形成配合物而溶解。例如

$$AgCl(s) + 2NH_3 \longrightarrow [Ag(NH_3)_2]^+ + Cl^-$$

$$AgBr(s) + 2Na_2S_2O_3 \longrightarrow Na_3[Ag(S_2O_3)_2] + NaBr$$

$$AgI(s) + 2KCN \longrightarrow K[Ag(CN)_2] + KI$$

$$HgI_2(s) + 2KI \longrightarrow K_2[HgI_4]$$

3. pH 值改变

一些较弱的酸在形成配合物时,酸性往往会变强。例如

$$HF + BF_3 \longrightarrow H[BF_4]$$
弱酸　　　　　强酸

$$2HCN + Ag^+ \longrightarrow H[Ag(CN)_2] + H^+$$
弱酸　　　　　　　　强酸

$$Zn^{2+} + H_2Y^{2-} \longrightarrow ZnY^{2-} + 2H^+$$
弱酸　　　　　　　强酸

4. 形成体氧化还原性改变

在水溶液中,由于金属离子转变为配位离子,形成体得失电子的能力会发生改变。如前已讨论过的 Fe^{3+} 在形成 $[FeF_6]^{3-}$ 后就不能再氧化 I^- 了,而 Fe^{3+} 则可轻易地将 I^- 氧化为 I_2。

配合物形成时引起性质上的变化,常常可作为配合物应用的依据。

第三节　配位化合物的应用

随着配位化学的发展,配位化合物的应用也越来越广泛。下面就其主要的一些应用作以简单介绍。

一、配位滴定

在定性分析中,广泛应用形成配合物反应,以达到离子鉴定和离子分离的目的。这也是油田化学中配合物的主要应用之一。

若某种配位剂能与某金属离子形成具有特征的有色配合物或沉淀,便可用该配位剂对该离子作特效鉴定。最常用的配位剂是 EDTA。

1. EDTA 及其配合物性质

EDTA 即乙二胺四乙酸,简写为 H_4Y。在 22℃ 时,每 100mL 水中溶解 0.02gEDTA。EDTA 难溶于酸和一般有机溶剂,易溶于氨水和 NaOH 溶液中,生成相应的盐溶液。而 EDTA 的二钠盐,即乙二胺四乙酸二钠(常以简式 $Na_2H_2Y \cdot 2H_2O$ 表示,一般也称为 EDTA)在水中的溶解度较大。EDTA 是一种四元酸,在水溶液中分四级电离。

EDTA 能与大多数金属离子配位,其配位比一般为 1:1,即 1 个 EDTA 分子与 1 个金属离子配位。所以,为了方便起见,一般可略去电荷,EDTA 与金属离子的反应可写成

$$M + Y \longleftrightarrow MY$$

由于 EDTA 与金属离子以相等的物质的量配位形成配合物,因此还可用以定量滴定,使计算简便,其关系式为

$$c_1V_1 = c_2V_2 \tag{4-1}$$

式中　c_1——EDTA 浓度，mol·L^{-1}；

　　　V_1——EDTA 溶液体积，L；

　　　c_2——金属离子浓度，mol·L^{-1}；

　　　V_2——金属离子溶液体积，L。

EDTA 与金属离子生成的配合物多数易溶于水。一般与无色离子形成无色配合物，与有色金属离子则形成颜色更深的配合物。例如

NiY^{2-}	CuY^{2-}	CoY^{2-}	MnY^{2-}	CrY^-	FeY^-
（蓝绿色）	（深蓝色）	（紫红色）	（紫红色）	（深紫色）	（黄色）

2. 酸度对 EDTA 配合物的影响

不同的金属离子与 EDTA 所形成的配合物稳定性不同，其稳定性的大小与溶液的酸度有关，酸度对 EDTA 配合物稳定性的影响可用下式说明。

$$\begin{array}{c} M + Y \rightleftharpoons MY \\ +H^+ \Vert \\ HY \\ +H^+ \Vert \\ H_2Y \\ \vdots \end{array}$$

这种由于 H^+ 的存在，使 EDTA 参加主反应能力降低的现象称为酸效应。因此，当用 EDTA 滴定不同的金属离子时，对稳定性高的配合物，溶液的酸度稍高一点也能准确地进行滴定，但对稳定性稍差的配合物，酸度较高时，就不能准确滴定了。所以，滴定不同的金属离子，有不同的最低 pH 值（最高酸度），见表 4-3。如果超过了这一最低 pH 值（最高酸度），就不能进行准确滴定了。

表 4-3　EDTA 滴定金属离子所需的最低 pH 值

金属离子	lg$K_稳$	pH（近似值）	金属离子	lg$K_稳$	pH（近似值）
Mg^{2+}	8.7	9.7	Zn^{2+}	16.50	3.9
Ca^{2+}	10.96	7.5	Pb^{2+}	18.04	3.2
Mn^{2+}	13.87	5.2	Ni^{2+}	18.62	3.0
Fe^{2+}	14.32	5.1	Cu^{2+}	18.80	2.9
Al^{3+}	16.30	4.2	Hg^{2+}	21.80	1.9
Co^{2+}	16.31	4.0	Sn^{2+}	22.11	1.7
Cd^{2+}	16.46	3.9	Fe^{3+}	25.10	1.0

根据表 4-3 所允许的最低 pH 值（最高酸度），可以用调节溶液 pH 值的方法，将某种金属离子从含有多种金属离子的混合溶液中测定出来。

例如，Zn^{2+} 和 Mg^{2+} 共存时，可调节溶液呈微酸性，用 EDTA 滴定 Zn^{2+} 而 Mg^{2+} 不干扰。因为在微酸性溶液中，Mg^{2+} 不能与 EDTA 配位，而 Zn^{2+} 则能形成稳定的配合物。

由于 EDTA 与金属离子在配位过程中有 H^+ 产生，使溶液的酸度升高。因此配位滴定中，需要在溶液中加入一定量的缓冲溶液来维持 pH 值在一定的范围内。缓冲溶液是一种能够抵抗外来少量酸、碱的影响（或稀释作用的影响），而保持溶液本身 pH 值相对稳定不变的溶液。配位滴定中常用的缓冲溶液有 HAc + NaAc 的混合溶液，NH_3 + NH_4Cl 的混合溶液等。

3. *EDTA 的配位滴定

下面介绍一下 EDTA 配位滴定的滴定曲线。

一般情况下,EDTA 与被测金属离子 M 之间的配位比为 1∶1。

酸碱滴定中的滴定曲线是根据 pH 值,即 $c(H^+)$ 来制作的;类似地,配位滴定中的滴定曲线是根据 pM 值,即由 $c'(M)$ 来计算得到的。pM 的定义为

$$pM = -\lg c'(M)$$

现以 0.0100 mol·L^{-1} 的 EDTA 溶液滴定 20.00 mL 0.0100 mol·L^{-1} 的金属离子 M($\lg K_{稳}^{\ominus} = 10$)为例,讨论配位滴定曲线。

为了计算滴定过程中各点的 pM 值,仍将整个滴定过程分为 4 个阶段。

(1) 滴定前。

金属离子的浓度 $c'(M) = 0.0100$ mol·L^{-1},pM = 2.00。

(2) 滴定开始至化学计量点前。

溶液的 pM 值取决于剩余金属离子 M 的浓度,剩余 $c'(M)$ 按式(4-2)计算

$$c'(M) = 0.0100 \times \frac{V_M - V_{EDTA}}{V_{总}} \quad (4-2)$$

例如,当加入 0.0100 mol·L^{-1} EDTA 溶液 18.00 mL、19.80 mL 和 19.98 mL,溶液中剩余溶液金属离子浓度 $c'(M)$ 和 pM 分别为

$$c'(M) = 0.0100 \times \frac{20.00 - 18.00}{38.00} = 5.00 \times 10^{-4}(\text{mol·L}^{-1}), pM = 3.30$$

$$c'(M) = 0.0100 \times \frac{20.00 - 19.80}{39.80} = 5.02 \times 10^{-5}(\text{mol·L}^{-1}), pM = 4.30$$

$$c'(M) = 0.0100 \times \frac{20.00 - 19.98}{39.98} = 5.00 \times 10^{-6}(\text{mol·L}^{-1}), pM = 5.30$$

(3) 化学计量点时。

EDTA 与 M 完全配位形成 MY,此时

$$c'(MY) = 0.0100 \times \frac{20.00}{40.00} = 5.00 \times 10^{-3}(\text{mol·L}^{-1})$$

因为 $c'(M) = c'(Y)$,则

$$\frac{c'(MY)}{c'(M)c'(Y)} = \frac{c'(MY)}{[c'(M)]^2} = \frac{5.00 \times 10^{-3}}{[c'(M)]^2}$$

由 $\lg K_{稳}^{\ominus} = 10$,得 $K_{稳}^{\ominus} = 10^{10}$,即

$$K_{稳}^{\ominus} = \frac{c'(MY)}{c'(M)c'(Y)} = \frac{5.00 \times 10^{-3}}{[c'(M)]^2} = 10^{10}$$

求得

$$c'(M) = 7.07 \times 10^{-7}(\text{mol} \cdot \text{L}^{-1})$$

$$pM = 6.15$$

(4)化学计量点后。

当加入 20.02mL EDTA 溶液时,过量 EDTA 的浓度为

$$c'(Y) = 0.0100 \times \frac{0.02}{40.02} = 5.00 \times 10^{-6}(\text{mol} \cdot \text{L}^{-1})$$

$$K_{稳}^{\ominus} = \frac{c'(MY)}{c'(M)c'(Y)} = \frac{5.00 \times 10^{-3}}{c'(M) \times 5.00 \times 10^{-6}} = 10^{10}$$

求得

$$c'(M) = 1.00 \times 10^{-7}(\text{mol} \cdot \text{L}^{-1})$$

$$pM = 7.00$$

按上述方法可以计算出滴定过程中各点 pM 值,见表 4 - 4。以表 4 - 4 中 pM 值为纵坐标,所加 EDTA 溶液的质量分数为横坐标,则可得到不同的 $K_{稳}^{\ominus}$ 值时的 EDTA 滴定金属离子 M 的滴定曲线,如图 4 - 1 所示。

表 4 - 4 滴定过程中溶液 pM 的变化(0.0100 mol · L^{-1})

EDTA 用量		lg$K_{稳}^{\ominus}$						
mL	加入,%	14	12	10	8	6	4	2
0.00	0.0	2.00	2.00	2.00	2.00	2.00	2.00	2.00
19.80	99.0	4.30	4.30	4.30	4.29	4.00	3.16	2.43
19.98	99.9	5.30	5.30	5.29	5.00	4.14	3.18	2.44
20.00	100.0	8.15	7.15	6.15	5.15	4.15	3.18	2.44
20.02	100.1	11.00	9.00	7.00	5.30	4.17	3.18	2.44
20.20	101.0	12.00	10.00	8.00	6.01	4.30	3.20	2.44
40.00	200.0	14.00	12.00	10.00	8.00	6.00	4.05	2.67

由表 4 - 4 和图 4 - 1 可以看出,配合物的表观稳定常数($K'_{稳}$)越大,配位滴定的突跃越大,滴定的准确度越高。决定配合物表观稳定常数的因素首先是配合物的稳定常数 $K_{稳}^{\ominus}$,其次是溶液的酸度及其他配位剂的作用等。

滴定突跃的大小除与形成配合物的表观稳定常数有关外,还与溶液的浓度有关。离子浓度越低,滴定曲线的起点越高,滴定突跃因而减小,滴定的准确度就越低,如图 4 - 2 所示。

在配位滴定中,多数采用指示剂目测终点,在一般实验条件下,滴定突跃有 0.2 ~ 0.4(平均 0.3)个 pM 单位的变化时,就可利用适当的指示剂确定滴定终点。由表 4 - 4 可以看出:当溶液浓度为 0.0100 mol · L^{-1},lg$K_{稳}^{\ominus}$≥8 时,滴定突跃有 0.3 个 pM 单位;lg$K_{稳}^{\ominus}$ = 6 时,滴定突跃较小;lg$K_{稳}^{\ominus}$≤4 时,滴定突跃为零,即化学计量点前后溶液的 pM 值没有变化。

由此可见,当 $cK_{稳}^{\ominus}$≥10^6,即 lg($cK_{稳}^{\ominus}$)≥6 时,金属离子能被准确滴定,相对误差为 0.1%。

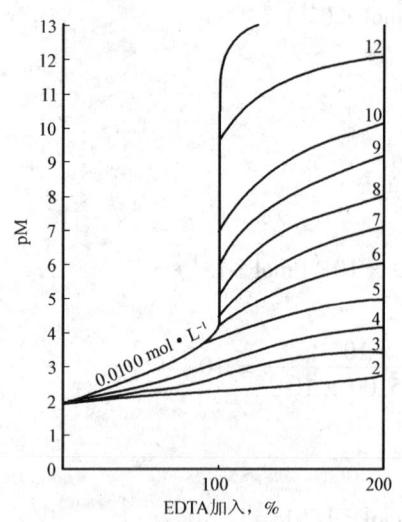
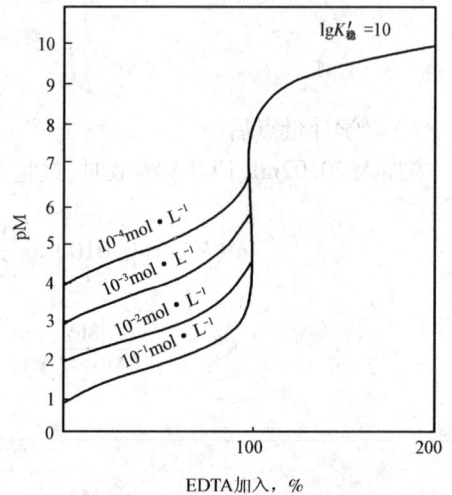

图 4-1 用 0.0100mol·L⁻¹ EDTA 滴定 0.0100mol·L⁻¹ 金属离子的滴定曲线（$\lg K_{稳}^{\ominus}=2\sim14$）

图 4-2 用 EDTA 滴定不同浓度金属离子的滴定曲线

4. 金属指示剂

配位滴定指示终点的方法很多,其中最重要的是使用金属指示剂确定终点。在酸碱滴定中,酸碱指示剂是指示溶液中 H^+ 浓度的变化以确定滴定终点的,金属指示剂则是配位滴定中指示溶液中金属离子浓度的变化以确定滴定终点的。金属指示剂(以 In 表示)是一种有机染料,能与某些金属离子形成与染料本身颜色不同的有色配合物。它首先与被滴定金属离子反应形成一种与指示剂本身颜色不同的配合物(以 MIn 表示)。

$$In + M \rightleftharpoons MIn$$
颜色甲　　　颜色乙

滴入 EDTA 时,已被指示剂配位的金属离子被 EDTA 夺出,释放出指示剂,当达到化学计量点附近时,引起溶液颜色的变化,指示滴定终点,即

$$MIn + Y \rightleftharpoons MY + In$$
颜色乙　　　　　　颜色甲

金属离子的显色剂很多,但只有很少一部分能用作金属指示剂。一般来说,金属指示剂必须具备下列条件。

(1) 显色配合物(MIn)与金属指示剂(In)的颜色应有显著的差别。这样,终点时颜色的变化才会明显,才能准确地判断滴定终点。

(2) 显色反应灵敏、迅速,有良好的变色可逆性。

(3) 显色配合物的稳定性要适当。它既要有足够的稳定性,但又要比该金属离子与 EDTA 形成的配合物的稳定性小,两者的稳定常数值至少要相差 100 倍以上,这样 EDTA 才能在滴定到化学计量点时将金属指示剂从显色配合物中置换出来。否则,显色配合物稳定性过小,滴定终点提前;显色配合物稳定性过大,滴定终点拖后。两种情况都会增大滴定误差。

此外，金属指示剂应比较稳定，便于储存和使用。常用金属指示剂见表4-5。

表4-5 常用金属指示剂

指示剂	使用pH值范围	颜色变化 In	颜色变化 MIn	直接滴定离子	指示剂配制
铬黑T	7~10	蓝	红	pH=10：Mg^{2+}、Zn^{2+}、Cd^{2+}、Pb^{2+}、Mn^{2+}、稀土	1(铬黑T):100(NaCl固体)
二甲酚橙	<6	黄	红	pH<1：ZrO^{2+} pH=1~3：Bi^{3+}、Th^{4+} pH=5~6：Zn^{2+}、Pb^{2+}、Cd^{2+}、Hg^{2+}、稀土	0.5%(质量分数)水溶液
PAN	2~12	黄	红	pH=2~3：Bi^{3+}、Th^{4+} pH=4~5：Cu^{2+}、Ni^{2+}	0.1%(质量分数)乙醇溶液
酸性铬蓝K	8~13	蓝	红	pH=10：Mg^{2+}、Zn^{2+} pH=13：Ca^{2+}	1(酸性铬蓝K):100(NaCl固体)
磺基水杨酸		无色	紫红	pH=1.5~3：Fe^{3+}(加热)	2%(质量分数)水溶液

配位滴定可以采用直接滴定、返滴定、置换滴定和间接滴定等方式进行。周期表中大多数元素都能用配位滴定法测定。改变滴定方式，在一些情况下还能提高配位滴定的选择性。

若金属离子与EDTA的反应满足滴定的要求，就可用EDTA标准溶液直接滴定待测离子。直接滴定迅速方便，一般情况下引入误差较少，故只要条件允许，应尽量采用直接滴定法。实际上大多数金属离子都可以采用EDTA直接滴定，但在下列任何一种情况下，不宜直接滴定。

（1）待测离子（如SO_3^{2-}、PO_4^{3-}等）不与EDTA形成配合物，或待测离子（如Na^+等）与EDTA形成的配合物不稳定。

（2）待测离子（如Ba^{2+}、Sr^{2+}等）虽能与EDTA形成稳定的配合物，但缺少变色敏锐的指示剂。

（3）待测离子（如Al^{3+}、Cr^{3+}等）与EDTA的配位速度很慢，本身又易水解或封闭指示剂。

对于上述（2）和（3）这两种情况，可采用返滴定法，即先加入过量的EDTA标准溶液，使待测离子M完全配位，过量的EDTA再用其他金属离子N标准溶液返滴定。例如测定Al^{3+}时，由于Al^{3+}易形成一系列多羟配合物，所以这类多羟配合物与EDTA配位速度较慢。但可加入过量的EDTA溶液，煮沸后，用Cu^{2+}或Zn^{2+}标准溶液返滴定过量的EDTA。作为返滴定剂的金属离子N，它与EDTA的配合物NY必须有足够的稳定性，以保证测定的准确度。但若NY比MY更稳定，则会发生置换反应：N+MY⇌NY+M，使得测定结果偏低。

对于上述第（2）种情况，还可以采用置换滴定法，即加入适当的EDTA的金属盐MY（常用EDTA的镁盐或锌盐），使待测离子与MY中的EDTA配位，置换出其中的金属离子（Mg^{2+}或Zn^{2+}），然后再用EDTA滴定Mg^{2+}或Zn^{2+}。

对于上述第（1）种情况，可以采用间接滴定法，即加入一定量且过量的能与EDTA形成稳定配合物的金属离子作沉淀剂，沉淀待测离子，过量沉淀剂再用EDTA滴定；或将沉淀分离、溶解后，再用EDTA滴定其中的金属离子。

另外，利用滴定原理及配位平衡原理，配位化合物也可用在物质分离（如在AgCl-AgI体系中，加入$NH_3·H_2O$，可达到分离AgCl和AgI两种沉淀混合物的目的）、掩蔽干扰离子（在用

KSCN 鉴定 Co^{2+} 时,事先在试液中加入 NaF,可排除 Fe^{3+} 对 Co^{2+} 鉴定的干扰作用)等方面。

二、配位反应在有机合成、有机高分子合成中的应用

石油化工中的各种不饱和烃产物常是有机高分子工业中的重要原料。在它们合成高分子产品过程中,需要高效选择性的催化剂,例如乙烯的聚合就是借著名的齐格勒—纳塔(Zigler-Natta)催化剂来实现的。这种催化剂是三乙基铝[$Al-(C_2H_5)_3$]和四氯化钛($TiCl_4$)的混合物,在反应中以[$Ti(C_2H_5)Cl_3$]$^-$出现。又如,欲使乙烯在低压条件下氧化成乙醛,必须使用配位催化。乙烯在催化剂的作用下配位成[$PtC_2H_4Cl_3$]$^-$后,可使乙烯大大活化,极易氧化成乙醛。有机合成中的配位催化剂还有羰基配合物。例如由甲醇合成乙酸,过去必须以 65.9~70.9MPa 为反应条件,如今采用铑的羰基配合物 Rh(Ⅲ)COLn 作催化剂,HI 为助催化剂,即可在很低压强下发生反应。

石油原油净化时常加过量碳酸钠溶液,使铝离子(Al^{3+})、铁离子(Fe^{3+})、钙离子(Ca^{2+})、铜离子(Cu^{2+})和铀离子(U^{4+})等杂质成为固相的 $Al(OH)_3$、$Fe(OH)_3$、$CaCO_3$、$Cu_2(OH)_2CO_3$,同时产生不溶于油而溶于水相的六角双锥型的[$UO_2(CO_3)_3$]$^{2-}$配位离子,从而使油得到净化。

总之,配合物在染料、化工、冶金、电镀、医药、原子能利用、防腐、土壤改良以及稀有元素分离等方面,正得到越来越广泛的应用。

阅读材料

我国配位化学的发展、进展和特点

我国配位化学的研究在中华人民共和国成立前几乎属于空白。1949 年后,随着国家经济建设的发展,仅在个别重点高等院校及科研单位开展了这方面的教学和科研工作。20 世纪 60 年代中期以前,主要工作集中在简单配合物的合成、性质、结构及其应用方面的研究,重点是在溶液配合物的平衡理论、混合和多核配合物的稳定性、取代动力学、过渡金属配位催化以及稀土和钨、钼等我国丰产元素的分离提纯与配位场理论的研究。针对配位化学,除了个别方面的研究外,总体来说与国际水平差距还较大。

20 世纪 80 年代后,我国的配位化学研究取得了突飞猛进的发展。中国化学会 1985 年创办了《无机化学》杂志。在国家自然科学基金委员会、国家科学技术部和国际纯粹和应用化学联合会(IUPAC)发起下,1987 年在我国召开了第 25 届国际配位化学会议,我国配位化学研究开始走向世界。南京大学配位化学研究所、北京大学稀土研究中心、中国科学院长春应用化学研究所等相关研究实体相继建立。我国无机化学工作者在环顾了国际上的最新进展后,除了对传统的配合物体系继续发展之外,还开始填补了一些诸如生物无机、有机金属、大环配位化学等原属空白的分支学科。从此我国配位化学研究已步入国际先进行列,研究水平大为提高,特别在下列几个方面取得了重要进展:(1)新型配合物、羰基配合物、有机金属化合物和生物无机配合物的运用,特别是配位超分子化合物的基础无机合成及其结构研究取得成果丰硕,丰富了配合物的内涵;(2)开展了热力学、动力学和反应机理方面的研究,特别在溶液中离子萃取分离和均向催化等应用方面取得了显著成果;(3)现代溶液结构的谱学研究及其分析方法以及配合物的结构和性质的基础研究水平大为提高;(4)随着高新技术的发展,具有光、电、热、磁特性和生物功能配合物的研究正在取得进展。有关配位化学研究的很多成果还包含在

其他不同学科的研究和化学教学中。

我国配位化学的进展具有一系列特点。作为化学的重要分支领域之一的配位化学,在其学科本身发展的同时创造出更为奇妙的新材料,揭示出更多生命科学的奥妙。在研究对象上日益重视与材料科学和生命科学相结合。在从分子研究进而到材料合成的研究中更加重视功能体系的分子设计。金属离子在生物体系中的成键,除维生素 B_{12} 中的 Co—C 键以外,几乎都是以配位键形式结合,其功能体系组装是一个更为复杂的问题。这时要求将正确的物种放在正确的位置(在与动力学有关的问题研究中,还要按着正确的时间顺序),才能发挥其应有的功能。高效、经济和微量的组合化学的应用,将有助于分子合成和设计的实践。

从超分子之类的新观点研究分子的合成和组装,在我国日益受到重视。化学模板有助于提供组装的物种和创造有序的组装,但是其最大的困难在于要克服热力学第二定律所要求的无序。这时配位化学家的任务之一就是和热力学进行妥协。尽管目前我们了解一些局部的组装规律和方法,但比起自然界长期进化而得到的完满而言,还有很大差距。正如虽然有了一群能分别演奏各种乐器的音乐家,若没有很好的指挥,还是不能演奏出一场令人满意的交响乐,其原因就在于缺乏有意识的"组装"。对于组装的本质和规律,有很多基础性研究有待深入进行。

作为边缘学科的配位化学日益和其他相关学科相互渗透和交叉。正如 Lehn 所指出,超分子化学可以看做是广义的配位化学,另一方面,配位化学又是包含在超分子化学概念之中。配位化学的原理和规律无疑将在分子水平上对未来复杂的分子层次以上聚集态体系的研究起着重要作用,其概念及方法也将超越传统学科的界限。我国配位化学家在进一步促进配位化学和有机化学、物理化学、分析化学、高分子化学、环境化学、材料化学、生物化学,以及凝聚态物理、分子电子学等学科的结合方面有了很好的开端。科技的进一步的发展必将给配位化学带来新的发展前景。

我国在配位光化学、界面配位化学、纳米配位化学、新型和功能配合物以及配位超分子化合物的研究还比较薄弱。金属配合物的研究有明显的应用背景,具有开发成重大经济效益的潜力。它的基础理论性研究也处在现代化学发展的前沿领域,会对 21 世纪我国化学学科的发展产生深远影响。

习 题

一、填空题

1. 配合物是由_____与_____以_____键形成的复杂化合物。

2. 配合物在组成上分为内界和外界,内界中又分为_____和_____。配位体中与中心离子直接结合的原子叫做_____。_____的配位体叫做单齿配位体;_____的配位体叫做多齿配位体。由_____与中心离子结合形成的具有_____结构的配合物叫做_____,又称螯合物。

3. 配合物 $[Cu(NH_3)_4]SO_4$ 中,内界为_____,外界为_____;内界与外界是以_____键结合的。

4. 配合物 $[CoCl_3(NH_3)_3]$ 中,形成体是_____,配位体是_____,配位原子是_____,形成体的配位数是_____。

5. 配合物 $[Ni(CO)_4]$ 中,形成体是_____,配位体是_____,配位数为_____。

6. 配位数相同的配合物 $K_{不稳}$ 越大,配合物越_____,$K_{稳}$ 越大,配合物越_____。同一配合物的 $K_{稳}$ 和 $K_{不稳}$ 的关系是_____。

7. 下列配合物：$[CaY]^{2-}$、$[Cu(en)_2]^{2+}$、$[CoCl_3(NH_3)]$、$K_4[Fe(CN)_6]$，其中是内配合物的是_____。

二、写出下列配合物的化学式

1. 硫酸四氨合铜(Ⅱ)
2. 硝酸二氨合银(Ⅰ)
3. 二硫氰酸根合铜(Ⅰ)酸钾
4. 二硫代硫酸根合银(Ⅰ)酸钠
5. 六氰合铁(Ⅲ)酸铁(Ⅱ)
6. 六氰合铁(Ⅱ)酸铁(Ⅲ)
7. 四氯合铂(Ⅱ)酸钾
8. 二氯·二氨·一乙二胺合钴(Ⅲ)离子
9. 硫酸四氨·二水合钴(Ⅲ)
10. 四氯合铂(Ⅱ)酸四氨合铂(Ⅱ)

三、综合题

1. 根据配合物的价键理论指出下列配位离子的空间构型。

    $[Fe(H_2O)_6]^{3+}$ $[Fe(CN)_6]^{3+}$ $[Ag(CN)_2]^-$ $[Cu(CN)_2]^-$ $[HgI_4]^{2-}$

2. 在不同条件下,从溶液中析出 3 种不同颜色的 $CrCl_3 \cdot 6H_2O$ 晶体,绿色晶体的溶液与 $AgNO_3$ 溶液作用后,有三分之一的氯被沉淀析出;蓝色晶体的溶液与 $AgNO_3$ 溶液作用后有三分之二的氯被沉淀析出;紫色晶体的溶液能被 $AgNO_3$ 溶液沉淀全部析出氯。形成体 Cr^{3+} 的配位数为 6。分别写出 3 种晶体的结构式。

3. 向 $[Cu(NH_3)_4]SO_4$ 溶液中分别加入 3 种物质:(1)盐酸;(2)氨水;(3)Na_2S 溶液。离解平衡 $[Cu(NH_3)_4]^{2+} \rightleftharpoons Cu^{2+} + 4NH_3$ 向哪一方移动？请指出可能产生的现象。

4. 根据配合物的 $K_{稳}^{\ominus}$ 和难溶电解质的 $K_{sp}^{\ominus}$ 说明：

    (1) $AgCl$ 沉淀溶于氨水,而 AgI 则不溶于氨水;

    (2) AgI 沉淀不溶于氨水,但可溶于 KCN 溶液;

    (3) $AgBr$ 沉淀可溶于 KCN 溶液,而 Ag_2S 则不能溶于 KCN 溶液。

5. 查阅有关数据后,判断下列配位反应进行的方向：

    (1) $[HgI_4]^{2-} + 4Cl^- \rightleftharpoons [HgCl_4]^{2-} + 4I^-$

    (2) $[Cu(CN)_2]^- + 2NH_3 \rightleftharpoons [Cu(NH_3)_2]^+ + 2CN^-$

    (3) $[Cu(NH_3)_4]^{2+} + Zn^{2+} \rightleftharpoons [Zn(NH_3)_4]^{2+} + Cu^{2+}$

6. 在 $AgNO_3$ 溶液中加入 $NaCl$ 溶液,静置片刻,弃去上层清液。在沉淀中加入过量氨水,沉淀溶解。再加入适量稀 HNO_3,又有白色沉淀产生。写出上述各步有关反应方程式。

7. 在 $FeCl_3$ 溶液中加入 $KSCN$ 溶液,溶液立即变为血红色;在 $K_3[Fe(CN)_6]$ 溶液中,加入 $KSCN$ 溶液,溶液颜色却无变化,为什么？

四、计算题

1. 有一标准 EDTA 溶液,其浓度为 $0.01000\ mol·L^{-1}$,用它测定 Zn^{2+}、Mg^{2+}、Al^{3+} 时各消耗 1.0mL EDTA 溶液,被测溶液相当于含 Zn^{2+}、MgO、Al_2O_3 各为多少毫克?

2. 称取 0.1005 g 纯 $CaCO_3$ 溶解后,用容量瓶配成 100.00mL 溶液。吸取溶液 25.00mL,在 pH>12 时,用钙指示剂指示终点,用 EDTA 标准溶液滴定,用去 24.90mL。试计算:
   (1) EDTA 溶液的浓度;
   (2) 1.0mL EDTA 溶液相当于 ZnO、Fe_2O_3 多少克。

3. 水的硬度可用 $mg·L^{-1}$ CaO 表示,还可用硬度数表示(每升水中含 10mgCaO 称为 1 度)。今吸取水样 20.00mL,用 $0.0100mol·L^{-1}$ EDTA 溶液测定硬度,用去 2.41mL,计算水的硬度:
   (1) 用 $mg·L^{-1}$ CaO 表示;
   (2) 用硬度数表示。

第五章 有机化合物

19世纪初,科学家把来源于动物和植物的物质统称为有机化合物,以区别来源于矿物质的无机化合物,当时的"有机化合物"是作为"无机化合物"的对立物而命名的。随着科学技术的发展,大量实践证明,有机化合物不仅可以从有机体中获得,也可以在实验室以无机化合物为原料合成,因而打破了有机化合物和无机化合物的界限。但是由于历史和习惯的原因,还保留着"有机"这个名词,但它却被赋予了新的含义。

在化学上,通常把化合物分为两大类:一类是不含碳的化合物,例如 H_2O、NH_3、H_2SO_4 等称为无机化合物;另一类是含碳的化合物,例如甲烷(CH_4)、乙烯(C_2H_4)、乙炔(C_2H_2)、苯(C_6H_6)等称为有机化合物。简单地说,有机化合物就是含碳的化合物。研究有机化合物的化学叫做有机化学。

第一节 有机化合物的特点、分类、命名

一、有机化合物的特点

有机化合物在元素组成、结构和性质上都与无机化合物有明显区别。通过研究发现,组成有机化合物的主要元素是碳,此外还有氢、氧、氮、硫、磷、卤素等。有机化合物有其独特的结构和性质,它的一般特点表现在如下几个方面。

(1)有机化合物种类繁多、数目巨大,异构现象普遍存在。研究证明,其根本原因来自碳原子的一种独特的性质,因为是碳原子组成了有机化合物的骨架,碳原子与碳原子之间可以以强的共价键连接起来形成碳链和碳环。

(2)大多数有机化合物容易燃烧,燃烧后生成二氧化碳和水,同时放出大量的热,而无机化合物则难以燃烧。人们常利用这一性质区分有机化合物和无机化合物。当然也有"例外"例如,有机化合物四氯化碳不但不燃烧,反而可以灭火,是一种灭火剂。

(3)有机化合物熔点、沸点较低。许多有机化合物在常温下是气体、液体,即使是固体,其熔点也较低,有机化合物的熔点一般不超过400℃;而无机化合物的熔点和沸点较高,常常难以熔化。

(4)多数有机化合物难溶于水,易溶于有机溶剂,例如食用油难溶于水,但易溶于汽油。当然"例外"的情况也很多,例如酒精、醋酸与水可以任意比例互溶,等等。

(5)有机化合物的反应速率较慢且副反应多。多数无机化合物之间的反应进行得很迅速,瞬间可以完成,而有机化合物的反应速率较慢,需要的时间长。为了加快有机化合物的反应速率,往往需要加热、光照或使用催化剂等。有机化合物反应复杂、副反应多,因此降低了主要产物的产率,为了提高主要产物的产率,必须选择最有利的反应条件以尽量减少副反应的发生。

二、有机化合物的分类

有机化合物的数目繁多,一般有机化合物有两种分类方法:按碳骨架分类和按官能团分类。

1. 有机化合物按碳骨架分类

按照碳骨架,通常把有机化合物分为四大类。

1)开链有机化合物

开链有机化合物也就是脂肪族有机化合物。

这类有机化合物的共同特点是,它们的分子链都是张开的。在这类有机化合物中,碳原子间或碳原子与其他原子连接成链状碳骨架。因为开链有机化合物最初是从动植物油脂中获得的,所以此类有机化合物也称为脂肪族有机化合物,例如,乙烷、乙烯、乙醇、乙酸等都是脂肪族有机化合物。

$$CH_3-CH_3 \qquad CH_2=CH_2 \qquad CH_3-CH_2-OH \qquad CH_3COOH$$
$$\text{乙烷} \qquad\qquad \text{乙烯} \qquad\qquad\qquad \text{乙醇} \qquad\qquad\qquad \text{乙酸}$$

2)脂环有机化合物

这类有机化合物的共同特点是,在它们的分子中碳原子连接成环状碳骨架。由于这类有机化合物的性质与脂肪族有机化合物相似,所以称为脂环有机化合物,例如,环己烷、环己烯等是脂环族有机化合物。

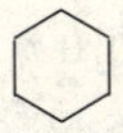

环己烷 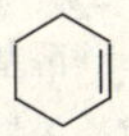　　　　　　　环己烯

3)芳香族有机化合物

这类有机化合物的共同特点是,在它们分子中碳原子也连接成环状碳骨架,但是一般含有苯环结构,因此与脂肪族有机化合物、脂环有机化合物不同,它具有特殊的性质。这类有机化合物最初是从具有芳香气味的有机物——天然香树脂和香精油中提取出来的,因此称为芳香族有机化合物,例如,苯、甲苯、苯酚等是芳香族有机化合物。

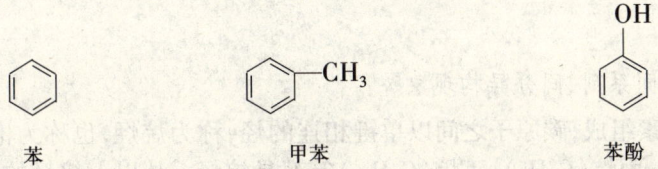

苯　　　　　　　甲苯　　　　　　　苯酚

4)杂环有机化合物

这类有机化合物的共同特点是,在它们的分子中也具环状结构,但是组成环的原子除了碳原子外,还有氧、硫、氮等原子,在碳环上的这些原子被称为杂原子,这类有机化合物称为杂环有机化合物,例如,呋喃、吡啶、糠醛等都是杂环有机化合物。

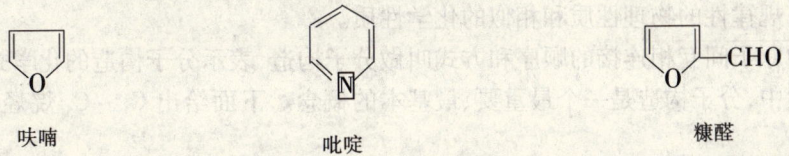

呋喃　　　　　　　吡啶　　　　　　　糠醛

2. 有机化合物按官能团分类

官能团指的是有机化合物分子中比较活泼、容易反应的原子或基团,它常常决定有机化合

物的主要性质,反映着有机化合物的主要特征。含有相同官能团的有机化合物一般具有相类似的性质。例如,烯烃中的双键(C=C),炔烃中的叁键(C≡C),卤代烃中的卤原子(F、Cl、Br、I),醇中的羟基(—OH)等是常见的官能团。常见的官能团见表5–1。

表 5–1 常见的官能团

结构	名称	结构	名称
—C=C—	双键	—C(=O)—C—	酮基
—C≡C—	叁键	—C(=O)—OH	羧基
—OH	羟基	—CN	氰基
—X(F、Cl、Br、I)	卤原子	—NO$_2$	硝基
—C—O—C—	醚键	—NH$_2$	氨基
—C(=O)—H	醛基	—SO$_3$H	磺酸基

三、有机化合物的命名

在有机化合物中,有一类物质是仅由碳、氢两种元素组成的,这类物质总称为碳氢化合物,简称烃。烃分子中的氢原子被不同的官能团取代,就构成了烃的各种衍生物,因此烃是一切有机化合物的母体,其他的有机化合物可以看做是烃的衍生物。

根据烃的构造和性质,烃类化合物可分为两大类:脂肪族烃和芳香族烃。脂肪族烃可进一步分成烷烃、烯烃、炔烃等若干系列。现在先讨论的是烷烃,其他烃类将在后面讨论。

1. 烷烃的命名

1)烷烃的通式、同系列、同分异构现象

由碳、氢两种元素组成,碳原子之间以单键相连的烃,称为烷烃,也称为饱和烃,例如甲烷(CH_4)、乙烷(C_2H_6)、丙烷(C_3H_8)、丁烷(C_4H_{10})等都是烷烃。从以上烷烃的分子式就可以看出,每增加一个碳原子,就增加两个氢原子。研究表明,除这4种烷烃外,其他烷烃每增加一个碳原子,也增加两个氢原子。因此可将烷烃的通式总结为 C_nH_{2n+2}。相邻的两个烷烃在组成上都相差一个 CH_2,CH_2 称为系差。在组成上相差一个或几个系差的烃类化合物称为同系列。同系列中的各个化合物互称为同系物。由于同系列中的各个化合物结构上的相似性,就使得它们具有有规律性的物理性质和相似的化学性质。

分子中原子间互相连接的顺序和方式叫做分子构造,表示分子构造的化学式叫做构造式。在有机化学中,分子构造是一个最重要、最基本的概念。下面给出 $C_1 \sim C_5$ 烷烃的分子构造和名称。

CH_4 $\qquad\qquad CH_3—CH_3 \qquad\qquad CH_3—CH_2—CH_3$

甲烷 $\qquad\qquad\qquad$ 乙烷 $\qquad\qquad\qquad\qquad$ 丙烷

$$CH_3-CH_2-CH_2-CH_3 \qquad\qquad CH_3-\underset{\underset{CH_3}{|}}{CH}-CH_3$$

正丁烷   异丁烷

$$CH_3-CH_2-CH_2-CH_2-CH_3 \qquad CH_3-\underset{\underset{CH_3}{|}}{CH}-CH_2-CH_3 \qquad CH_3-\overset{\overset{CH_3}{|}}{\underset{\underset{CH_3}{|}}{C}}-CH_3$$

正戊烷   异戊烷   新戊烷

  分子式相同的不同的化合物叫做同分异构体,简称异构体,这种现象叫做同分异构现象。分子式相同、分子构造不同的化合物叫做构造异构体,这种现象叫做构造异构现象。构造异构体仅是同分异构体的一种。除构造异构体外,同分异构体还包括构型异构体、构象异构体。甲烷、乙烷、丙烷没有构造异构体。丁烷有 2 个构造异构体——正丁烷和异丁烷。戊烷有 3 个构造异构体——正戊烷、异戊烷和新戊烷。随着分子中碳原子数目的增多,烷烃构造异构现象变得越来越复杂,构造异构体的数目也增多。表 5–2 给出 $C_6 \sim C_{12}$ 烷烃的构造异构体的数目。

表 5–2   烷烃的构造异构体的数目

碳原子数	分子式	名称	可能的构造异构体数目	碳原子数	分子式	名称	可能的构造异构体数目
4	C_4H_{10}	丁烷	2	9	C_9H_{20}	壬烷	35
5	C_5H_{12}	戊烷	3	10	$C_{10}H_{22}$	癸烷	75
6	C_6H_{14}	己烷	5	11	$C_{11}H_{24}$	十一烷	159
7	C_7H_{16}	庚烷	9	12	$C_{12}H_{26}$	十二烷	355
8	C_8H_{18}	辛烷	18				

  2) 伯碳原子、仲碳原子、叔碳原子、季碳原子和伯氢原子、仲氢原子、叔氢原子

  从上述一些烷烃的分子构造可以看出,有的碳原子与 1 个碳原子相连接,这种碳原子叫做伯碳原子或一级碳原子,用 1° 表示;有的碳原子与 2 个碳原子相连接,这种碳原子叫做仲碳原子或二级碳原子,用 2° 表示;有的碳原子与 3 个碳原子相连接,这种碳原子叫做叔碳原子或三级碳原子,用 3° 表示;有的碳原子与 4 个碳原子相连接,这种碳原子叫做季碳原子或四级碳原子,用 4° 表示。例如:

$$H-\underset{\underset{H}{|}}{\overset{\overset{H}{|}}{C}}-\underset{\underset{H}{|}}{\overset{\overset{H}{|}}{C}}-\underset{\underset{H}{|}}{\overset{\overset{CH_3}{|}}{C}}-\underset{\underset{CH_3}{|}}{\overset{\overset{CH_3}{|}}{C}}-CH_3$$

伯(1°) 仲(2°) 叔(3°) 季(4°)

与伯碳原子、仲碳原子、叔碳原子相连接的氢原子相应地分别叫做伯氢原子、仲氢原子、叔氢原子或一级氢原子、二级氢原子、三级氢原子,也分别用 1°、2°、3°表示。

3) 烷烃的命名法

由于构造异构现象普遍存在,所以有机化合物不能用分子式表示,只能用构造式表示。有机化合物的名称必须确切地表示出该有机化合物的分子构造。烷烃常见的命名法有 3 种:习惯命名法、衍生命名法和系统命名法。

(1) 习惯命名法。

习惯命名法适用于碳原子较少的烷烃。根据我国文字特点,其方法要点如下:把直链烷烃叫做正某烷;分子中碳原子数在 10 以内的,依次用甲、乙、丙、丁、戊、己、庚、辛、壬、癸表示;碳原子数在 10 以上的,直接用汉字数字十一、十二、十三……表示,如 $C_{15}H_{32}$ 十五烷。

对于带支链的烷烃,以"异"、"新"、前缀区别不同的构造异构体,例如:

$$CH_3-CH-CH_2-CH_3 \atop CH_3$$

异戊烷

$$CH_3-\underset{\underset{CH_3}{|}}{\overset{\overset{CH_3}{|}}{C}}-CH_3$$

新戊烷

(2) 衍生命名法。

衍生命名法是以甲烷作为"母体",把其他烷烃看做甲烷的烷基衍生物,即甲烷分子中的氢原子被烷基取代所得到的衍生物。衍生命名法只能适用于简单的有机化合物的命名。命名时,一般把连接烷基最多的碳原子作为母体碳原子,例如:

$$CH_3-CH-CH_2-CH_3 \atop CH_3$$

二甲基乙基甲烷

$$CH_3-CH-CH-CH_2-CH_3 \atop CH_3 CH_3$$

甲基乙基异丙基甲烷

(3) 系统命名法。

系统命名法是一种普遍适用的烷烃命名方法。它是采用国际通用的 IUPAC 命名原则,结合我国的文字特点制定的一种命名方法。烷烃系统命名法原则如下:对于直链烷烃,其系统命名法与习惯命名法基本相同,只是在烷烃名称前不写"正"字,例如己烷、癸烷;对于支链烷烃,则可以把它看做是直链烷烃的烷基衍生物,即把直链当做母体,支链当做取代基。

因此,如何确定主链和处理取代基的位次对命名是关键问题。命名方法如下。

① 确定主链。从烷烃构造式中选取含碳原子数最多的碳链为主链,主链以外的其他烷基看做取代基,根据主链所含碳原子数叫做某烷。

② 确定主链碳原子的位次(编号)。由距离支链最近的一端开始,将主链上的碳原子依次用 1、2、3……编号,取代基所在的位次就以它所连接的主链上的碳原子的数字表示。如果含有几个不同的取代基,应当选定使取代基具有最低系列的方法编号,所谓"最低系列",指的是碳链以不同的方向编号,得到两种或两种以上不同编号系列,则顺次逐项比较各系列的不同位次,最先遇到的位次最小者,定为"最低系列"。若两端取代基所在位置的数字完全一样,则应选择取代基小的一边开始编号。

③ 写出全称。把取代基的名称写在母体名称之前,在取代基名称前注明它所在位置。如果含有几个不同的取代基,把简单的写在前面,复杂的写在后面;如果含有几个相同的取代基,

则把它们合并起来,在取代基的名称之前用中文数字二、三、四……表示其数目;取代基的位次必须逐个注明,表明取代基位次的阿拉伯数字之间要用",",隔开,阿拉伯数字与汉字之间要用"-"隔开。例如:

$$CH_3-CH-CH_3$$
$$\quad\quad\;|$$
$$\quad\;CH_3$$

2-甲基丙烷

$$CH_3-CH-CH_2-CH-CH_2-CH_3$$
$$\quad\;|\quad\quad\quad\quad\;|$$
$$\;CH_3\quad\quad\;CH_2$$
$$\quad\quad\quad\quad\quad\;|$$
$$\quad\quad\quad\quad\;CH_3$$

2-甲基-4-乙基己烷

$$\quad\quad\quad\;CH_3$$
$$\quad\quad\quad\;|$$
$$CH_3-CH_2-C-CH_2-CH_3$$
$$\quad\quad\quad\;|$$
$$\quad\quad\quad\;CH_3$$

3,3-二甲基庚烷

烷烃的命名原则可以总结如下:选择最长的碳链作为主链;主链等长时,选取代基多的为主链;主链编号从离支链最近的一端开始,使支链编号之和最小;两个取代基位于主链两端等距离时,从简单的开始编号;总结成5个字原则,即长、多、近、小、简。

(4)烷基的命名。

从烷烃分子中碳原子上去掉1个氢原子后剩下的基团叫做烷基,烷基用R表示。烷基的名称是从相应的烷烃的名称衍生出来的。从直链(即不带支链的连续链)烷烃分子的末端碳原子上去掉1个氢原子后剩下的基团(即不带支链的烷基)叫做某基(系统命名法)或正某基(习惯命名法),例如:

$$CH_3-CH_2-CH_2-CH_2-\quad\quad\quad CH_3(CH_2)_4CH_2-$$

丁基或正丁基 　　　　　　　　　　　　　己基或正己基

对于带支链的烷基,为了尊重习惯,IUPAC 同意保留下列8个烷基的习惯名称。

$$CH_3CH-$$
$$\;\;|$$
$$CH_3$$

异丙基

$$\quad\;CH_3$$
$$\quad\;|$$
$$CH_3-C-$$
$$\quad\;|$$
$$\quad\;CH_3$$

叔丁基

$$CH_3CHCH_2-$$
$$\quad\;|$$
$$\;CH_3$$

异丁基

$$CH_3CHCH_2CH_2-$$
$$\quad\;|$$
$$\;CH_3$$

异戊基

$$\quad\quad\;CH_3$$
$$\quad\quad\;|$$
$$CH_3CH_2C-$$
$$\quad\quad\;|$$
$$\quad\quad\;CH_3$$

叔戊基

$$CH_3CHCH_2CH_2CH_2-$$
$$\quad\;|$$
$$\;CH_3$$

异己基

$$CH_3CH_2\underset{\underset{CH_3}{|}}{CH}-$$

$$\underset{\underset{CH_3}{|}}{\overset{\overset{CH_3}{|}}{CH_3C}}CH_2-$$

仲丁基　　　　　　　　　　　　　　　　　新戊基

从烷烃分子中去掉2个氢原子后剩下的基团叫做亚某基,例如:

$$\diagdown CH_2$$　　　　　　　　　$$\diagdown CHCH_3$$

亚甲基　　　　　　　　　　　　　　　　　亚乙基

从烷烃分子中去掉3个氢原子后剩下的基团叫做次某基,例如:≡CH 次甲基。

2. 烯烃的命名

脂肪烃分子中含有1个 C=C 双键的烃叫做烯烃。 C=C 双键是烯烃的官能团。烯烃是不饱和烃。烯烃也是一个系列,烯烃的通式是 C_nH_{2n}。烯烃通常是以衍生命名法和系统命名法来命名的,只有个别烯烃有习惯名称,例如:

$$CH_3-\underset{\underset{CH_3}{|}}{C}=CH_2$$

异丁烯

1) 烯基

从烯烃分子中去掉1个氢原子后剩下的基团叫做烯基。

$$CH_2=CH-\qquad CH_3-CH=CH-\qquad CH_3-\underset{|}{C}=CH_2\qquad CH_2=CH-CH_2-$$

乙烯基　　　　　丙烯基　　　　　异丙烯基　　　　　烯丙基

2) 衍生命名法

衍生命名法是以乙烯作为母体,把其他烯烃看做乙烯的烷基衍生物来命名。衍生命名法一般只适用于比较简单的烯烃,例如:

$$CH_3-CH=CH-CH_3$$　　　　　$$CH_3-\underset{\underset{CH_3}{|}}{\overset{\overset{CH_3}{|}}{C}}=CH_2$$

对称二甲基乙烯　　　　　　　　　　　不对称二甲基乙烯

$$CH_3-CH=CH-CH_2-CH_3$$　　　　　$$CH_3-\underset{\underset{CH_3}{|}}{CH}-CH=CH_2$$

甲基乙基乙烯　　　　　　　　　　　　异丙基乙烯

3) 系统命名法

(1) 选择主链。以含有双键的最长碳链作为主链,依主链中所含有的碳原子数命名主链。碳原子数少于10个时,称为"某烯";碳原子数多于10个时,称为"某碳烯"。把支链当作取代基来命名。

(2) 给主链碳原子编号。从靠近双键的一端开始,将主链中的碳原子依次编号。

(3)标明双键的位次。由于双键的存在，必须指出双键的位置。以双键上位次较小的碳原子号数来表明，写在"某烯"名称的前面。

(4)写出全称。按照"优先基团后列出"的原则将取代基的位置、数目和名称写在烯烃名称的前面，例如：

$$CH_3-CH_2-CH-CH=CH_2 \qquad\qquad CH_3-CH-CH=C-CH_3$$
$$\qquad\qquad\quad|\qquad\qquad\qquad\qquad\quad|\qquad\quad|$$
$$\qquad\qquad CH_3 \qquad\qquad\qquad\qquad\quad CH_3 \quad CH_3$$

3-甲基-1-戊烯 　　　　　　　　　　　2,4-二甲基-2-戊烯

$$CH_3-CH_2-CH_2-CH-C=CH_2 \qquad\qquad CH_3(CH_2)_{13}CH=CH_2$$
$$\qquad\qquad\qquad\qquad|\quad|$$
$$\qquad\qquad\qquad CH_3 \ CH_2CH_3$$

3-甲基-2-乙基-1-己烯 　　　　　　　　　　1-十六碳烯

3. 炔烃的命名

脂肪烃分子中含有碳碳叁键的不饱和烃叫做炔烃。炔烃的官能团是碳碳叁键。炔烃也是一个系列，炔烃的通式是C_nH_{2n-2}。炔烃的命名与烯烃相似，只要把"烯"字改成"炔"字，例如：

$$CH\equiv CH \qquad\qquad\qquad\qquad CH_3-CH_2-C\equiv CH$$

乙炔 　　　　　　　　　　　　　　　　1-丁炔

$$CH_3-CH_2-C\equiv C-CH_3 \qquad\qquad CH_3-CH_2-CH-C\equiv C-CH_3$$
$$\qquad\qquad\qquad\qquad\qquad\qquad\qquad\qquad\quad|$$
$$\qquad\qquad\qquad\qquad\qquad\qquad\qquad\quad CH_3$$

2-戊炔 　　　　　　　　　　　　　　　4-甲基-2-己炔

4. 脂环烃的命名

脂肪烃分子中含有碳环结构，其性质与开链的脂肪族化合物非常相似的一类化合物称为脂环CH_3化合物。只由C、H两种元素组成的脂环化合物叫做脂环烃。饱和脂环烃称为环烷烃；不饱和脂环烃称为环烯烃和环炔烃。根据脂环烃分子中含有的碳环数目，脂环烃分为单环脂环烃、二环脂环烃等，例如：

环己烷 　　　　　　　　　　　　　　　十氢化萘

1) 单环烷烃的命名

单环烷烃的命名是根据组成环的碳原子数目称为环某烷，例如：

环丙烷 　　　　　　　　　　　　　　　环戊烷

对于带有支链的环烷烃，则把环上的支链看做取代基。若有不同取代基时，还要给环碳原子编号，编号时要使取代基的位次尽可能地小，例如：

— 95 —

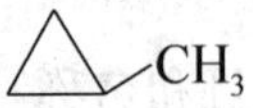

甲基环丙烷 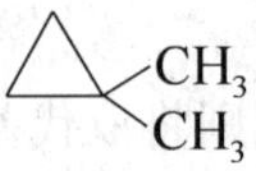　　　　　1,1-二甲基环丙烷 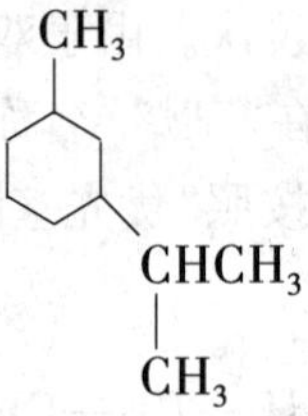　　　　　1-甲基-3-异丙基环己烷

2) 单环烯烃的命名

单环烯烃的命名是根据组成环的碳原子数目称为环某烯。若有不同取代基时,要给环碳原子编号,编号时要把1、2号位次留给双键的碳原子,例如:

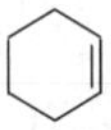

环己烯 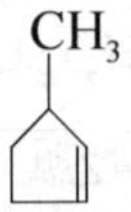　　　　　　　　3-甲基环戊烯

5. 芳烃的命名

芳香族碳氢化合物称为芳香烃,简称芳烃。一般情况下,芳烃是指分子中含有苯环结构的烃。芳烃及其衍生物总称为芳香族化合物。

芳烃可按分子占所含苯环的数目和结构分为3类:单环芳烃(分子中只含1个苯环)、多环芳烃(分子中含有2个或2个以上独立的苯环)和稠环芳烃(分子中含有2个或2个以上的苯环,彼此通过共用两个相邻碳原子稠合而成的芳烃),例如:

苯　　　　　　甲苯　　　　　　联苯　　　　　　萘

1) 单环芳烃的命名

简单的一元取代苯命名是以苯为母体,烷基作为取代基。对于碳原子数少于10个的烷基,常省略烷基的"基"字;对于碳原子数多于10个的烷基,一般不省略"基"字。例如:

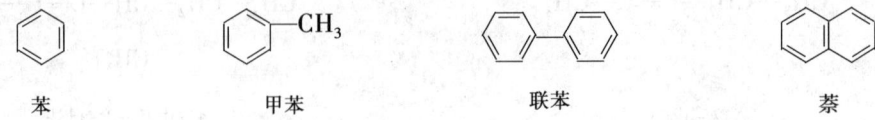

甲苯　　　　　　　　　乙苯　　　　　　　　　十一烷基苯

二元相同烷基取代苯命名时是以邻、间、对作为字头来表明两个取代基的相对位次,或用ortho(邻)、mata(间)、parao(对)的第一个字母 o-、m-、p- 来表示,还可用阿拉伯数字来表明取代基的位次。例如:

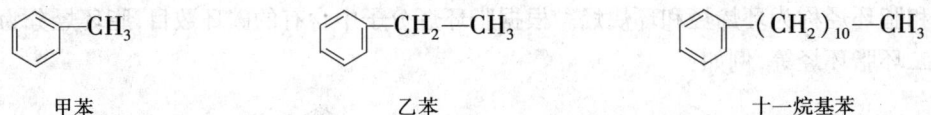

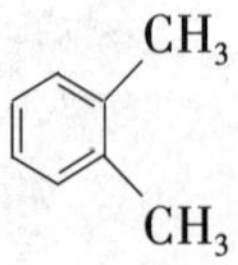

1,2-二甲苯(邻二甲苯或o-二甲苯) 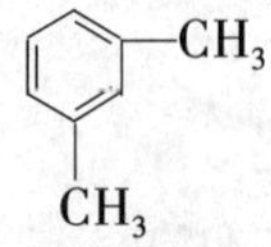　　1,3-二甲苯(间二甲苯或m-二甲苯) 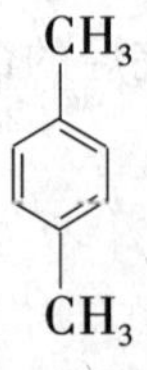　　1,4-二甲苯(对二甲苯或p-二甲苯)

二元不相同烷基取代苯命名时是以苯为母体,选择在次序规则中原子或基团的优先顺序

排列时,编号较小的烷基所在的碳原子位号为1号。然后按"最低系列"原则编号,并按"较优先基团后列出"来命名。例如:

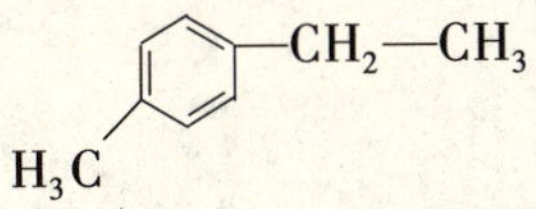

1-甲基-3-乙苯(间甲乙苯) 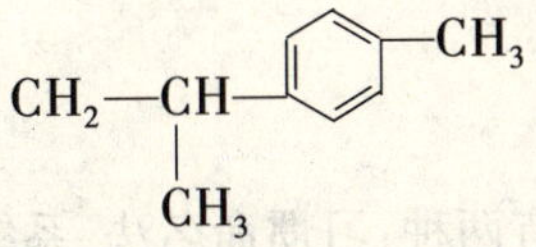　　　1-甲基-4-异丙苯(对甲异丙苯)

对于三元相同烷基取代苯命名时,可用连、偏、均作为字头来表明3个取代基相对位次。例如:

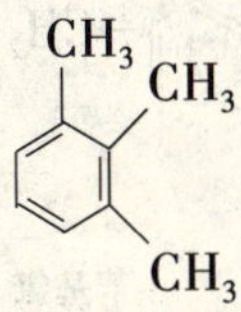

1,2,3-三甲苯(连三甲苯) 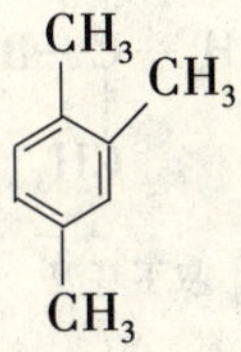　　1,2,4-三甲苯(偏三甲苯) 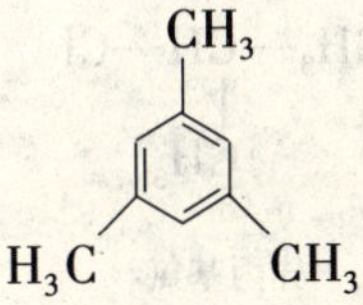　　1,3,5-三甲苯(均三甲苯)

对于多元取代苯命名时,要用阿拉伯数字来表明取代基的位次,命名原则与二元不相同烷基取代苯命名相同。例如:

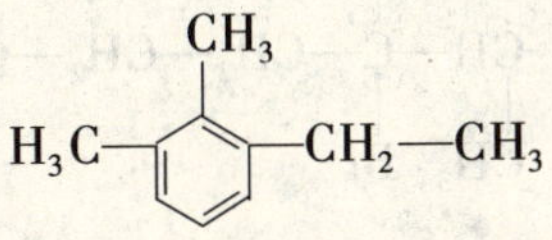

1,2-二甲基-3-乙苯 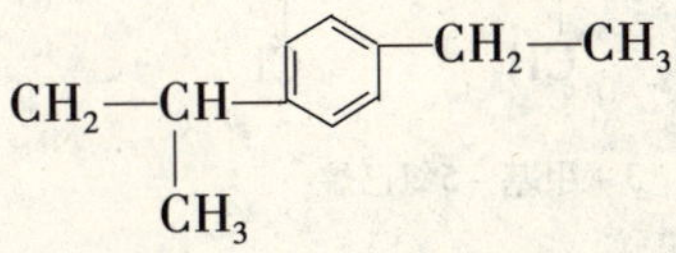　　　　　　1-乙基-4-异丙苯

当苯环上连接的脂肪烃基比较复杂或连接的是不饱和烃基时,则把支链作为母体,苯环作为取代基命名。例如:

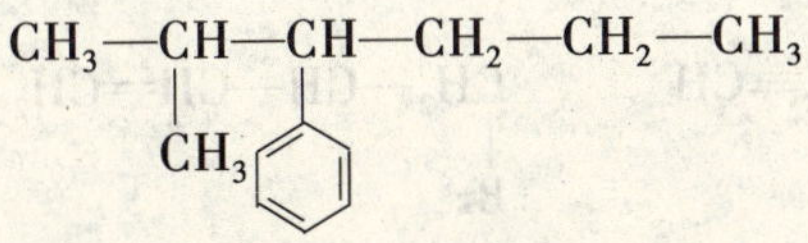

2-甲基-3-苯基己烷 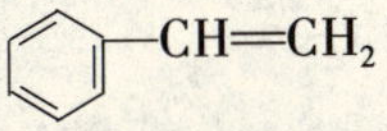　　　　　苯乙烯 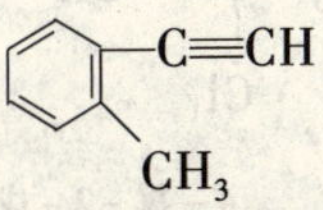　　　邻甲苯基乙炔

2) 芳基的命名

芳烃分子中从苯环上去掉1个氢原子后剩下的基团称为芳基,用 Ar- 表示。苯分子中去掉1个氢原子后剩下的基团称为苯基,用 Ph- 表示。甲苯分子中从苯环上去掉1个氢原子后剩下的基团称为甲苯基。甲苯分子中从甲基上去掉1个氢原子后剩下的基团称为苯甲基,又称苄基。

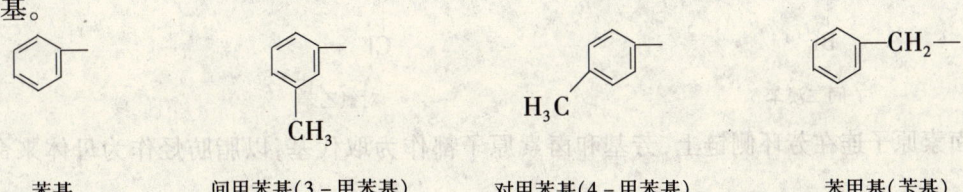

苯基　　　间甲苯基(3-甲苯基)　　　对甲苯基(4-甲苯基) 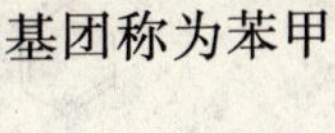　　　苯甲基(苄基)

6. 卤代烃的命名

卤代烃是指烃分子中的一个或几个氢原子被卤素原子取代后生成的产物；官能团是卤素原子。

1) 卤代烃的命名

卤代烃的命名法有两种：习惯命名法、系统命名法。

(1) 习惯命名法。

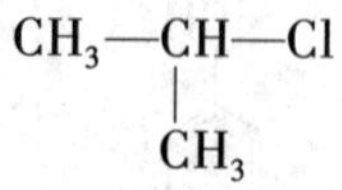

$$CH_3-CH-Cl \atop CH_3 \qquad CH_3-C(CH_3)-Br \atop CH_3 \qquad C_6H_5-CH_2-Cl$$

异丙基氯 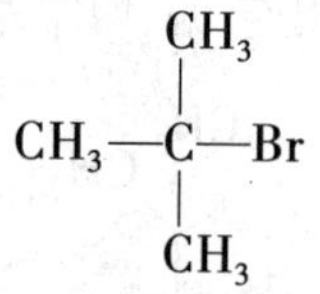　　　　　　　叔丁基溴 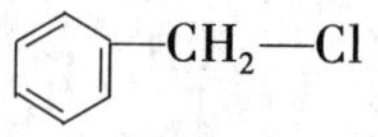　　　　　　　苄基氯

(2) 系统命名法。

命名规则：以卤素原子作为取代基，烷烃为母体；选择带有卤素原子的最长碳链作为主链，按"最低系列"原则给主链编号，然后按照"优先基团后列出"的原则命名。例如：

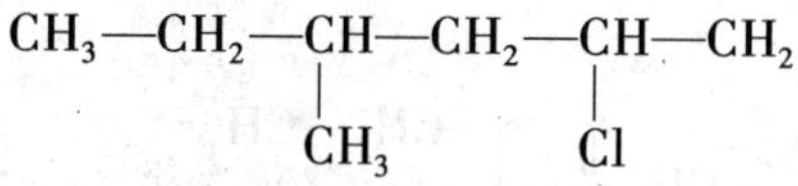

$$CH_3-CH_2-CH(CH_3)-CH_2-CH(Cl)-CH_3 \qquad CH_3-CH(CH_3)-C(Br)_2-CH_2-CH_2-CH_2-CH_3$$

3-甲基-5-氯己烷 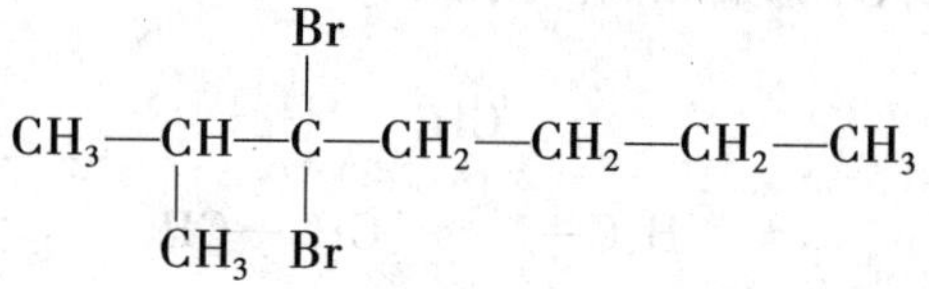　　　　　　　2-甲基-3,3-二溴庚烷

2) 不饱和卤代烃的命名

不饱和卤代烃的命名与烯烃和炔烃命名相似。命名规则：选择含有不饱和键和卤素原子的最长碳链作为主链，给主链编号时使不饱和键的位次最小。例如：

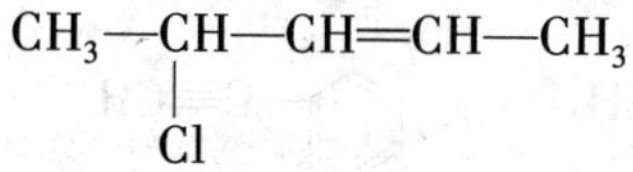

$$CH_3-CH(Cl)-CH=CH-CH_3 \qquad CH_3-CH(Br)-C\equiv CH \qquad CH_2(Br)-CH(CH_3)-CH=CH_2$$

4-氯-2-戊烯 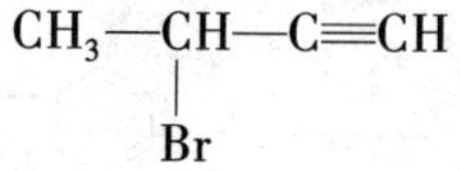　　　　　　　3-溴丁炔 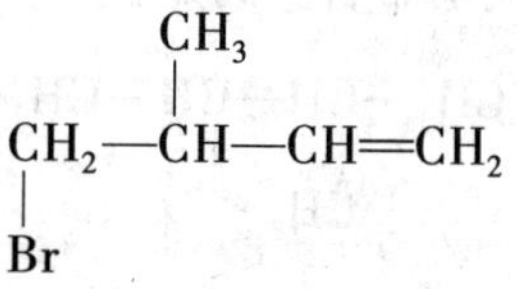　　　　　　　3-甲基-4-溴-1-丁烯

3) 卤代芳烃的命名

卤素原子直接连在芳环上，卤素原子作为取代基，以芳环作为母体来命名。例如：

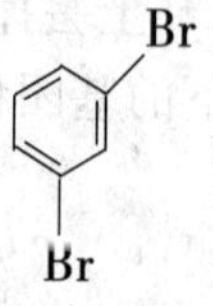

间二溴苯 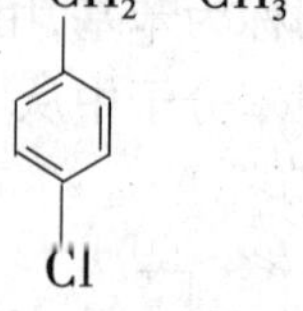　　　　　　　对氯乙苯

卤素原子连在芳环侧链上，芳基和卤素原子都作为取代基，以脂肪烃作为母体来命名。例如：

$$\underset{\text{3-苯基-1-氯丁烷}}{CH_3-CH-CH_2-CH_2-Cl \text{ (苯基在CH上)}} \qquad \underset{\text{1-苯基-4-溴-1-丁烯}}{CH_2-CH_2-CH=CH-\text{苯基},\ Br \text{在1位}}$$

3-苯基-1-氯丁烷　　　　　　　1-苯基-4-溴-1-丁烯

7. 醇的命名

醇可以看做是烃分子中的一个或几个氢原子被羟基取代后的生成物；官能团是羟基。醇又分为饱和醇和不饱和醇。

醇的命名法有两类：习惯命名法、系统命名法。

(1) 习惯命名法。

此法适用于低级一元醇。例如：

$$CH_3-CH_2-CH_2-CH_2-OH \qquad CH_3-CH-CH_2-OH$$
$$\qquad\qquad\qquad\qquad\qquad\qquad\qquad |$$
$$\qquad\qquad\qquad\qquad\qquad\qquad\qquad CH_3$$

正丁醇　　　　　　　　　　　　异丁醇

$$CH_3-CH_2-CH-OH \qquad\qquad CH_3$$
$$\qquad\qquad\qquad |\qquad\qquad\qquad\qquad |$$
$$\qquad\qquad\qquad CH_3\qquad\qquad CH_3-C-OH$$
$$\qquad\qquad\qquad\qquad\qquad\qquad\qquad |$$
$$\qquad\qquad\qquad\qquad\qquad\qquad\qquad CH_3$$

仲丁醇　　　　　　　　　　　　叔丁醇

(2) 系统命名法。

① 饱和醇的命名规则：选择连有羟基的最长碳链作为主链，给主链编号时，使羟基的位次最小。例如：

$$CH_3-CH_2-CH-CH_3 \qquad CH_3-CH_2-CH-CH-CH_3$$
$$\qquad\qquad\qquad |\qquad\qquad\qquad\qquad\qquad\quad |\quad |$$
$$\qquad\qquad\qquad OH\qquad\qquad\qquad\qquad\qquad CH_3\ OH$$

2-丁醇　　　　　　　　　　　　3-甲基-2-戊醇

② 不饱和醇的命名规则：选择连有羟基和不饱和键的最长碳链作为主链，给主链编号时使羟基的位次最小。例如：

$$CH_2-CH_2-CH_2-C=CH_2$$
$$|\qquad\qquad\qquad\qquad |$$
$$OH\qquad\qquad\qquad CH_3$$

4-甲基-5-己烯-1-醇

③ 芳香醇的命名规则：芳烃基作为取代基。例如：

$$CH_3-CH_2-CH-CH-CH_3$$
$$\qquad\qquad\quad |\ \ |$$
$$\qquad\qquad\ 苯基\ OH$$

3-苯基-2-戊醇

④ 多元醇的命名规则：选择连有尽可能多的羟基的碳链作为主链，注明羟基的数目和位次。例如：

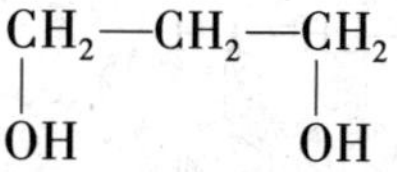

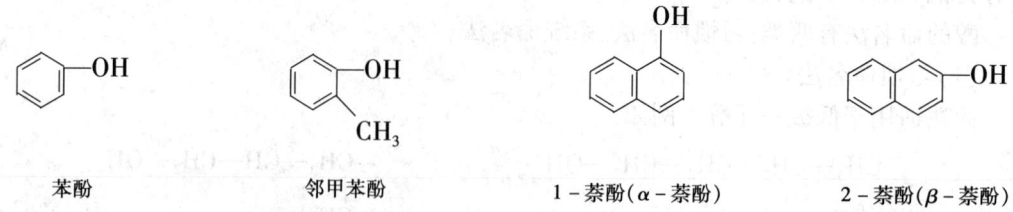

1,3-丙三醇 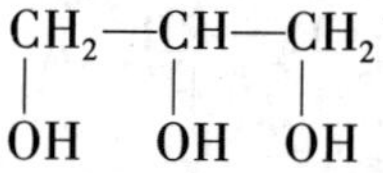　　　　　　　　　　　丙三醇

8. 酚的命名

羟基直接与苯环相连接的化合物称为酚；官能团是酚羟基。

酚的命名规则：在"酚"字前面加上芳环名称，标明酚羟基的位次、数目。例如：

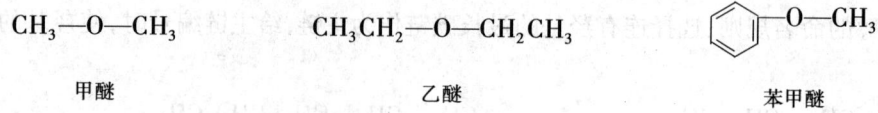

苯酚　　　　　邻甲苯酚　　　　1-萘酚(α-萘酚)　　　2-萘酚(β-萘酚)

9. 醚的命名

醚是两个烃基通过氧原子结合的化合物；官能团是醚键(C—O—C)。

醚的命名法有两类：习惯命名法、系统命名法。

(1)习惯命名法。

简单的醚命名是在"醚"字前面写出两个烃基的名称，然后再写上"醚"字。单醚在烃基前面的"二"字一般可省略；混醚命名时，简单的烃基名称写在前面；对于芳醚，芳基写在前面。例如：

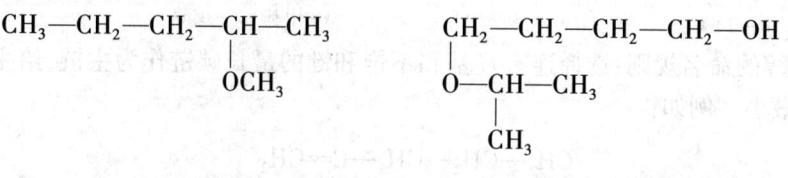

甲醚　　　　　　　　　乙醚　　　　　　　　　苯甲醚

(2)系统命名法。

结构比较复杂的醚用系统命名法命名时，将 RO— 作为取代基。例如：

CH₃—CH₂—CH₂—CH—CH₃
　　　　　　　　|
　　　　　　　OCH₃

CH₂—CH₂—CH₂—CH₂—OH
|
O—CH—CH₃
　　|
　　CH₃

2-甲氧基戊烷　　　　　　　　4-异丙氧基-1-丁醇

(3)环醚的命名。

环醚命名时一般称环氧某烷或按杂环化合物命名。例如：

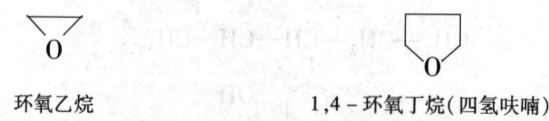

环氧乙烷　　　　　　　1,4-环氧丁烷(四氢呋喃)

10. 醛和酮的命名

醛分子和酮分子中含有羰基 —C—(=O)，醛和酮统称为羰基化合物。醛是羰基碳原子分别

与氢原子和烃基相连接的化合物,用通式 R—CHO 表示,官能团醛基($R-\overset{O}{\underset{}{C}}-H$)。

酮是羰基碳原子连接两个烃基的化合物,用通式 $R-\overset{O}{\underset{}{C}}-R$ 表示。

醛和酮的命名法分为两类:习惯命名法、系统命名法。

(1)习惯命名法。

简单的醛按分子中碳原子数目称为某醛。例如:

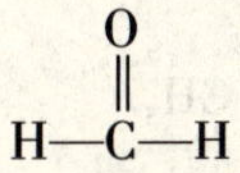

$$H-\overset{O}{\underset{}{C}}-H \qquad CH_3-\overset{O}{\underset{}{C}}-H \qquad CH_3-CH_2-CH_2-\overset{O}{\underset{}{C}}-H$$

甲醛 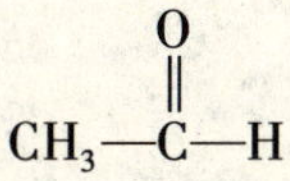   乙醛 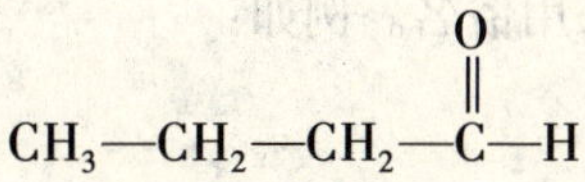   正丁醛

简单的酮则按羰基连接的两个烃基命名。例如:

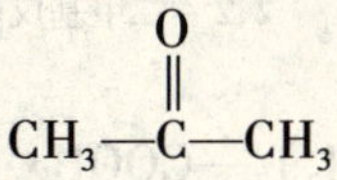

$$CH_3-\overset{O}{\underset{}{C}}-CH_3 \qquad\qquad CH_3-\overset{O}{\underset{}{C}}-CH_2CH_3$$

丙酮 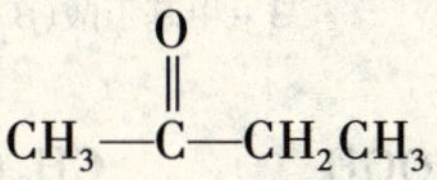   甲乙酮

(2)系统命名法。

命名规则:选择包括羰基碳原子在内的最长碳链作为主链,从靠近羰基最近一端给主链碳原子编号,把取代基的位次、数目及名称写在醛、酮母体的前面,还需在酮名称前面标明羰基的位次。例如:

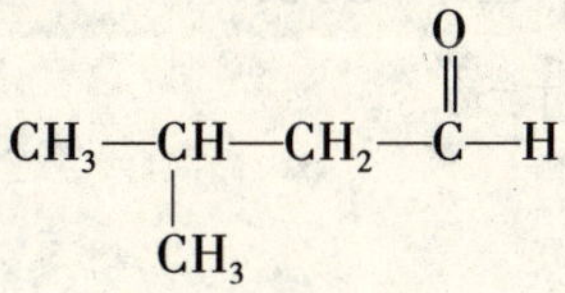

$$CH_3-\underset{\underset{CH_3}{|}}{CH}-CH_2-\overset{O}{\underset{}{C}}-H \qquad\qquad CH_3-\underset{\underset{CH_3}{|}}{CH}-CH_2-\overset{O}{\underset{}{C}}-CH_3$$

3-甲基丁醛 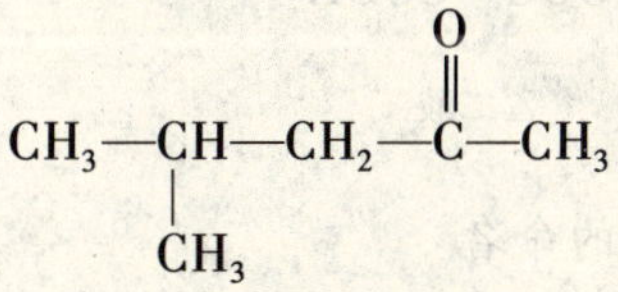   4-甲基-2-戊酮

不饱和醛、不饱和酮命名时,需标出不饱和键和羰基的位次。例如:

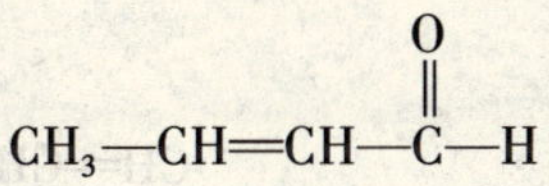

$$CH_3-CH=CH-\overset{O}{\underset{}{C}}-H \qquad\qquad CH_3-\underset{\underset{CH_3}{|}}{C}=CH-\overset{O}{\underset{}{C}}-CH_3$$

2-丁烯醛 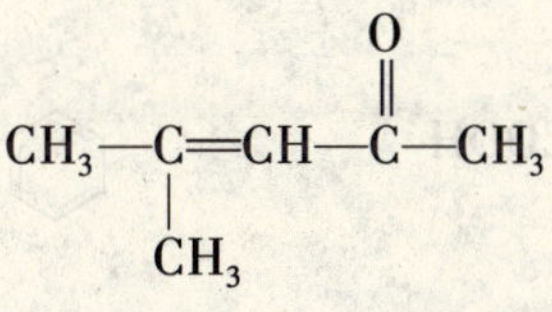   4-甲基-3-戊烯-2-酮

芳香醛、芳香酮命名时,芳香烃基作为取代基,脂肪醛、脂肪酮为母体。例如:

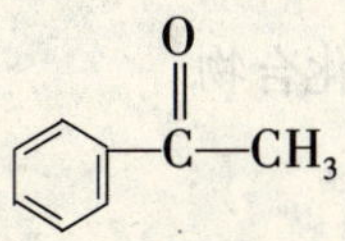

苯乙酮 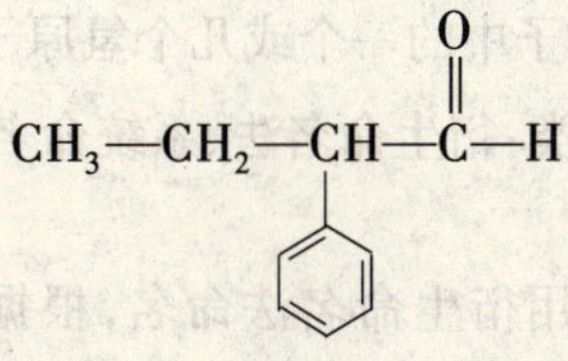   2-苯基丁醛

11. 羧酸的命名

分子中含有羧基—COOH 的化合物称为羧酸;官能团是羧基(—COOH)。羧酸可用通式 RCOOH(脂肪酸)和 ArCOOH(芳香酸)表示。

1) 脂肪酸的命名

脂肪酸命名规则:选择包括羧基的最长碳链作为主链,从羧基一端给主链碳原子编号,按主链碳原子个数称为"某酸";用阿拉伯数字(或从羧基相邻的碳原子开始用希腊字母)标明取代基的位次。对于不饱和酸,则称为"某烯酸"或"某碳烯酸",而且要注明不饱和键的位次。有些脂肪酸多采用俗名。例如:

$CH_3—CH_2—COOH$　　$CH_3—CH—CH_2—COOH$　　$CH_3—CH_2—CH_2—C(CH_3)_2—COOH$
　　　　　　　　　　　　　　　　$|$
　　　　　　　　　　　　　　　CH_3

　丙酸　　　　　　　3-甲基丁酸(β-甲基丁酸) 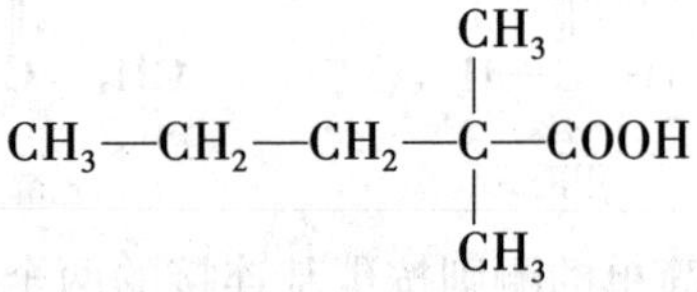　　　　　2,2-二甲基戊酸

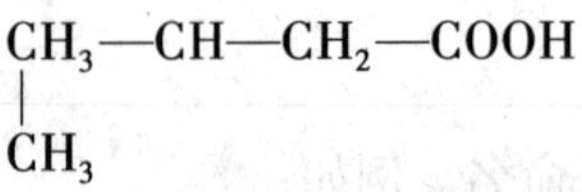

$CH_3—CH=CH—COOH$　　　　$CH_3(CH_2)_7CH=CH_2(CH_2)_7—COOH$

　2-丁烯酸(巴豆酸)　　　　　　　　9-十八碳烯酸

二元脂肪族羧酸命名时,主链包含两个羧基,根据主链碳原子个数称为"某二酸",例如:

$HOOC—COOH$　　　　　　$HOOC—CH(Cl)—CH_2—COOH$

　乙二酸　　　　　　　　　　　氯代丁二酸

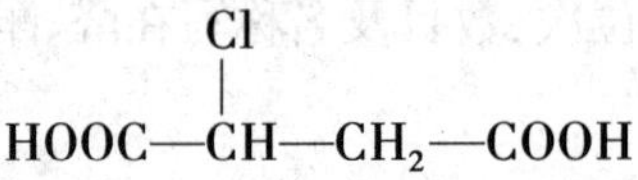

2) 芳香酸的命名

芳香酸的命名分两种情况:当羧基直接连在苯环上命名时,是以苯甲酸为母体,环上其他基团作为取代基;当羧基连在苯环的支链上命名时,是以脂肪酸为母体,苯环作为取代基。例如:

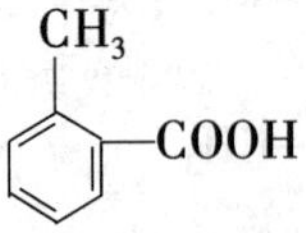

邻甲基苯甲酸 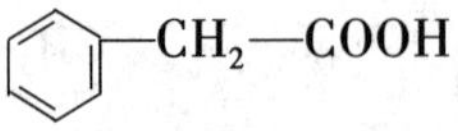　　　　　　　苯乙酸 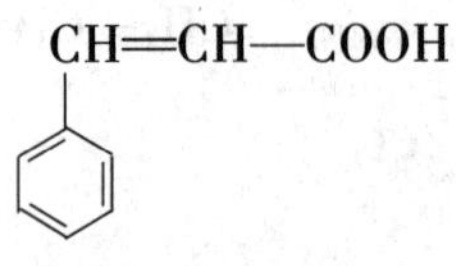　　　　　　　3-苯丙烯酸

12. 胺的命名

胺可看做是 NH_3 分子中的一个或几个氢原子被烃基取代的化合物。

胺的命名法分为两类:衍生命名法、系统命名法。

(1) 衍生命名法。

构造简单的胺一般用衍生命名法命名,根据氨基上所连的烃基名称来命名,称为某胺,例如:

甲胺　　　　　　　　叔丁胺 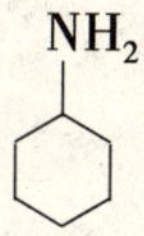　　　　　　　环己胺 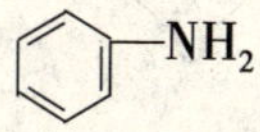　　　　　　苯胺

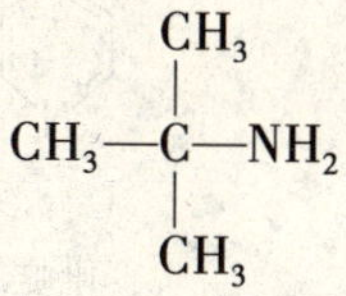

当氨基上所连的烃基相同时,用数字表示相同烃基的数目,例如:

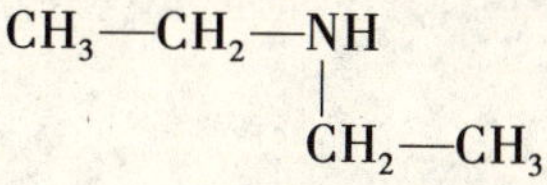

二乙胺 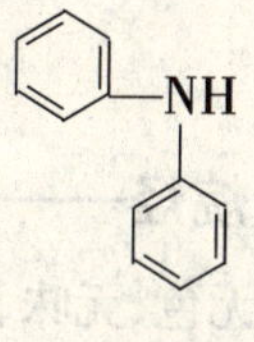　　　　　　　　　　　　　　　二苯胺

当氨基上所连的烃基不相同时,按基团由小到大顺序写,例如:

$$CH_3-NH-CH_2-CH_3$$

甲乙胺

对于芳胺,如果苯环上有其他取代基时,以苯胺为母体,例如:

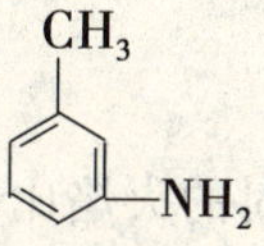

对甲苯胺 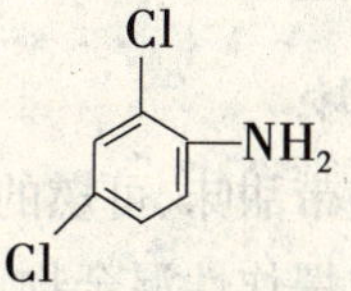　　　　　　　　　　　　2,4-二氯苯胺

当氨基上同时连有芳基和脂肪烃基时,以苯胺为母体,在脂肪烃基前冠以"N",以表示脂肪烃基是连在氨基氮原子上,例如:

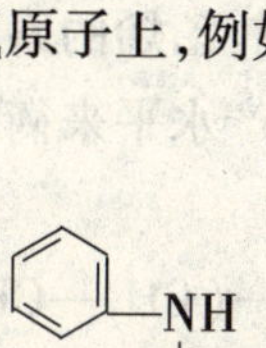

N-甲基苯胺 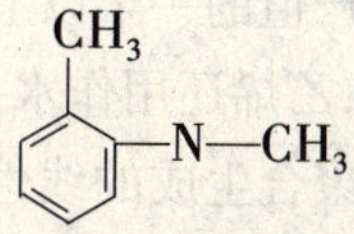　　　　　　　　　　N,N-二甲基苯胺

(2)系统命名法。

此法适用于构造比较复杂的胺。命名规则:以烃为母体,氨基作为取代基,例如:

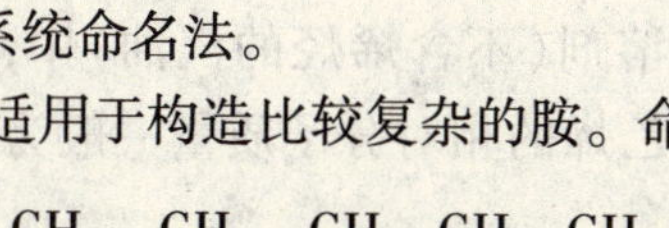

2-甲基-3-氨基戊烷 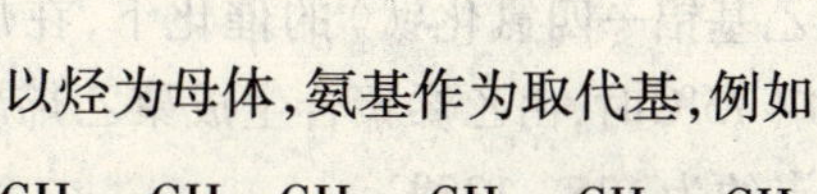　　　　　　　　2-甲氨基己烷

13. 杂环化合物的命名

在环状化合物中,含有由碳原子和其他原子组成的环的化合物称为杂环化合物。杂环化合物的命名多采用译音法,例如:

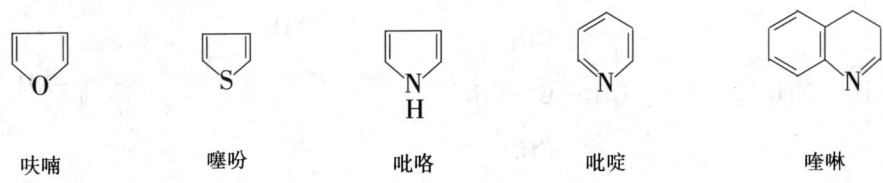

| 呋喃 | 噻吩 | 吡咯 | 吡啶 | 喹啉 |

第二节 重要的有机化合物

一、重要的烷烃——甲烷

甲烷是一种无色、无味、无毒、比空气轻的可燃气体；相对密度为 0.424，难溶于水。

甲烷主要来源于天然气和油田气。此外，焦化煤气中也含有部分甲烷，矿井中的瓦斯气、沼泽地冒出的沼气其主要成分也是甲烷，因此甲烷又称沼气。

甲烷是非常重要的化工原料和能源，由甲烷制得的氯仿、四氯化碳是重要的有机溶剂；由甲烷制得的炭黑是生产橡胶的填料和油墨的原料；由甲烷制得的合成气是重要的有机合成原料。

二、重要的烯烃

1. 乙烯及聚乙烯

乙烯是无色、略带甜味、可燃的气体。乙烯在空气中燃烧时的火焰比甲烷明亮得多，并带黑烟；能与空气形成爆炸性混合物，其爆炸极限是 3%～29%（体积分数）；相对密度为 0.9654，不溶于水，易溶于汽油、四氯化碳等有机溶剂。

工业上，乙烯主要来源于石油的裂化和裂解。乙烯具有典型烯烃的化学性质，它是生产乙醇、乙醛、环氧乙烷、苯乙烯、氯乙烯、聚乙烯的基本原料。目前，乙烯的系列产品产值在国际上占全部石油化工产品产值的一半以上，因此，往往以乙烯的生产水平来衡量一个国家的石油工业的发展水平。此外，乙烯还用作水果催熟剂。

聚乙烯是由乙烯聚合生成的线性高分子化合物，通常用 —(CH_2—CH_2)$_n$— 表示。生产聚乙烯的方式主要有两种：一种是高压聚合法，以过氧化物（如过氧化苯甲酸叔丁酯）为引发剂，在压强为 150～160 MPa，温度约 200℃ 时，由乙烯聚合生成聚乙烯。高压聚乙烯的相对分子质量一般在 25000 左右，最高可达 50000，熔点约为 105～110℃；另一种是低压聚合法，在配位催化剂（如三乙基铝—四氯化钛）的催化下，在加氢汽油溶剂（不含烯烃的汽油）中，在常压或 1.0MPa、60～75℃ 时，由乙烯聚合生成聚乙烯。低压聚乙烯的相对分子质量一般为 300000～350000，熔点约为 125～135℃。

聚乙烯常温时是乳白色半透明物质，熔化后是无色透明液体。聚乙烯是憎水性物质，对水的抵抗能力很强，水蒸气的透过率很小，是良好的防潮材料。聚乙烯化学性质稳定，可耐部分酸（例如硫酸、盐酸、氢氟酸等）、耐碱（例如氢氧化钠、氢氧化钾等）的腐蚀作用。在化工厂也经常用聚乙烯作为防腐材料。但聚乙烯不耐硝酸的腐蚀作用，硝酸能缓慢地把聚乙烯氧化，使聚乙烯的介电性能遭到破坏，机械强度降低；温度升高，硝酸浓度增大，对聚乙烯的氧化作用就更为显著。

聚乙烯具有良好的电绝缘性能。聚乙烯可以加工成为各种形状的聚乙烯塑料制品。聚乙烯塑料广泛地用于工业、农业和国防,例如用于制造薄膜、管件、电线、电缆以及电工部件的绝缘材料、食品容器、药品容器、家庭用品等。

2. 丙烯及聚丙烯

丙烯是无色、易燃的气体,与空气能形成爆炸性混合物,其爆炸极限是2%~11%(体积分数);丙烯可由石油裂解而制得。目前,丙烯在工业上得到广泛的应用,可用来制备甘油、丙烯腈、氯丙醇、异丙醇、丙酮、聚丙烯等。这些产品可进一步制备塑料、合成纤维、合成橡胶等。

在配位催化剂(例如二乙基氯化铝—四氯化钛)的催化下,于加氢汽油溶剂中,在1~2 MPa,50~70℃条件下,丙烯可聚合生成聚丙烯。

聚丙烯可用 $-(\underset{\underset{CH_3}{|}}{CH}-CH_2)_n-$ 表示。从分子结构来看,聚丙烯是相对分子质量很大的、带有许多甲基支链($-CH_3$)的烷烃。聚丙烯常温时是乳白色半透明物质,熔点是176℃,熔化后是无色透明液体。聚丙烯的相对密度为0.91~0.92,是已知合成树脂中最轻的。聚丙烯是憎水性物质,对酸(例如盐酸、硫酸)、碱(例如氢氧化钠、氢氧化钾)具有抗腐蚀能力。聚丙烯的机械性能、电绝缘性能也较好。总之,聚丙烯在相对密度、耐热性、机械强度、电绝缘性能、耐化学药品性能等方面均较好。但是,聚丙烯耐冲击强度较小,耐自然老化与耐寒性较差。聚丙烯用于制造薄膜、薄板、挤压成型用品、电线和电缆的绝缘层以及纤维(聚丙烯纤维)等。

三、重要的环烷烃——环己烷

环己烷为无色、易燃液体,沸点为80.7℃,不溶于水,能与乙醇、乙醚等有机溶剂混溶。环己烷用硝酸氧化,生成己二酸$HOOC(CH_2)_4COOH$;在钴催化剂存在下进行液相空气氧化,生成环己醇和环己酮的混合物;在光照下与亚硝酰氯NOCl反应,生成环己酮肟。己二酸是合成尼龙66的原料;环己酮肟则是合成尼龙6的原料。环己烷在无水氯化铝作用下异构化生成甲基环戊烷;在铂或钯催化剂存在下脱氢生成苯。环己烷在工业上主要由苯的催化加氢制得,也可从裂化汽油中提取。

四、重要的单环芳烃

1. 苯

苯来源于炼焦工业中,从焦炉气和煤焦油中获得。随着石油化学工业的发展,苯则主要由石油的铂重整获得。苯是无色、易燃、易挥发的液体;熔点为5.5℃,沸点为80.1℃,相对密度为0.879;苯的蒸气与空气混合能形成爆炸性混合物,爆炸极限为1.5%~8%(体积分数);不溶于水,溶于四氯化碳、乙醇、乙醚和冰醋酸等。

苯是重要的有机化工基础原料,广泛地用于生产塑料、合成橡胶、合成纤维、染料、医药等。苯也常用作有机溶剂。

2. 甲苯

甲苯一部分来源于煤焦油,大部分从石油的铂重整获得。甲苯是无色、易燃、易挥发的液体;熔点为-95℃,沸点为110.6℃,相对密度为0.867;甲苯的蒸气与空气混合能形成爆炸性混合物,爆炸极限为1.27%~7.0%(体积分数);甲苯不溶于水,溶于乙醇、乙醚、氯仿和乙酸;甲苯高浓度时有麻醉作用。甲苯也是有机化工基础原料,主要用来制取三硝基甲苯(TNT)、苯甲醛、苯甲酸等。甲苯也常用作有机溶剂。

3. 苯乙烯

苯乙烯为无色或黄色易燃液体；熔点为 -30.6℃，沸点为 145.2℃；相对密度为 0.906；苯乙烯的蒸气与空气混合能形成爆炸性混合物，爆炸极限为 1.1%~6.1%（体积分数）；苯乙烯不溶于水，溶于乙醇和乙醚等。苯乙烯易聚合，故生产和储存时应加少量阻聚剂（如对苯二酚）以防止其聚合。苯乙烯主要用于生产聚苯乙烯、ABS 树脂、丁苯橡胶及离子交换树脂等的原料。

在引发剂的作用下，苯乙烯可以聚合生产聚苯乙烯。聚苯乙烯的优点是电绝缘性好，透光性好，易于着色，易于成形；缺点是耐热性差，较脆，耐冲击强度低。聚苯乙烯主要用于生产电器零件、仪表外壳、光学仪器等。聚苯乙烯泡沫塑料广泛用作包装填充物。

五、重要的卤代烃

1. 三氯甲烷

三氯甲烷俗名氯仿，分子式为 $CHCl_3$，常温下是一种无色带有甜味的液体，沸点为 62℃，比水重，不易燃烧，常用作为粮油食品等分析中的有机溶剂。医药上三氯甲烷曾被用作麻醉剂，但因其在空气中会逐渐被氧化分解产生剧毒的光气，现已不再使用。三氯甲烷应置于棕色瓶中保存。

2. 四氯化碳

四氯化碳的分子式是 CCl_4，常温下为无色有特殊气味的液体，沸点为 76.8℃，密度大，不溶于水，能溶解脂肪、沥青、橡胶、油漆等多种有机物，是一种常用的有机溶剂。四氯化碳因其本身不会燃烧，且其蒸气比空气重，能使燃烧物与空气隔绝，达到灭火的目的，所以常被作为灭火剂使用。由于四氯化碳可破坏臭氧层，国际环境会议决定从 1995 年开始逐步停止生产。四氯化碳有一定的毒性，能损坏肝脏，使用时应加以注意。

3. 氯苯

氯苯为无色液体，沸点为 132℃，可由苯直接氯化制得，工业上也可用苯蒸气、空气及氯化氢通过氯化铜催化剂来制备氯苯。氯苯可用作溶剂和有机合成原料，也是某些农药和染料的中间材料。

4. 苄基氯

苄基氯即苯氯甲烷，其结构式为 C₆H₅—CH₂Cl，常温下为液体，沸点为 179℃，不溶于水，具有催泪性，经常当作催泪剂使用。苄基氯容易水解成苯甲醇，这是工业上制备苯甲醇的方法之一。苄基氯在有机合成上常用作苯甲基化试剂。

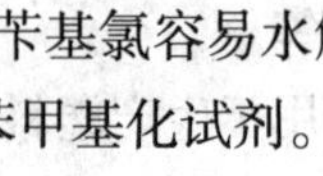

六、重要的醇

1. 甲醇

甲醇最初由木材干馏制得，故俗名木精（或木醇）。甲醇为无色透明液体，沸点为 64.5℃，能与水及多数有机溶剂混溶。甲醇具有麻醉作用，毒性很强，少量（10mL）能使人双目失明，30mL 甲醇能使人中毒致死。甲醇可作溶剂，也是一种重要的化工原料。利用甲醇可以合成氯甲烷、甲胺、有机玻璃、合成纤维,还可用作汽车或飞机的燃料。

2. 乙醇

乙醇是酒的主要成分,故俗名酒精。乙醇为无色液体,沸点为78.5℃,用途广泛,是一种重要的有机合成原料和溶剂。医学上,使用70%~75%(体积分数)乙醇水溶液作外用消毒剂,还常用乙醇配制配剂,如碘酊,俗称碘酒,就是碘和碘化钾的乙醇溶液。

3. 乙二醇

乙二醇是粘稠而有甜味的液体,故俗名甘醇。乙二醇沸点为198℃,相对密度为1.13。乙二醇是合成纤维如涤纶等高分子化合物的重要原料,又是常用的高沸点溶剂。乙二醇可与环氧乙烷作用生成聚乙二醇,聚乙二醇在工业上用途很广,可用作乳化剂、软化剂、表面活化剂等。50%的乙二醇水溶液的凝固点为-34℃,可以用作汽车、飞机发动机的防冻液。

4. 丙三醇

丙三醇俗名甘油,为无色、吸湿性强、有甜味的粘稠液体,沸点为290℃,相对密度为1.261;极性很强,易溶于水,也溶于乙醇,不溶于乙醚、氯仿等有机溶剂。甘油有润肤作用,但它的吸湿性很强,会对皮肤产生刺激,所以在使用时须先用适量水稀释。丙三醇以酯的形式广泛存在于自然界中,在医学试剂方面甘油可用作溶剂,如酚甘油、碘甘油等。甘油三硝酸酯(俗称硝酸甘油)是缓解心绞痛药物。它受到震动或撞击能猛烈分解引起爆炸,故可用作炸药。油脂的主要成分是丙三醇的高级脂肪酸酯。丙三醇可以通过油脂水解得到,还可以丙烯为原料制得。

5. 苯甲醇

苯甲醇又名苄醇,常以酯的形式存在于植物香精油中。它是具有芳香气味的无色液体,沸点为205℃,微溶于水,可与乙醇、乙醚、苯等有机溶剂混溶。苯甲醇具有微弱的麻醉作用和防腐作用,可用于青霉素注射液中,减轻注射时的疼痛,也可在香精调配中用作定香剂。

七、重要的酚

1. 苯酚

苯酚最初从煤焦油中得到,也称石炭酸。它是无色针状结晶,有特殊气味,熔点为43℃,沸点为182℃,能溶于水,25℃时100 g水中可溶解6.7g苯酚,68℃以上苯酚可完全溶解。此外,它还易溶于乙醇、乙醚、苯等有机溶剂。苯酚能凝固蛋白质,有杀菌能力,医药上用作消毒剂。它的3%~5%(体积分数)溶液用于手术器具消毒,1%(体积分数)溶液外用于皮肤止痒,但苯酚浓溶液对皮肤具有腐蚀性。苯酚易被氧化,故应避光存于棕色瓶内。苯酚又是制造塑料、染料及药物的重要原料。

2. 甲苯酚

甲苯酚可由煤焦油得到,有邻、间、对3种异构体;它们都有苯酚气味,杀菌能力比苯酚强;由于三者的沸点相近,不易分离,实际上常使用它们的混合物。医药上常用的消毒剂煤酚皂液就是含47%~53%(体积分数)的3种甲苯酚混合物的肥皂水溶液,又称来苏水。甲苯酚的稀溶液常用于消毒。

3. 萘酚

萘酚有α-萘酚和β-萘酚两种异构体。α-萘酚为黄色结晶,熔点为96℃,能与$FeCl_3$

作用生成紫色沉淀；β-萘酚为无色结晶，熔点为 122℃，与 $FeCl_3$ 作用生成绿色沉淀。这两种化合物都是合成染料的原料。

八、重要的醚

1. 乙醚

乙醚是易挥发的液体，沸点为 34.5℃，易燃。它的蒸气与空气混合到一定的比例时就会发生爆炸，爆炸极限为 2.34%~36.15%（体积分数），使用乙醚时应远离火源，保证安全。乙醚微溶于水，易溶于其他有机溶剂，本身亦是常用的有机溶剂。

2. 环氧乙烷

环氧乙烷是最简单的环醚，是一个很重要的有机合成中间体。环氧乙烷为无色、有毒气体，沸点为 11℃，易液化，能与水混溶，可溶于乙醇、乙醚等有机溶剂，一般储存于钢瓶中。环氧乙烷化学性质活泼，在酸或碱催化下能与多种试剂反应，生成一系列重要工业原料。

九、重要的醛和酮

1. 甲醛

甲醛又叫做蚁醛，是具有强烈刺激臭味的无色气体，沸点为 -21℃，易溶于水，其 37%~40%（体积分数）的水溶液叫做福尔马林，用作消毒剂和防腐剂。甲醛的用途很广，合成树脂、表面活性剂、塑料、橡胶、鞣革、造纸、染料、制药、农药、照相胶片、炸药、建筑材料以及消毒、熏蒸和防腐过程中均要用到甲醛。目前，工业制备甲醛主要采用甲醇氧化法。

2. 乙醛

乙醛是易挥发的无色液体，沸点为 20℃，具有刺激性气味，乙醛可溶于水，可混溶于乙醇、乙醚，为低闪点、易燃液体化学品。乙醛主要用于制造乙酸、醋酐和合成树脂。乙醛极易燃，甚至在低温下其蒸气也能与空气混合形成爆炸性混合物。乙醛在空气中久置后能生成具有爆炸性的过氧化物，受热可能发生剧烈的聚合反应。乙醛是工业生产中的重要原料，其生产方法有乙炔水化法和乙烯氧化法。

3. 丙酮

丙酮是无色、微香气味的液体，沸点为 56.5℃。丙酮极易溶于水，几乎能与一切有机溶剂混溶，也能溶解油脂、蜡、树脂和塑料等，是一种优良溶剂。患糖尿病的人，由于新陈代谢紊乱，体内常有过量丙酮产生，从尿中排出。尿中是否含有丙酮可用碘仿反应检验。在临床上，用亚硝酰铁氰化钠 $[Na_2Fe(CN)_5NO]$ 溶液的显色反应来检查糖尿病：在尿液中滴加亚硝酰铁氰化钠的氨水溶液，如果有丙酮存在，溶液就呈现鲜红色。丙酮也是重要的有机合成原料，用于制备有机玻璃、氯仿、环氧树脂等。

4. 环己酮

环己酮为无色油状液体，气味与丙酮相似，沸点为 155.7℃，微溶于水，较易溶于乙醇、乙醚等有机溶剂。环己酮自身也是一种优良溶剂。环己酮与一般酮的性质相似。环己酮在催化剂存在下，用空气、氧气或硝酸氧化均能生成己二酸 $HOOC(CH_2)_4COOH$。环己酮肟在酸作用下重排生成己内酰胺，它们分别为生产尼龙 66 和尼龙 6 的原料。在工业上，环己酮主要用作有机合成原料和溶剂，例如它可溶解硝酸纤维素、涂料、油漆等。

十、重要的羧酸

1. 甲酸

甲酸（HCOOH）存在于蜂类的针、某些蚁类和毛虫的分泌物中，同时也广泛存在于植物界的某些果实中。甲酸俗称蚁酸。甲酸是无色有刺激性臭味的液体，沸点为100.5℃，能与水、乙醇、乙醚混溶。甲酸有很强的腐蚀性，对皮肤有刺激作用。甲酸是具有还原性的酸，它可以还原多种试剂，与托伦试剂作用生成银镜。在纺织印染工业中，甲酸用作酸性还原剂。甲酸有杀菌和防腐作用。

2. 乙酸

乙酸（CH_3COOH）是食醋的主要成分，俗称醋酸。乙酸是最早由自然界获取的有机化合物之一，许多微生物可以将不同的有机化合物转化为乙酸（发酵），例如在酸牛奶、酸葡萄酒中都含有乙酸。无水乙酸在常温下是无色有刺激性气味的液体，沸点为118℃，熔点为16.6℃。由于纯的乙酸在16.6℃以下能结成似冰状的固体，所以常把无水乙酸叫做冰醋酸。乙酸也是重要的化工原料，用来合成乙酸乙酯、乙酐、氯乙酸、乙酸纤维等，也可用作橡胶凝聚剂及氧化反应的溶剂等。

3. 苯甲酸

苯甲酸（C_6H_5—COOH）常以苯甲酸苄醇酯的形式存在于安息香胶及其树脂中，故苯甲酸俗称安息香酸。苯甲酸为无色晶体，熔点为122℃，沸点为250℃，100℃时可升华，微溶于水，在食品中可用作防腐剂。

4. 乙二酸

乙二酸（HOOC—COOH）俗名叫做草酸，为无色晶体，含有两个分子的结晶水。草酸为二元强酸，它除了具有羧酸的一般性质外，还有还原性，在分析化学中常用草酸钠来标定高锰酸钾溶液。草酸在工业上可用作漂白剂，草酸及其铝盐可用作媒染剂。

十一、重要的杂环化合物

1. 呋喃

呋喃存在于松木焦油中，为无色液体，沸点为32℃，相对密度为0.9336，具有类似氯仿的气味，难溶于水，易溶于有机溶剂。呋喃具有芳香性，较苯活泼，容易发生取代反应，也可以发生加成反应。

2. 糠醛

糠醛的化学名称是 α-呋喃甲醛，是呋喃衍生物中最重要的一种，因为最初是从米糠与稀酸共热制得的，所以叫做糠醛。糠醛有毒，为无色液体，易受空气氧化，通常为黄色或棕色；沸点为162℃，熔点为-36.5℃；相对密度为1.160，能溶于水，与醇、醚等有机溶剂混溶，糠醛本身也是优良溶剂。糠醛具有一般醛的性质，在乙酸存在下糠醛与苯肼反应显红色，此反应可用来检验糠醛。

糠醛是有机合成中的重要原料，与苯酚缩合可生成类似电木的酚糠醛树脂。由糠醛制得的糠醇、四氢糠醇、糠酸等都是优良溶剂和合成原料。

3. 吡咯

吡咯及同系物主要存在于骨焦油中，为无色油状液体，沸点为131℃，具有类似苯胺的气味，难溶于水，易溶于醇、醚有机溶剂。吡咯是一种优良的碱性溶剂。吡咯的衍生物在自然界中分布很广，植物中的叶绿素和动物中的血红素都是吡咯的衍生物。还有，在胆红素、维生素B_{12}等物质中都含有吡咯，在植物和动物生命过程中起着重要的作用。

4. 喹啉

喹啉存在于骨焦油和煤焦油中，为无色油状液体，有特殊臭味，沸点为238℃，相对密度为1.095，难溶于水，易溶于有机溶剂。喹啉具有弱碱性($pK_b = 9.1$)，可用稀硫酸从骨焦油和煤焦油中提取喹啉。现在多用斯克洛普法合成喹啉及其衍生物，即通过加热苯、甘油、浓硫酸和硝基苯的混合物制得喹啉。

喹啉是合成药物的中间体。一些天然的和合成的药物中都含有喹啉环，如抗疟疾药奎宁、抗癌药物喜树碱、抗风湿病药物阿托方等药物中都含有喹林环。

第三节 有机化合物的重要反应类型

有机化学反应总的来说可以分为均裂反应(自由基反应)、异裂反应(离子反应)两类。共价键断裂时成键的一对电子平均分配给成键的两个原子或基团，生成了两个自由基，共价键的这种断裂方式叫做均裂。分子经过共价键的均裂而发生的反应叫做均裂反应(自由基反应)。共价键断裂时成键的一对电子为某一原子或基团所占有而形成了离子，共价键的这种断裂方式叫做异裂。分子经过共价键的异裂而发生的反应叫做异裂反应(离子反应)。

一、取代反应

1. 烷烃的氯代

$$CH_4 + Cl_2 \xrightarrow[400℃]{日光} CH_3Cl + HCl$$

此反应是自由基取代反应，甲烷与氯气反应可以生成一氯甲烷、二氯甲烷、三氯甲烷和四氯甲烷。

$$CH_3CH_2CH_3 + Cl_2 \xrightarrow[25℃]{日光} CH_3CH_2CH_2Cl + CH_3\underset{Cl}{CH}CH_3$$

2. 烯烃上 α - 氢原子的取代

丙烯在高温时主要发生取代反应。

$$CH_3—CH=CH_2 + Cl_2 \xrightarrow{500℃} \underset{Cl}{CH_2}—CH=CH_2 + \underset{Cl}{CH_2}=CH—CH_2$$

$\qquad\qquad\qquad\qquad\qquad\qquad\qquad$ 3－氯丙烯 $\qquad$ 氯丙烯

3. 环烷烃的取代

五元环和五元环以上的环烷烃的化学性质与烷烃相似，在光照或加热时，与氯气发生自由基取代反应。

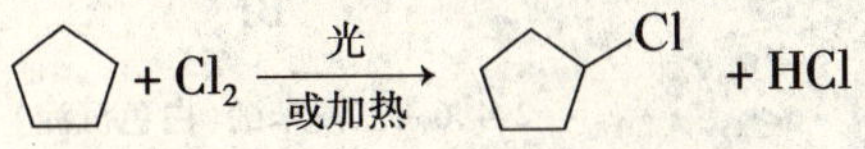

$$\text{环戊烷} + Cl_2 \xrightarrow{\text{光或加热}} \text{氯环戊烷} + HCl$$

4. 苯环上氢原子的取代

1）硝化

苯及同系物与浓硝酸和浓硫酸的混合物在一定温度下发生硝化反应，苯环上的氢原子被硝基取代，生成硝基化合物。

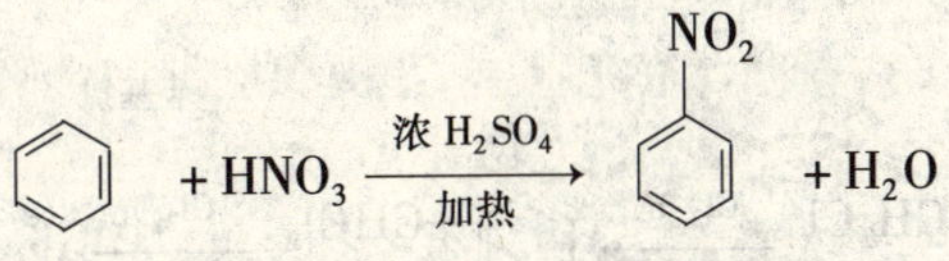

$$C_6H_6 + HNO_3 \xrightarrow[\text{加热}]{\text{浓}H_2SO_4} C_6H_5NO_2（\text{硝基苯}） + H_2O$$

2）卤化

以铁粉为催化剂，苯与氯气发生氯化反应生成氯苯。

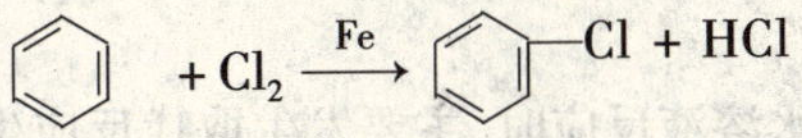

$$C_6H_6 + Cl_2 \xrightarrow{Fe} C_6H_5Cl（\text{氯苯}） + HCl$$

3）磺化

苯及同系物与浓硫酸在一定温度下发生磺化反应，苯环上的氢原子被磺酸基取代，生成苯磺酸。

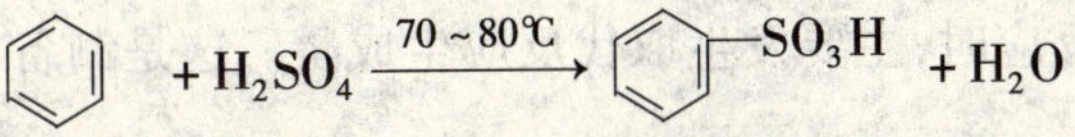

$$C_6H_6 + H_2SO_4 \xrightarrow{70\sim 80℃} C_6H_5SO_3H（\text{苯磺酸}） + H_2O$$

4）傅瑞德尔—克拉夫茨反应

在无水三氯化铝的催化下，芳烃与氯代烷发生傅瑞德尔—克拉夫茨烷基化反应。

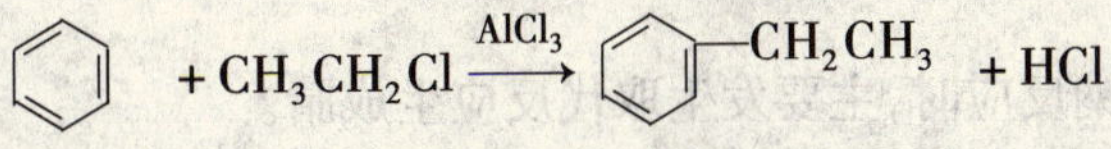

$$C_6H_6 + CH_3CH_2Cl \xrightarrow{AlCl_3} C_6H_5CH_2CH_3（\text{乙苯}） + HCl$$

5）苯酚的取代

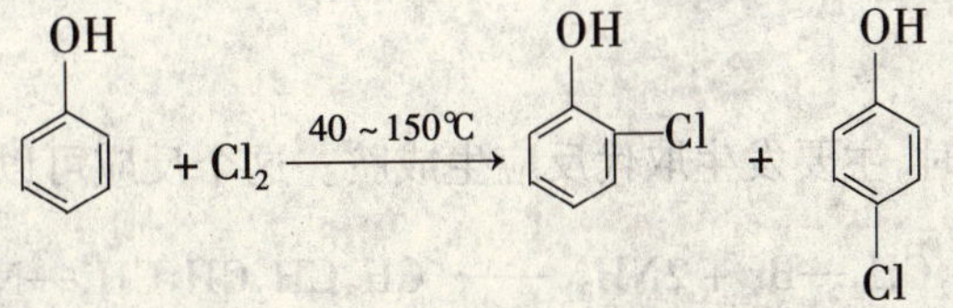

$$C_6H_5OH（\text{苯酚}） + Cl_2 \xrightarrow{40\sim 150℃} \text{邻氯苯酚} + \text{对氯苯酚}$$

$$\underset{苯酚}{\text{C}_6\text{H}_5\text{OH}} + \text{Br}_2 \xrightarrow{\text{H}_2\text{O}} \underset{2,4,6-\text{三溴苯酚(白色沉淀)}}{\text{Br}_3\text{C}_6\text{H}_2\text{OH}} \downarrow$$

这个反应很灵敏,而且是定量完成,常用于苯酚的定量、定性试验。

5. 苯环侧链上的氯代

苯环侧链上的卤化与烷烃卤化一样,是自由基反应。

$$\text{C}_6\text{H}_5\text{—CH}_3 + \text{Cl}_2 \xrightarrow[\text{或加热}]{\text{光}} \underset{苄基氯}{\text{C}_6\text{H}_5\text{—CH}_2\text{Cl}}$$

$$\text{C}_6\text{H}_5\text{—CH}_2\text{Cl} \xrightarrow[\text{或加热}]{\text{Cl}_2\ \text{光}} \text{C}_6\text{H}_5\text{—CHCl}_2 \xrightarrow[\text{或加热}]{\text{Cl}_2\ \text{光}} \underset{苯三氯甲烷}{\text{C}_6\text{H}_5\text{—CCl}_3}$$

6. 卤代烷的取代反应

1) 水解

伯卤代烷与稀氢氧化钠水溶液反应时,主要发生取代反应生成醇。

$$\text{CH}_3\text{CH}_2\text{CH}_2\text{—Br} + \text{NaOH} \xrightarrow{\text{H}_2\text{O}} \underset{正丙醇}{\text{CH}_3\text{CH}_2\text{CH}_2\text{—OH}} + \text{NaBr}$$

2) 醇解

伯卤代烷与醇钠反应时,主要发生取代反应生成醚。这是制备 R—O—R′ 类型醚最常用的一种方法。

$$\text{CH}_3\text{CH}_2\text{CH}_2\text{—Br} + \text{CH}_3\text{CH}_2\text{—ONa} \xrightarrow{\text{CH}_3\text{CH}_2\text{—ONa}} \underset{乙丙醚}{\text{CH}_3\text{CH}_2\text{CH}_2\text{—O—CH}_2\text{CH}_3} + \text{NaBr}$$

3) 氰解

伯卤代烷与氰化钠反应时,主要发生取代反应生成腈。

$$\text{CH}_3\text{CH}_2\text{CH}_2\text{CH}_2\text{—Br} + \text{NaCN} \xrightarrow{\text{水—乙醇}} \underset{正戊腈}{\text{CH}_3\text{CH}_2\text{CH}_2\text{CH}_2\text{—CN}} + \text{NaBr}$$

4) 氨解

伯卤代烷与氨反应时,主要发生取代反应生成胺。这个反应可以用来制备伯胺。

$$\text{CH}_3\text{CH}_2\text{CH}_2\text{CH}_2\text{—Br} + \underset{(大大过量)}{2\text{NH}_3} \longrightarrow \underset{丁胺}{\text{CH}_3\text{CH}_2\text{CH}_2\text{CH}_2\text{—NH}_2} + \text{NH}_4\text{Br}$$

5）卤代烷与硝酸银反应

$$R\text{—}X + AgNO_3 \xrightarrow{\text{乙醇}} R\text{—}O\text{—}NO_2 + AgX\downarrow \ (X\text{ 可为 Cl、Br 或 I})$$

硝酸烷基酯

卤代烷的活性顺序是：叔卤代烷 > 仲卤代烷 > 伯卤代烷

7. 醛和酮中 α-碳原子上氢的取代

在酸或碱催化下，醛、酮分子中的 α-氢原子可以被卤素原子取代，生成 α-卤代醛、酮。

$$CH_3\overset{\overset{O}{\|}}{C}H + Cl_2 \xrightarrow{H^+} CH_2Cl\overset{\overset{O}{\|}}{C}H + HCl$$

α-氯代乙醛

$$CH_3\overset{\overset{O}{\|}}{C}CH_3 + Br_2 \xrightarrow{H^+} \underset{Br}{CH_2}\overset{\overset{O}{\|}}{C}CH_3 + HBr$$

α-溴代丙酮

*8. 羧酸中羟基被取代的反应

1）酰卤的生成

羧基中的羟基可被氯原子取代生成羧酸衍生物酰氯。

$$3R\overset{\overset{O}{\|}}{C}\text{—}OH + PCl_3 \longrightarrow 3R\overset{\overset{O}{\|}}{C}\text{—}Cl$$

酰氯

2）酰胺的生成

羧酸与氨反应生成酰胺。

$$R\overset{\overset{O}{\|}}{C}\text{—}OH + NH_3 \longrightarrow R\overset{\overset{O}{\|}}{C}\text{—}NH_2$$

酰胺

二、加成反应

1. 催化加氢

1）烯烃

在催化剂铂、钯或雷内镍的催化下，烯烃与氢加成生成烷烃。例如：

$$CH_3CH=CH_2 + H_2 \xrightarrow{\text{催化剂}} CH_3CH_2CH_3$$

$$R\text{—}CH=CH_2 + H_2 \xrightarrow{\text{催化剂}} RCH_2CH_3$$

2）炔烃

在催化剂铂、钯或雷内镍的催化下，炔烃也与氢加成。例如：

$$CH\equiv CH + H_2 \xrightarrow{催化剂} CH_3CH_3$$

$$CH_3C\equiv CH + H_2 \xrightarrow{林德拉催化剂} CH_3CH=CH_2$$

使用林德拉催化剂可控制 $CH\equiv CH$ 叁键停止在 $C=C$ 双键上,反应不再继续下去。

3) 环烷烃

在催化剂铂、钯或雷内镍的催化下,环丙烷和环丁烷与氢发生开环加成反应。

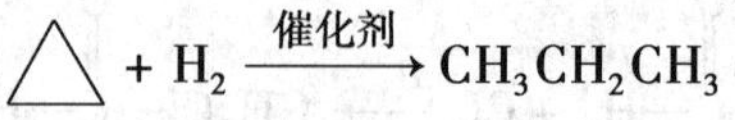

$$\triangle + H_2 \xrightarrow{催化剂} CH_3CH_2CH_3$$

4) 苯

在催化剂铂、钯或雷内镍的催化下,苯与氢发生加成反应。

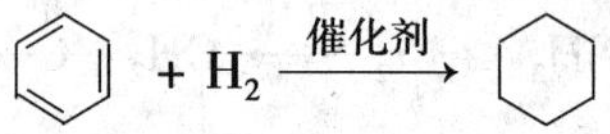

$$\bigcirc + H_2 \xrightarrow{催化剂} \bigcirc$$
环己烷

2. 加卤素

1) 烯烃

烯烃能与氯或溴加成,生成连二氯代烷或连二溴烷。例如:

$$CH_3-CH=CH_2 + Cl_2 \longrightarrow CH_3-CHCl-CH_2Cl$$

$$RCH=CH_2 + X_2 \longrightarrow RCHX-CH_2X$$

1,2-二氯丙烷

2) 炔烃

乙炔与氯加成,生成 1,2-二氯乙烯或 1,1,2,2-四氯乙烷。

$$CH\equiv CH \xrightarrow{Cl_2} CHCl=CHCl \xrightarrow{Cl_2} CHCl_2-CHCl_2$$

1,1,2,2-四氯乙烷

3) 环烷烃

环丙烷和环丁烷与溴发生开环加成反应。

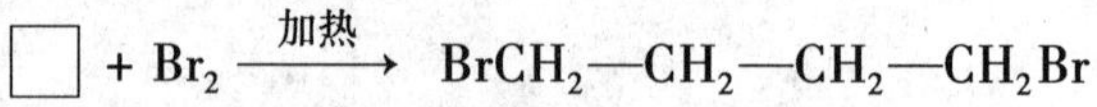

$$\square + Br_2 \xrightarrow{加热} BrCH_2-CH_2-CH_2-CH_2Br$$

1,4-二溴丁烷

3. 加卤化氢

1) 烯烃

烯烃能与卤化氢加成生成卤代烷。例如:

$$CH_3-CH=CH_2 + HBr \longrightarrow CH_3-CHBr-CH_3$$

2-溴丙烷

$$R-CH=CH_2 + HBr \xrightarrow{\text{有过氧化物}} R-\underset{H}{\underset{|}{C}}H-\underset{Br}{\underset{|}{C}}H_2$$
1-溴丙烷

  实验发现,不对称烯烃与卤化氢加成生成的产物主要是 2-溴丙烷。也就是说,烯烃与卤化氢加成时,卤化氢分子中的氢原子主要加在 C=C 双键含氢较多的那个碳原子上,卤素原子则加在 C=C 双键含氢较少的那个碳原子上。这是 1869 年马尔科夫尼科夫(Markovnikov)根据一些实验结果总结出来的一条经验规则,叫做马尔科夫尼科夫规则。

  烯烃能与卤化氢加成,如果有过氧化物存在时,得到的产物与马尔科夫尼科夫规则不一致,是反马尔科夫尼科夫加成的。

  2) 炔烃

$$CH\equiv CH + HCl \xrightarrow[160℃]{HgCl_2} CH_2=CHCl \xrightarrow{HCl} CH_3-CHCl_2$$
1,1-二氯乙烷

$$CH_3C\equiv CH + HCl \xrightarrow{HgCl_2} CH_3-CCl=CH_2 \xrightarrow{HCl} CH_3-CCl_2-CH_3$$
2,2-二氯丙烷

  C≡C 叁键与卤化氢加成时,不对称炔烃与卤化氢的加成产物与马尔科夫尼科夫规则一致。

  3) 环烷烃

  环丙烷与溴化氢发生开环加成反应。

$$\triangle + HBr \longrightarrow CH_3-CH_2-CH_2Br$$
1-溴丙烷

4. 加水

1) 烯烃

$$CH_2=CH_2 + H_2O \xrightarrow[300℃]{\text{磷酸—硅藻土}} CH_3-CH_2-OH$$
乙醇

$$CH_3-CH=CH_2 + H_2O \xrightarrow[250℃]{\text{磷酸—硅藻土}} CH_3-\underset{CH_3}{\underset{|}{C}}H-OH$$
异丙醇

2) 炔烃

$$CH\equiv CH + H_2O \xrightarrow[105℃]{HgSO_4 \cdot H_2SO_4} CH_3-CHO$$
乙醛

  不对称炔烃与水的加成产物与马尔科夫尼科夫规则一致。

5. 羰基的加成

1）羰基与氢氰酸加成

醛和大多数甲基都可以与氢氰酸发生亲核加成反应，产物是 α-羟基腈（氰醇）。

$$R-\underset{\underset{O}{\|}}{C}-H + HCN \longrightarrow R-\underset{\underset{CN}{|}}{CH}-OH$$

α-羟基腈（氰醇）

2）羰基与格氏试剂加成

格氏试剂能与醛、酮发生亲核加成反应，加成产物水解，得到不同种类的醇，这是合成醇的一个好方法。

$$R-\underset{\underset{O}{\|}}{C}-H + R'MgX \xrightarrow{\text{干醚}} R-\underset{\underset{MgX}{|}}{\overset{\overset{R'}{|}}{C}}-OH \xrightarrow{H_3O^+} R-\underset{}{\overset{\overset{R'}{|}}{CH}}-OH$$

仲醇

三、氧化反应

1. 氧化剂氧化

1）烯烃

在使用过量的高锰酸钾和加热的条件下，烯烃被氧化的结果是 C=C 双键断裂，生成氧化裂解产物。例如：

$$R-CH=CH-R' \xrightarrow[\text{加热}]{\text{高锰酸钾}} R-COOH + R'-COOH$$
羧酸　　　羧酸

$$R-\overset{\overset{R'}{|}}{C}=CH_2 \xrightarrow[\text{加热}]{\text{高锰酸钾}} R-\underset{\underset{O}{\|}}{C}-R' + H_2O + CO_2$$
酮

2）炔烃

乙炔也能被高锰酸钾氧化。例如：

$$CH\equiv CH \xrightarrow{\text{稀高锰酸钾}} CO_2 + KOH + MnO_2$$

$$R-C\equiv C-R' \xrightarrow[\text{过量}]{\text{高锰酸钾}} R-COOH + R'-COOH$$
羧酸　　　羧酸

3）苯环侧链的氧化

苯环侧链上有 α-氢原子时，苯环的侧链较易被氧化生成羧酸。例如：

$$C_6H_5-CH_3 \xrightarrow[OH^-,\text{加热}]{\text{高锰酸钾}} C_6H_5-COOH$$

苯甲酸

在侧链上只要有 α-氢原子,不论侧链长或短,反应的最终产物都是苯甲酸。例如:

$$\text{C}_6\text{H}_5\text{CH}_2\text{R} \xrightarrow[\text{OH}^-、加热]{\text{高锰酸钾}} \text{C}_6\text{H}_5\text{COOH (苯甲酸)}$$

4) 醛和酮的氧化

托伦试剂是硝酸银的氨溶液。它能将含醛基官能团的物质氧化成羧酸,自身还原为金属银,通常此反应也称为银镜反应。因此常用托伦试剂区别醛和酮。

$$\text{RCHO} \xrightarrow{\text{托伦试剂}} \text{RCOO}^- + \text{Ag} \downarrow$$

2. 催化氧化

1) 烯烃

烯烃催化氧化可以生成不同的产物。例如:

$$\text{CH}_2=\text{CH}_2 + \text{O}_2 \xrightarrow[125℃]{\text{PdCl}_2-\text{CuCl}_2} \text{CH}_3\text{CHO (乙醛)}$$

$$\text{CH}_3\text{CH}=\text{CH}_2 + \text{O}_2 \xrightarrow[120℃]{\text{PdCl}_2-\text{CuCl}_2} \text{CH}_3\text{COCH}_3 \text{ (丙酮)}$$

2) 醇的氧化

伯醇、仲醇的蒸气在高温下通过高活性的铜(或银)催化剂发生脱氢反应,分别生成醛和酮。

$$\text{CH}_3-\text{CH}_2-\text{OH} \xrightarrow{\text{Cu},300℃} \text{CH}_3\text{CHO (乙醛)}$$

$$\text{CH}_3-\text{CH(OH)}-\text{CH}_3 \xrightarrow{\text{Cu},480℃} \text{CH}_3\text{COCH}_3 \text{ (丙酮)}$$

四、聚合反应

1. 烯烃

$$n\text{CH}_2=\text{CH}_2 \longrightarrow +\text{CH}_2-\text{CH}_2+_n$$
乙烯 聚乙烯

2. 炔烃

$$3\text{CH}\equiv\text{CH} \xrightarrow{\text{Ni(CO)}} \text{C}_6\text{H}_6 \text{ (苯)}$$

五、生成金属炔化物的反应

$$CH\equiv CH + 2[Ag(NH_3)_2]NO_3 \longrightarrow AgC\equiv CAg\downarrow$$
硝酸银氨溶液　　　　　　　　乙炔银（白色）

$$CH\equiv CH + 2[Cu(NH_3)_2]Cl \longrightarrow CuC\equiv CCu\downarrow$$
氯化亚铜氨溶液　　　　　　　乙炔亚铜（棕红色）

这是具有 C≡C—H 构造的末端炔烃的一个特征反应，常用于乙炔和其他末端炔烃的分析、鉴定。

六、消除反应

1. 卤代烷

$$CH_3CH_2CH_2CH_2-Br + NaOH \xrightarrow{\text{水,加热}} CH_3CH_2CH_2CH_2-OH + NaBr$$

$$CH_3CH_2CH_2CH_2-Br + KOH \xrightarrow{\text{乙醇,加热}} CH_3CH_2CH=CH_2 + NaBr + H_2O$$
$$\text{1-丁烯}$$

$$CH_3CH_2-\underset{\underset{Br}{|}}{CH}-CH_2 \xrightarrow[\text{加热}]{\text{KOH,乙醇}} CH_3CH=CHCH_3 + CH_3CH_2CH=CH_2$$
2-丁烯(81%,质量分数)　　1-丁烯(19%,质量分数)

卤代烷的活性顺序是：叔卤代烷＞仲卤代烷＞伯卤代烷。

通过大量实验，札依采夫（Saytzeff）总结出这样的规律：卤代烷消除卤化氢时，主要是从含氢较少的碳原子上消除氢原子形成烯烃，也就是生成双键碳原子上连接较多烃基的烯烃。这就是札依采夫规则。

2. 醇的脱水

1）分子内脱水

$$CH_3CH_2-OH \xrightarrow[175℃]{\text{浓硫酸}} CH_2=CH_2 + H_2O$$

醇的反应活性是：叔醇＞仲醇＞伯醇。反应取向符合札依采夫规则。

2）分子间脱水

$$2CH_3CH_2-OH \xrightarrow[140℃]{\text{浓硫酸}} CH_3CH_2-O-CH_2CH_3 + H_2O$$
乙醚

七、有机化合物与金属反应

在干醚中，卤代烷与金属镁反应，生成烷基卤化镁（金属有机化合物）称为格利雅（Grignard V）试剂。

$$CH_3CH_2-Br + Mg \xrightarrow[\text{回流}]{\text{干醚}} CH_3CH_2-MgBr$$
乙基溴化镁

八、酯化反应

醇与有机酸反应生成羧酸酯。

$$CH_3CH_2-OH + CH_3-COOH \xrightarrow[\text{回流}]{H^+} CH_3-\overset{\overset{O}{\|}}{C}-O-CH_2CH_3 + H_2O$$
乙酸乙酯

九、酸性反应

1. 酚的反应

$$\text{C}_6\text{H}_5\text{OH} + NaOH \xrightarrow{水} \text{C}_6\text{H}_5\text{ONa} + H_2O$$
苯酚钠

$$\text{C}_6\text{H}_5-ONa + CO_2 + H_2O \longrightarrow \text{C}_6\text{H}_5-OH + NaHCO_3$$
苯酚

这个反应可以用来区别、分离不溶于水的醇、酚和羧酸。

2. 羧酸的反应

$$R-COOH + NaOH \longrightarrow R-COONa + H_2O$$
羧酸钠

十、威廉森反应

醇钠与卤代烃反应(威廉森反应)生成醚是制备醚的一个重要方法,称为威廉森(Williamson)合成法。

$$CH_3CH_2CH_2-Br + CH_3CH_2-ONa \xrightarrow[\text{回流}]{CH_3CH_2-OH} CH_3CH_2CH_2O\,CH_2CH_3 + NaBr$$
乙丙醚

十一、还原反应

1. 醛和酮的还原

醛和酮都能分别被还原为伯醇和仲醇。

$$R-CHO \xrightarrow{H^+} R-CH_2-OH$$
伯醇

$$R-\overset{\overset{O}{\|}}{C}-R' \xrightarrow{H^+} R-\overset{\overset{OH}{|}}{C}H-R'$$
仲醇

2. 羧酸的还原

羧基不易被还原,在实验室中常用强还原剂氢化铝锂还原羧酸为仲醇。

$$(CH_3)_3CCOOH + LiAlH_4 \xrightarrow{H^+} (CH_3)_3CCH_2OH$$
2,2-二甲基丙酸

第四节 石油和天然气

一、石油

石油是非常重要的能源之一,也是有机化学工业最重要的原料。石油主要是烃的混合物,从油井中开采出来的石油是油状粘稠的液体,称为原油。原油的颜色因地域不同而异,通常是淡黄色、褐色、暗绿色或黑色。原油具有特殊的气味,比水轻,其密度小于 $1.0 \text{g} \cdot \text{cm}^{-3}$。我国的原油密度为 $0.86 \sim 0.91 \text{g} \cdot \text{cm}^{-3}$。

1. 石油的组成

石油的组成很复杂,主要是由碳和氢组成,还含有硫、氮、氧、氯等元素。目前分析结果表明,石油中所含的烃类主要是 $1 \sim 50$ 个碳原子的链状烷烃和一些环烷烃,个别地方所产原油包括大量的芳香烃。

2. 石油的加工

从油井中采出的原油是一种粘稠油状混合物,经加工后方可使用。石油加工过程主要分为:石油的分馏、石油的裂化、石油的重整。通过石油的加工,可以得到各种不同用途的石油产品,见表 5-3。

表 5-3 石油的分馏产品

名 称		大致组成	沸点范围,℃	用 途
石油气		$C_1 \sim C_4$	<40	化工原料、燃料
粗汽油	石油醚	$C_5 \sim C_6$	40~70	溶剂
	汽油	$C_7 \sim C_9$	60~180	溶剂、内燃机燃料
	溶剂油	$C_8 \sim C_{11}$	150~200	溶剂
煤油	航空煤油	$C_{10} \sim C_{15}$	145~250	喷气式飞机燃料
	煤油	$C_{11} \sim C_{16}$	160~300	工业洗涤油、燃料
柴油		$C_{16} \sim C_{18}$	180~350	柴油机燃料
机械油		$C_{18} \sim C_{20}$	>350	机械润滑油
凡士林		$C_{18} \sim C_{22}$	>350	防锈剂、制药
石蜡		$C_{20} \sim C_{24}$	>350	工业制皂
燃料油		—	—	燃料
沥青		—	—	防腐剂、铺路和建筑材料

石油产品主要用作燃料,也是有机化工的基本原料,石油还可以通过细菌等微生物"加工"得到更多更有用的化合物和石油蛋白。所以石油是工业的"血液"。

3. 石油的合成

随着国民经济的发展,石油的需求量逐年增加,2004 年我国的石油需求量是 $3 \times 10^8 \text{t}$,到 2010 年,我国的石油需求量将达到 $3.8 \times 10^8 \text{t}$。而石油的储量又是有限的,从长远观点看,由煤炭液化合成油、生物原料合成油有着重要战略意义和广阔前景。目前开发和研究的新型绿色能源"生物柴油"(脂肪酸甲酯)是优质的柴油代用品。生物原料合成油是目前全世界正在开发研究的最重要科研课题。

二、天然气

1. 天然气的性质

天然气是蕴藏在地下的可燃气体,是除石油和煤以外的最重要的矿物燃料。天然气的主要成分是甲烷,根据甲烷含量不同,天然气可以分为两种,一种是干性天然气,含甲烷86%～99%(体积分数);另一种是湿性天然气,此种气体中除主要成分是甲烷(60%～70%)外,还含有乙烷、丙烷、丁烷等气体,有的也含有氮气、二氧化碳和硫化氢等气体。

天然气除用于动力燃料外,可以合成甲醛、甲醇,还可用来制造炭黑、水煤气,是合成氨肥、生成乙炔等化工产品的重要原料。

2. 天然气的化学组成

天然气的主要成分是甲烷,此外还含有少量 C_2～C_4 烷烃和更少量较高碳原子数的烷烃或其他烃类。除烃类之外,天然气一般还含有少量非烃气体,如 CO_2、H_2S、N_2、He 和 Ar。表 5-4 为某些天然气的组成。从数据可以看出,多数天然气中甲烷含量超过 80%,因此天然气的热值非常高。一般油田伴生气中 C_2 以上烃类含量较多,而气井中 C_2 以上烃类含量较少。有的天然气经加工处理后,可以回收液化石油气或天然汽油。经处理的天然气在组成上有较大的变化。H_2S 在各地天然气中的含量往往差别很大,高含硫的天然气在使用中存在腐蚀设备和污染大气问题,在使用前应先通过净化处理。He 在天然气中的含量也因产地而异,但总的看来,He 在天然气中的含量远高于它在大气中的含量。天然气是工业氦的主要来源。天然气中还可能含有一些其他的组分,例如微量的汞蒸气。

表 5-4　某些天然气的组成　　　　　　　　%(体积分数)

组分名称	天然气产地				
	四龙卧龙河	大庆油田伴生气	胜利油田伴生气	前苏联西伯利亚	罗马尼亚特兰西瓦尼亚
CH_4	94.32	84.56	86.6	96.39	99.87
C_2H_6	0.78	5.29	4.2	1.44	0.06
C_3H_8	0.18	5.21	3.5	0.17	0.02
C_4H_{10}	0.08	2.29	2.6	0.14	0.003
C_5^+	0.16	0.74	1.4	0.06	0.001
CO_2	0.32	0.13	0.6	1.61	0.02
H_2S	3.82	0.003	—	—	0.08
N_2	0.44	1.78	1.1	0.18	0.02
H_2	0.026	—	—	—	0.001
He	0.015	—	—	—	0.001

阅读材料

芳香杀手——苯

苯是一种无色的具有特殊芳香气味的液体,甲苯、二甲苯属于苯的同系物,都是煤焦油馏分和石油的裂解产物。目前室内装饰材料常用苯、甲苯、二甲苯作各种胶、油漆、涂料和防水材料的有机溶剂。

苯及同系物甲苯、二甲苯具有易挥发、易燃、蒸气有爆炸性等特点。人在短时间内吸入高浓度苯、甲苯或二甲苯过程中，可导致中枢神经系统麻醉，轻者有头晕、头痛、恶心、胸闷、乏力、意识模糊，严重者可致昏迷以致呼吸、循环衰竭而死亡。如果长期接触一定浓度的甲苯、二甲苯，会引起慢性中毒，可出现头痛、失眠、精神萎靡、记忆力减退等神经衰弱症状。苯化合物已经被世界卫生组织确定为强烈致癌物质。苯可以引起白血病和再生障碍性贫血，这也被医学界公认。

作为强烈致癌物质，一些国家早已全面禁止在各种建筑化学产品中使用苯、甲苯、二甲苯作为溶剂或稀释剂。在生产各类装饰材料时，使用其他有机化合物作为溶剂或稀释剂是可行的。在生产室内涂料时，使用环保型的水溶性材料作为胶凝材料。在生产油漆时，可使用醇类或沸点较高的碳氢化合物来代替苯及其同系物作为相应的有机溶剂和稀释剂。与传统建筑材料相比，制造新型建筑材料不仅可以降低自然资源的消耗和能耗，而且能使大量的工业废弃物得到合理的利用；新型建筑材料不仅不会对人类的生存环境造成污染，而是有益于人体的健康，有助于改善建筑功能，起到防霉、隔音、隔热、杀菌、调温、调湿、调光、阻燃、除臭、防射线、抗静电、抗震等作用。制造新型建筑材料，不仅可以采用不对环境造成污染的生产技术，而且在产品结束其使用寿命后，还可以作为再生资源加以利用，不会形成新的废弃物。

20世纪90年代开始，"可持续发展"成为世界上许多国家的发展战略，专家们提出了"绿色建筑"的概念。"绿色建筑"就是"资源有效利用的建筑"，亦即节能、环保、舒适、健康、有效的建筑，简言之，为低能耗、低污染的建筑。对于材料的选用，遵循以下原则：一是提倡使用3R材料（可重复使用、可循环使用、可再生使用）；二是选用无毒、无害、不污染环境，有益人体健康的材料和产品，宜采用取得国家环境保护标志的材料、产品。

我国环保型建筑材料的发展已开始起步，我国已开发的装饰材料有壁纸、涂料、地毯、复合地板、管材、玻璃、陶瓷、纤维强化石膏板等。如防霉壁纸，经过化学处理，排除了壁纸在空气潮湿或室内外温差较大的情况下易出现的发霉、起泡、滋生霉菌现象；环保型内外墙乳胶漆不仅无味无污染，还能散发香味，可以洗涤、复刷等。应该积极注意新型建筑材料的信息，新型建筑材料在环境保护和能源节约方面扮演着重要角色，这些材料将能积极主动地应付自然环境的挑战。大力推广环保型建筑材料，不再生产那些对环境和人体有害的产品，逐步实现"绿色住宅"势在必行。

习 题

一、写出下列有机化合物的名称或构造式

1. $CH_3—CH_2—CH—CH_2—CH—CH_3$
   $\quad\quad\quad\quad\quad\quad |\quad\quad\quad |$
   $\quad\quad\quad\quad\quad CH_2—CH_3\ CH_3$

2. $CH_2=C—CH_2—CH_3$
   $\quad\quad\ |$
   $\quad CH_2—CH_2—CH_3$

3. $CH_3—CH—C≡C—CH_2—CH_3$
   $\quad\quad\ \ |$
   $\quad\quad CH_3$

4. $CH_2=C—CHCl—CH_3$

5. 环戊基—CH_3

6. 1-甲基环己烯

7. 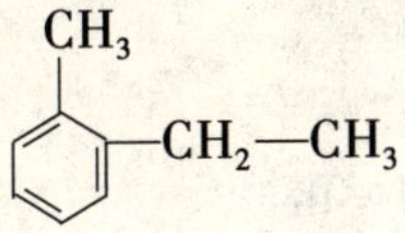

8. 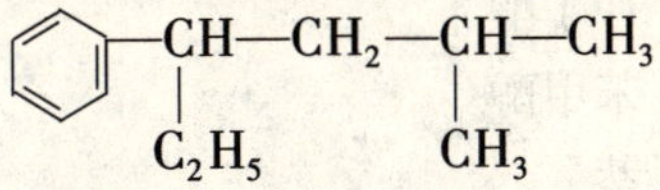

9. 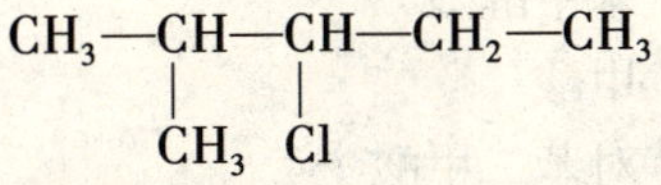

10. 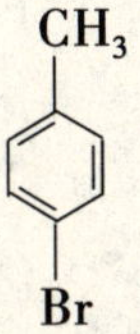

11. 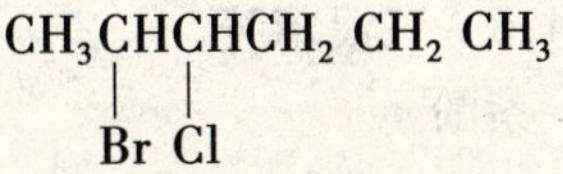

12. 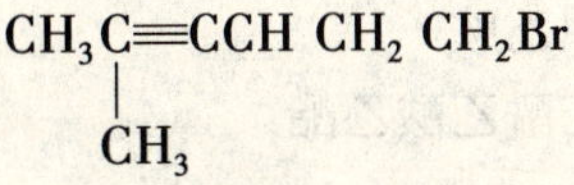

13. 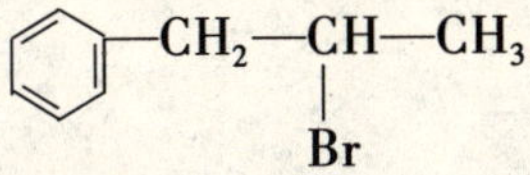

14. 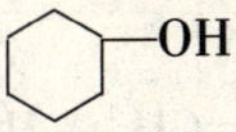

15. 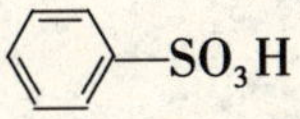

16. 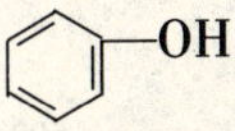

17. 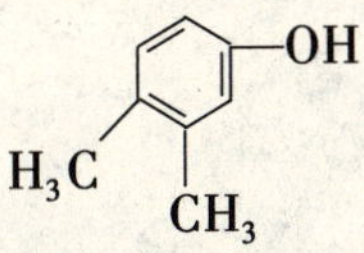

18. 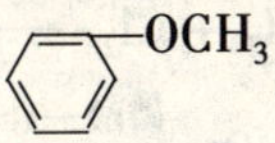

19. 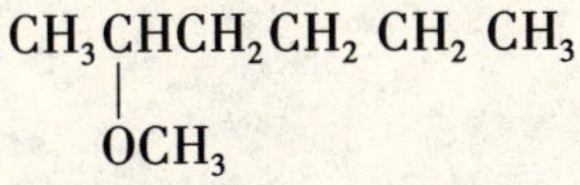

20. $(CH_3)_2CHCH_2—OH$

21. 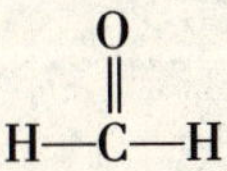

22. 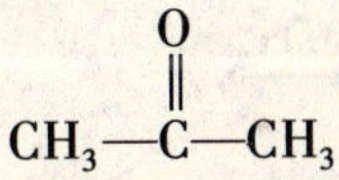

23. 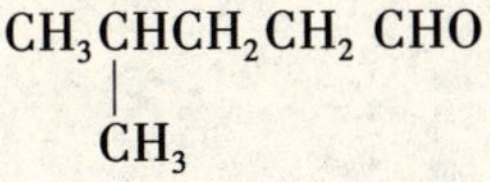

24. $CH_3—CH═CH_2—CHO$

25. 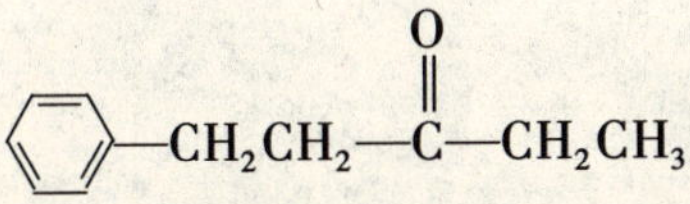

26. 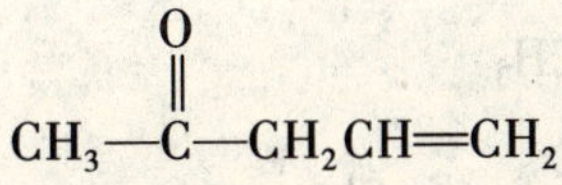

27. $CH_3—COOH$

28. 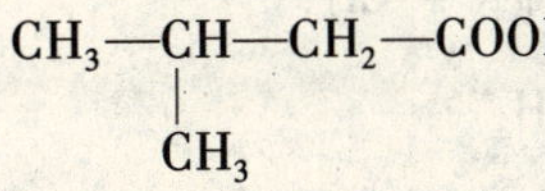

29. 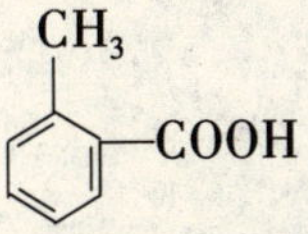

30. 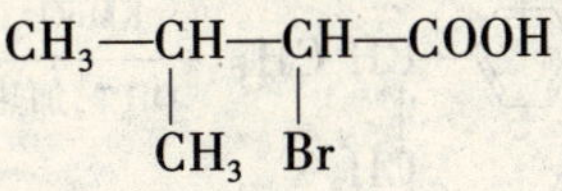

31. $CH_3—NH_2$

32. 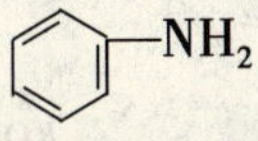

33. $CH_3—NH_2—CH_2\ CH_3$

34. $NH_2—CH_2\ CH_2—NH_2$

35. 2,4－二甲基－3－乙基庚烷

36. 1－甲基－1－丁烯

37. 对称二异丙基乙烯

38. 4－甲基－1－戊炔

39. 间甲叔丁苯

40. 1,4－二甲基－2－乙基苯

41. 4-硝基乙苯
42. 苄基氯
43. 仲丁醇
44. 丙三醇
45. 苯甲醇
46. 2-丁烯-1-醇
47. 萘
48. 环氧乙烷
49. 甲乙醚
50. 乙烯基丙基醚
51. 3-甲基戊醛
52. 苯甲醛
53. 苯乙酮
54. 甲酸
55. 乙二酸
56. 对苯二甲酸
57. 甲乙胺
58. 2,4,6-三溴苯胺
59. 乙酰乙酸乙酯
60. α-萘酚

二、完成下列反应

1. $CH_3-CH(CH_3)-CH=CH_2 + HBr \longrightarrow$

2. $CH_3-CH=CH_2 + Cl_2 \xrightarrow{500℃}$

3. $CH_3-CH(-)-CH=CH_2 + H_2O \xrightarrow[300℃]{磷酸—硅藻土}$

4. $CH_3-CH=CH_2 \xrightarrow[过量,加热]{KMnO_4}$

5. 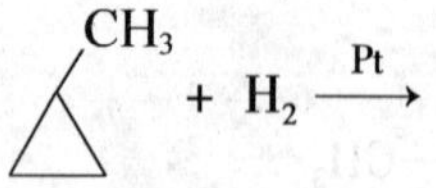 (甲基环丙烷) $+ H_2 \xrightarrow{Pt}$

6. $CH_3-C\equiv CH + H_2 \xrightarrow{林德拉催化剂}$

7. $CH_3CH_2C\equiv CH \xrightarrow{银氨溶液}$

8. 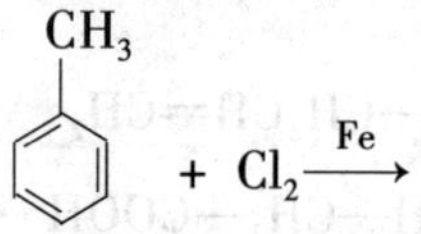 (甲苯) $+ Cl_2 \xrightarrow{Fe}$

9. 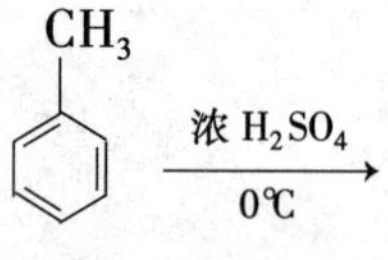 (甲苯) $\xrightarrow[0℃]{浓 H_2SO_4}$

10. 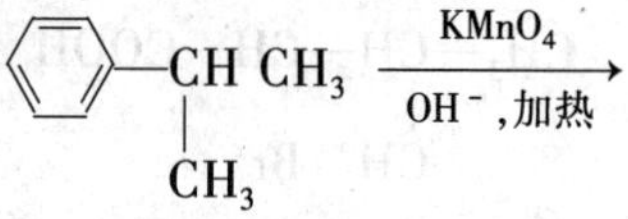 $C_6H_5-CH(CH_3)_2 \xrightarrow[OH^-,加热]{KMnO_4}$

11. $CH_3-CH(CH_3)-CH_2-Br \xrightarrow[加热]{KOH,乙醇}$

12. $CH_3-C(CH_3)=CH_2 + HBr \xrightarrow{有过氧化物}$

13. △—CH₃ + HBr ⟶ ? $\xrightarrow{HCN}$?

14. CH₃—CH—CH₂ $\xrightarrow{Mg \atop 无水乙醚}$
         |
         Br

15. CH₃—CH—CH₂—CH₃ $\xrightarrow{浓 H_2SO_4 \atop 180℃}$
         |
         OH

16. CH₃—CH—CH₃ $\xrightarrow{浓 H_2SO_4 \atop 140℃}$
         |
         OH

17. CH₃CH₂—OH + CH₃—COOH $\xrightarrow{浓 H_2SO_4 \atop 加热回流}$

18. C₆H₅—OH + Br₂ $\xrightarrow{水}$

三、用简便的化学方法鉴别下列各组化合物

1. 烷、乙烯、乙炔
2. 丙基环丙烷、环己烷
3. 2-戊烯、1,2-二甲基环丙烷、环戊烷
4. 苯、乙苯、苯乙烯、苯乙炔
5. 苯甲醇、苯酚、苯甲醚
6. 乙醛、丙酮、丙烯醛
7. 苯乙醛、苯乙酮
8. 甲酸、乙酸
9. 甲醇、1-己烯、3-甲基戊烷

四、综合应用题

1. 写出己烷所有的同分异构体的构造式,并用系统命名法命名。

2. 脂肪烃化合物 A 和 B 的分子式都是 C_6H_{10},催化加氢都生成 2-甲基戊烷。A 与硝酸银的氨溶液反应生成白色沉淀;B 不与硝酸银的氨溶液反应。推测 A、B 可能的构造式,并写出各步反应式。

3. 有 A、B 两个分子式都是 C_6H_{12} 的烯烃,分别用 $KMnO_4$ 的酸性溶液处理,其产物不同。A 的产物是 2-丁酮和乙酸;B 的产物是 3-甲基丁酸、二氧化碳和水。试写出 A、B 的构造式,并写出各步反应式。

4. 某卤代烃 A 与氢氧化钠醇溶液作用,生成 B(C_4H_8),B 经过 $KMnO_4$ 的酸性溶液氧化得到丙酸、二氧化碳和水;使 B 与溴化氢作用,则得 A 的同分异构体。试推测 A 的构造式,并写出各步反应式。

5. 化合物 A 的化学式量是 60,含有质量分数为 60.0% C、13.3% H。A 与氧化剂作用相继得到醛和羧酸。将 A 与氢溴酸作用生成 B,B 与氢氧化钠醇溶液作用生成 C,C 与氢溴酸作用生成 D,D 含有质量分数为 65.0% 的 B,D 水解后生成 E,而 E 是 A 的同分异构体。试写出 A、

B、C、D、E 的构造式,并写出各步反应式。

6. 某芳烃 A,化学式为 $C_{10}H_8$,室温下它能使溴的 CCl_4 溶液褪色;能与硝酸银的氨溶液反应生成白色沉淀;在 Pt 催化作用下加氢生成 B($C_{10}H_{14}$);B 在铬酸溶液中煮沸回流得到一酸性物质 C($C_8H_6O_4$);C 在 $FrBr_3$ 催化下与溴反应只生成一种一溴化合物 D($C_8H_5O_4Br$)。试推测 A、B、C、D 的构造式。

7. 有机化合物 A、B、C 的化学式均为 C_4H_9Br,当它们分别与 NaOH 水溶液作用时,A 生成烯烃(C_4H_8),B 生成醇($C_4H_{10}O$),C 则生成由烯烃(C_4H_8)和醇($C_4H_{10}O$)组成的混合物。试推测出 A、B、C 的构造式,并写出各步反应式。

第六章 高分子化合物

高分子化合物尤其是高分子化合物配制成的水溶液在石油工程作业中有着十分广泛的应用,如钻井液中的降粘剂和增粘剂,油井酸化压裂液中的缓蚀剂,防砂、堵水的各种树脂,提高乳状液及泡沫稳定性的稳定剂,提高注水粘度的增粘剂等都是高分子化合物配制的水溶液。因此,掌握高分子化合物及其溶液的性质和特点,对于应用高分子化合物有着重要的意义。

第一节 高分子化合物的基本知识

一、高分子化合物的一般概念

高分子化合物是指相对分子质量很大的化合物,它们的相对分子质量一般在 10^4 以上,是千百个原子以共价键连接而构成的大分子化合物。高分子化合物的相对分子质量虽然很大,但其化学组成一般比较简单,通常是由结构单元重复连接而构成。例如,丙烯分子聚合生成聚丙烯:

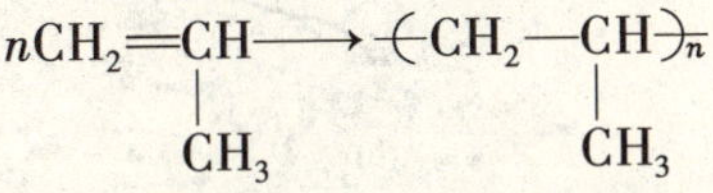

$$n\mathrm{CH_2}\!=\!\mathrm{CH}\!-\!\mathrm{CH_3} \longrightarrow \!-\!(\mathrm{CH_2}\!-\!\mathrm{CH}\!-\!\mathrm{CH_3})_n\!-$$

丙烯　　　　　聚丙烯

聚丙烯的分子是由重复出现的 —CH$_2$—CH(CH$_3$)— 基本结构单元连接而成。通常将组成高分子化合物的重复结构单元称为链节。每个高分子中所包含的链节数(即 n)称为聚合度。聚合成高分子化合物的低分子物质称为单体。因此很容易得出高分子化合物的相对分子质量就是链节的相对分子质量与聚合度的乘积,即

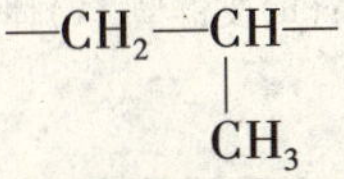

$$\text{高分子化合物的相对分子质量} = \text{链节的相对分子质量} \times \text{聚合度} \qquad (6-1)$$

例如,计算已知聚丙烯的链节相对分子质量为 42,当聚丙烯的相对分子质量为 5×10^4 时,再式(6-1)计算得到该聚丙烯的链节数为 1190。

实验证明,即使由同一种单体在相同的反应条件下聚合而成的高分子化合物,它们各个分子的聚合度也总是不一样的,也就是说,它们各个分子的相对分子质量不同。因此,合成高分子化合物实际上是相对分子质量大小不等的同系列分子的混合物,这类化合物的相对分子质量只是一种平均相对分子质量。在教材中实验部分详细介绍了粘度法测定高分子化合物的相对分子质量。

二、高分子化合物的结构

高分子化合物的分子是由一个个链节以共价键形式连接起来的,根据连接方式的不同,它们的结构主要分为线型结构、支链型结构和体型(网状)结构。实际上,这 3 种结构之间没有明显的分界线,支链短的支链型结构接近于线型结构,支链多的支链型结构接近于体型结构。

线型结构是指许多链节(结构单元)连接在一起形成的长链大分子。由于所形成的高分子链中,原子与原子或链节与链节之间都是以共价键相结合,这些键大都是单键,形成单键的原子(或链节)间可以相对旋转,柔顺性非常好。因此,在一般条件下,线型结构的高分子化合物(如橡胶、纤维、热塑性塑料等)总是以柔软卷曲的形式存在,如图6-1(a)所示。其柔顺性决定了此类高分子化合物的一些物理性质,如在适当的溶剂中能溶解,升高温度可使其软化并具有流动性,常温下具有弹性和塑性等,常用于注入水增粘及油井防蜡。

有些线型结构的高分子带有支链,如图6-1(b)所示,即线型结构高分子主链上有侧链,此类高分子化合物称为支链型高分子化合物。侧链的长短和数量可以不同,甚至有的侧链上还带有侧链,支链型高分子化合物的结构特点决定了它的性能介于线型高分子化合物和体型高分子化合物之间。

体型结构的高分子化合物(如热固性塑料)可以看成是许多线型高分子或支链型高分子的链与链之间互相交联,所形成的空间网状(或立体)结构,如图6-1(c)所示。这种结构的特点是键与键之间没有内旋转的可能,所以体型结构高分子化合物几乎没有柔顺性,脆性大,没有弹性和塑性,不溶于任何溶剂。交联体型高分子化合物不溶、不熔,常用于防砂、堵水。

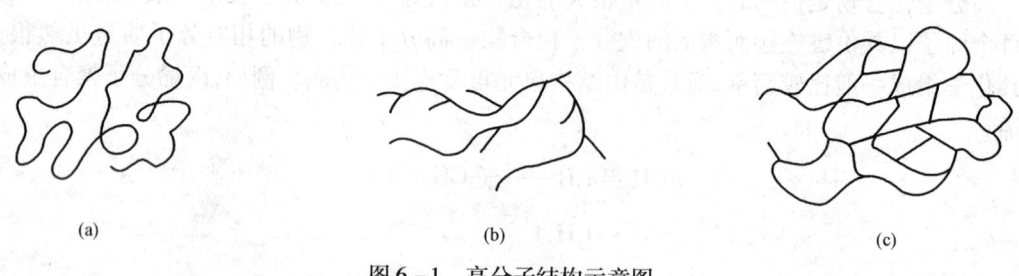

图6-1 高分子结构示意图
(a)线型;(b)支链型;(c)体型

三、高分子化合物的特性

由于高分子化合物具有很大的相对分子质量和特殊的结构,因此它们具有不同于低分子化合物的特性,主要体现在以下几个方面。

1. 溶解性

线型结构高分子化合物可以溶解在适当的溶剂中,例如聚苯乙烯、聚甲基丙烯酸甲酯等能溶于氯仿、苯等有机溶剂中。线型结构高分子化合物在适当溶剂中的溶解过程比低分子化合物要缓慢得多。它们溶解时,溶剂分子先渗入缠绕在一起的高分子之间,使高分子化合物膨胀,然后溶剂分子逐渐把高分子包围而分离,形成高分子化合物溶液。

体型结构高分子化合物不能溶解,但交联程度较低的体型结构高分子化合物在适当的溶剂中会出现膨胀现象。例如,从废旧橡胶制品上刮下的橡胶在汽油中会出现膨胀现象,而酚醛树脂等交联程度较大的高分子化合物,它们既不能溶解,也不会膨胀。

2. 弹性

通常情况下,线型结构高分子化合物的分子是卷曲的,受到外力作用时,它们会更为卷曲或伸展,但外力消除时,这些分子又恢复到原来卷曲的形状,这种性质称为弹性。线型结构高分子化合物都有不同程度的弹性。

交联程度较低的体型结构高分子化合物也有弹性,如经过交联处理的橡胶;但交联程度很高的体型结构高分子化合物则失去弹性而变得比较僵硬,如酚醛树脂、环氧树脂等。

3. 可塑性

线型结构高分子化合物受热至一定温度时,随着温度的升高而逐渐软化,最后变为粘性的流动状态。由于它们分子链具有不同长度和不同相对分子质量,这一熔融过程不像低分子物质那样具有明显转变点。线型结构高分子化合物受热处于熔融状态时,如受外力作用,它们会变形,除去外力后它们也不能恢复原来的形状。因此,可以在加热至一定温度时,对它们进行模塑、浇铸、滚压等加工,使其形成一定形状,冷却后它们仍然保持已塑成的形状。这种性质称为可塑性,又称热塑性。

体型结构高分子化合物受热后既不软化也不熔化,当温度更高时,它们的化学键就会断裂,高分子化合物结构就会被破坏。所以体型结构高分子化合物一经加工成型,就不再受热熔化和变形,不能反复加工塑制。这种性质称为热固性。

4. 机械强度

物质在受到外力的拉、压、弯曲等作用时会断裂或破碎,这是由于分子间力抵抗不了外力,从而使分子分离。而高分子化合物的相对分子质量很大,分子间力很强,因此它们一般都有较强的抗拉、抗压、抗弯曲等能力,即机械强度较大。高分子化合物的机械强度与它们的相对分子质量、分子结构等有关。一般说来,对于同一种高分子化合物,相对分子质量越大,强度就越大。高分子化合物分子结构成体型的,机械强度显著增大。

第二节 高分子化合物的合成、分类及命名

一、高分子化合物的合成

高分子化合物是由一种或多种单体在催化剂作用下,经聚合反应而合成,因此又称高聚物或聚合物。聚合反应一般分为加聚反应和缩聚反应两类。

1. 加聚反应

相同或不相同的不饱和单体通过双键加成而聚合为高分子化合物的反应称为加聚反应。加聚反应的反应过程中没有任何副产物生成,所得高分子化合物的化学组成与单体相同。例如,氯乙烯聚合生成聚氯乙烯、甲基丙烯酸甲酯聚合生成聚甲基丙烯酸甲酯(有机玻璃)的反应均为加聚反应。

$$n\text{CH}_2\!\!=\!\!\underset{\text{Cl}}{\text{CH}} \longrightarrow \underset{\text{Cl}}{(\text{CH}_2\!-\!\text{CH})_n}$$

氯乙烯　　　聚氯乙烯

$$n\text{CH}_2\!\!=\!\!\underset{\underset{\underset{\text{OCH}_3}{|}}{\underset{\text{C}=\text{O}}{|}}}{\overset{\text{CH}_3}{\underset{|}{\text{C}}}} \longrightarrow (\text{CH}_2\!-\!\underset{\underset{\underset{\text{OCH}_3}{|}}{\underset{\text{C}=\text{O}}{|}}}{\overset{\text{CH}_3}{\underset{|}{\text{C}}}})_n$$

甲基丙烯酸甲酯　聚甲基丙烯酸甲酯

聚乙烯、聚苯乙烯、聚丙烯酰胺等高分子化合物都是经过加聚反应而生成的。由加聚反应得到的产物叫做加聚物。加聚物还可进一步划分为均加聚物和共加聚物：前者是由相同单体通过加聚反应而得到的产物；而后者是由不相同单体通过加聚反应而得到的产物。例如聚丙烯酰胺 $+CH_2-CH\frac{}{n}$ 是均加聚物，而部分水解聚丙烯酰胺 $+CH_2-CH\frac{}{m}+CH_2-CH\frac{}{n}$ 则是共
　　　　　　　　|　　　　　　　　　　　　　　　　　　　　　　　　|　　　　　|
　　　　　　　CONH$_2$　　　　　　　　　　　　　　　　　　　　　　CONH$_2$　　COONa
加聚物（它可由聚丙烯酰胺水解，也可由丙烯酰胺和丙烯酸钠经加聚反应制成）。

2. 缩聚反应

相同或不相同的低分子化合物（多官能团单体）之间通过官能团之间的缩合作用生成高分子化合物，同时还产生低分子化合物（如 H_2O、NH_3、CH_3OH、C_2H_5OH、HCl 等）的反应称为缩聚反应。参与缩聚反应的单体分子内至少应具有两个以上能相互作用的官能团，所得到的高分子化合物的化学组成与单体不同。例如，由乙二醇制备聚乙二醇的缩聚反应：

$$n\text{HO}-CH_2-CH_2-\text{OH} \longrightarrow \text{H}(\text{O}-CH_2-CH_2)_n\text{OH} + (n-1)H_2O$$

酚醛树脂、脲醛树脂、环氧树脂等高分子化合物都是由缩聚反应产生的。由缩聚反应得到的产物叫做缩聚物。缩聚物也可进一步划分为均缩聚物和共缩聚物：前者是由相同单体通过缩聚反应得到的产物；后者是由不相同单体通过缩聚反应得到的产物。例如聚乙二醇是均缩聚物，而工程塑料尼龙1010则是共缩聚物（它是由癸二胺和癸二酸合成）：

$$n\text{H}_2\text{N}(CH_2)_{10}\text{NH}_2 + n\text{HOOC}(CH_2)_8\text{COOH} \longrightarrow$$
（癸二胺）　　　　　　　　　　　（癸二酸）

$$\text{H}[\text{NH}(CH_2)_{10}\text{NH}-\text{CO}(CH_2)_8\text{CO}]_n\text{OH} + (2n-1)H_2O$$
（尼龙1010）

二、高分子化合物的分类和命名

1. 分类

高分子化合物的种类繁多，常见的分类方法有如下几种。

1）按来源分类

按来源不同，高分子化合物可分为生化高分子化合物、天然高分子化合物及合成高分子化合物三大类。生化高分子化合物是由生物化学方法（如细菌发酵）得到；天然高分子化合物来自自然界如蛋白质、纤维素、淀粉、天然橡胶等；合成高分子化合物有合成橡胶（如氯丁橡胶）、合成纤维（如聚酰胺纤维）、合成树脂（如酚醛树脂）等。

2）按性质分类

按性质不同，高分子化合物有不同的分类。如按溶解性分类，可分为水溶性高分子、油溶性高分子和油水都不溶高分子；按受热的性质分类，可分为热塑性（即加热后可以流动，冷却后固化，并可反复进行）高分子和热固性（即加热固化后，再加热也不熔化）高分子。

3）按工艺性能和用途分类

按工艺性能和用途不同，高分子化合物可分为塑料、橡胶、纤维三大类。

塑料是指具有塑性的高分子化合物，即加热至一定温度时，受外力作用后形状会发生变化，冷却除去外力后仍保持受力时的形状。根据受热时所表现的特性，塑料又可分为热塑性塑料和热固性塑料两类。热塑性塑料受热时能软化或变形，且可多次反复加热成型，这对塑料的

再生很有意义,如聚乙烯、聚氯乙烯、聚丙烯、聚甲基丙烯酸甲脂等属于这一类。热固性塑料在加工成型后,受热不能再软化或变形,不能多次加热成型,如酚醛树脂等属于这一类。

橡胶是具有高弹性的高分子化合物,在外力作用下很容易变形,但除去外力后又能恢复原来的形状。橡胶可分为天然橡胶和合成橡胶两类。

纤维可分为天然纤维(如棉、毛、丝、麻等)和化学纤维。化学纤维包括人造纤维(将天然纤维经过加工后得到的纤维,如粘胶纤维)和合成纤维(由单体聚合所得高分子化合物制成的纤维,如涤纶、腈纶等)。

4) 按主链结构分类

按主链结构不同,高分子化合物可分为碳链高分子化合物、杂链高分子化合物和元素有机高分子化合物。

碳链高分子化合物是指主链上只有碳氢原子而没有其他元素的原子所构成的高分子化合物,如聚乙烯、聚苯乙烯、聚丙烯腈、聚氯乙烯等;杂链高分子化合物是指主链除含碳氢原子外,还含有氧、硫、氮等其他原子,如聚醚、聚酯、聚酰胺等;元素有机高分子化合物分子主链上不一定有碳氢原子,而是由硅、钛、硼等元素的原子所组成的高分子化合物,如聚硅氧烷,其分子结构为:

$$\begin{array}{c} R \\ | \\ -(Si-O)_n- \\ | \\ R \end{array}$$

2. 命名

高分子化合物的系统命名较为复杂,很少使用。习惯上对天然高分子化合物常用俗名来命名,如纤维素、淀粉、蛋白质等;天然高分子化合物也可按来源来命名,如从海洋植物褐藻制得的胶叫做褐藻胶,从植物田菁种子制得的胶叫做田菁胶。

对于合成高分子化合物的命名,常根据其合成方法及所用原料等来命名。

(1) 若为均加聚物,则在相应单体名称之前冠以"聚"字,如聚乙烯、聚丙烯、聚氯乙烯、聚丙烯腈等。

(2) 若为共加聚物,则在两种单体名称之后加"共聚物",如乙烯与苯乙烯共聚物、丙烯酸与二乙烯苯共聚物等。

(3) 若为均缩聚物,则与均加聚物相同,在合成单体前冠以"聚"字,如聚乙二醇等。

(4) 若为共缩聚物,则在两种合成单体名称之后加"树脂"两字,如酚醛树脂、脲醛树脂等。对于共缩聚物也可不叫做树脂,而直接在单体后面加"缩聚物",如酚醛树脂也可以叫做苯酚与甲醛的缩聚物,脲醛树脂也可以叫做尿素与甲醛的缩聚物等。

除此之外,有些合成高分子化合物也常用商业名称加以命名,如尼龙(聚酰胺)、腈纶(聚丙烯腈)、氯纶(聚氯乙烯)、丙纶(聚丙烯)、有机玻璃(聚甲基丙烯酸甲酯)等。

第三节 高分子化合物溶液

一、高分子化合物的溶解

高分子化合物在溶剂中的分散过程叫做溶解。高分子化合物的溶解与低分子物质的溶解不同,这是因为高分子与溶剂分子的尺寸相差悬殊,二者的分子运动速度差别很大。高分子化合物加入溶剂中,由于溶剂分子小,所以能较快地渗入到高分子中,而高分子向溶剂中扩散的速度却非常慢。因此,高分子化合物的溶解要经过两个阶段,先是溶剂分子进入高分子内部,使高分子化合物体积膨胀,这就是高分子化合物所特有的溶胀现象;随着溶剂分子不断进入高分子链之间,高分子也扩散进入溶剂,彼此扩散,最后完全溶解形成高分子化合物溶液,简称高分子溶液,如图6-2所示。

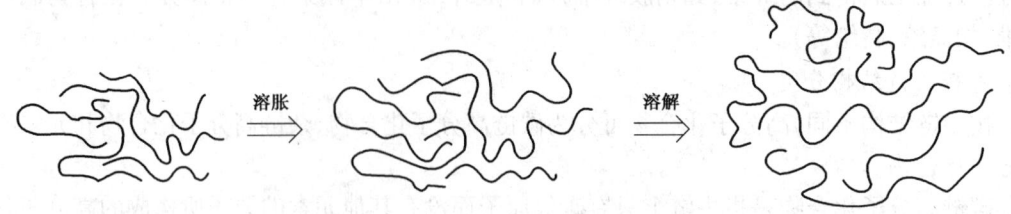

图6-2 高分子在溶剂中的溶解过程

并不是所有的高分子化合物都可在溶剂中溶胀并进一步溶解。可溶胀并进一步溶解的高分子化合物必须满足以下3个条件。

(1)高分子化合物必须是线型结构。此类高分子化合物主要呈现卷曲的形状,能提供溶剂分子扩散进去的较大空间。

(2)高分子化合物的极性必须近于溶剂的极性。极性相近原则同样适用于高分子化合物的溶解,如聚丙烯酰胺溶于水但不溶于油,聚异丁烯溶于油但不溶于水等。

(3)高分子化合物的相对分子质量不能太大。若相对分子质量太大,则分子间力太大,这样不利于高分子在溶剂中的分散。因此,有些相对分子质量较大的线型结构高分子(如纤维素)即使在极性相近的溶剂(如水)中也不能溶解。

二、高分子化合物溶液的特征

对于高分子化合物溶液,溶质和溶剂有较强的亲和力,两者之间没有明显的界面存在,是均相分散体系。由于其分子较大,与低分子溶液在性质上存在许多不同之处,相比之下,高分子化合物溶液特点表现在以下几个方面。

(1)稳定。

高分子化合物溶液在无菌、溶剂不蒸发的情况下,无需稳定剂,可以长期放置而不沉淀。稳定的主要因素是高分子化合物在溶液中的溶剂化能力强,分子结构中有许多亲水能力很强的基团,如羟基(—OH)、羧基(—COOH)、氨基(—NH$_2$)等;当以水作溶剂时,亲水基团与水分子以氢键结合,在高分子化合物表面形成很厚的水化膜,使其能稳定分散于溶液中不易凝聚,增加了体系的稳定性。

(2)粘度。

高分子化合物溶液即使浓度很低时,也会使溶液的粘度增加很多。这主要是与它的特殊结构有关,由于高分子化合物通常是线型、支链型或体型分子,长链之间互相靠近而结合的产物,把一部分液体包围在结构中使它失去流动性,结合后的大分子在流动时受到的阻力也很大,高分子的溶剂化作用束缚了大量溶剂,因此高分子化合物溶液的粘度比低分子化合物溶液要大得多。

(3)盐析。

电解质对高分子化合物溶液能够起到凝聚作用。高分子化合物溶液稳定的主要因素是其分子表面有很厚的水化膜,只有加入大量电解质才能把高分子化合物的水化膜破坏掉,使高分子化合物聚沉析出。像这种在高分子化合物溶液中加入大量电解质,使其从溶液中析出的过程叫做盐析。

三、高分子化合物溶液的粘度及其影响因素

高分子化合物溶液的粘度在低固相或无固相钻井液,提高采收率及注水等方面应用较为广泛。所以了解高分子化合物溶液粘度的特点有重要意义。

相同温度、压强和浓度条件下,高分子化合物溶液的粘度比普通溶液的粘度大得多。这是因为高分子链既长又有一定的柔顺性,在溶液中呈无规则松散线团状,在线团内充满了溶剂,而高分子化合物又具有很厚的溶剂化膜,体积庞大,因此流动时内摩擦力很大,粘度也比较大。再者,高分子化合物溶液达到一定浓度后,由于分子链很长及分子间作用力,使分子之间发生缔合或相互缠绕形成一定的网状结构,从而增加了溶液流动的内摩擦力,使溶液的粘度增大。

显然,由于外界因素的影响,网状结构是可以消除的。因此,由网状结构所决定的部分粘度也可以被消除和降低。常把这种由于结构的形成或消失而引起的粘度增大或消失的粘度称为结构粘度。所以高分子化合物溶液的粘度一般由两部分组成:正常粘度和结构粘度,即

$$\eta = \eta_{正常} + \eta_{结构} \tag{6-2}$$

流体的粘度是流体分子间摩擦力的量度,所以,凡是影响高分子化合物溶液分子间摩擦力的因素都影响其粘度。影响高分子化合物溶液粘度有以下几个因素。

(1)质量浓度。

高分子化合物溶液的粘度随质量浓度的变化而变化,如图6-3所示。

从图6-3可以看出,条件相同的情况下,质量浓度一定时,相对分子质量越大的高分子化合物溶液粘度越大;而同一种高分子化合物溶液粘度随质量浓度的增大而增大。这是由于当质量浓度超过一定数值后分子间距离缩小,分子间作用力增大,使分子间形成更多的网状结构,结构粘度迅速增大,因而使高分子化合物溶液的粘度随着质量浓度的增大而迅速增大。

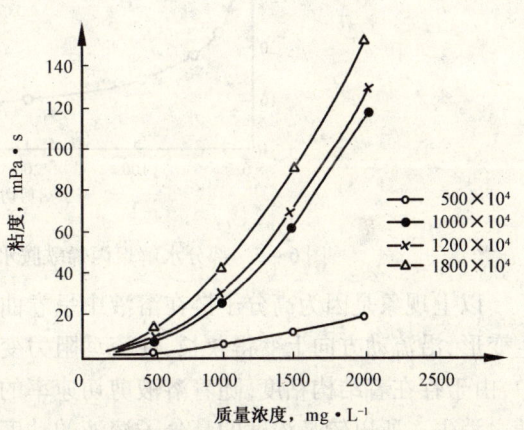

图6-3 不同相对分子质量高分子化合物溶液粘度—质量浓度关系曲线

(2)温度。

高分子化合物溶液的粘度随温度的变化也很大。这是因为温度升高,分子运动能增加,分子的热运动使高分子化合物分子链间的纠缠分离开来,分子间作用力减小,不利于网状结构的形成,使结构粘度降低;同时温度升高,高分子化合物的溶剂化程度减小,溶剂化膜变薄,高分子线团体积变小,流动时内摩擦力变小,使其结构粘度降低。这些都促使高分子化合物更加卷曲,如图6-4所示。高分子化合物的卷曲就意味着其粘度的减小。

(3)剪切速率。

高分子化合物溶液的粘度随剪切速率的变化同样也很大。如图6-5所示,随着剪切速率

的增大(如管中流动速度增加,或搅拌器中搅拌速度加快),高分子化合物溶液的粘度迅速下降,然后下降的趋势减小,最后接近一个确定的数值。高分子化合物溶液的粘度随剪切速率的变化关系是由于溶液中的网络结构在不同的剪切速率下产生不同程度的破坏所引起的,当剪切速率超过某一数值时,网络结构就彻底破坏,所以溶液的粘度就接近一个确定的数值。

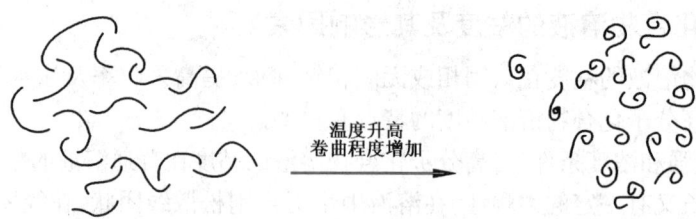

图 6-4　温度对高分子化合物卷曲程度的影响

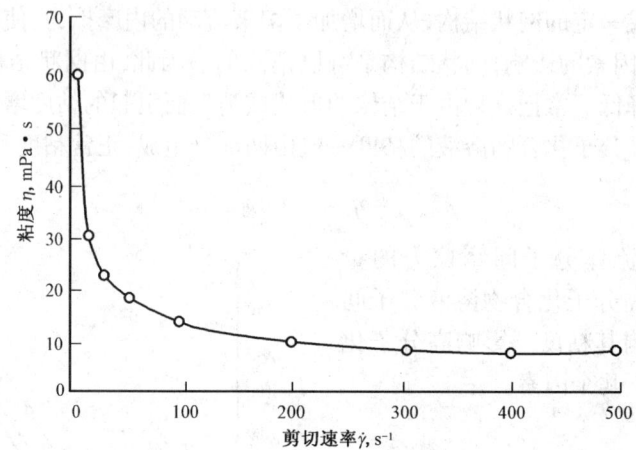

图 6-5　部分水解聚丙烯酰胺水溶液粘度随剪切速率的变化曲线

以上现象是因为高分子链在溶液中呈卷曲的线团状,随着剪切速率的增大,高分子线团发生变形,沿流动方向上变得狭长,使流动阻力变小、粘度降低。另外,在浓度较大的高分子溶液中,由于存在着结构粘度,随着溶液剪切速率的增大,网状结构随之遭到破坏,因而结构粘度也随之消失。所以较高浓度的高分子溶液的粘度随着剪切速率的增大而降低。

四、高分子化合物溶液的保护作用和敏化作用

溶胶是不稳定体系,而高分子化合物溶液是均相分散体系,溶胶中加入高分子化合物后,由于高分子都是链状能卷曲的线性分子,很容易吸附在胶粒表面包住胶粒,而高分子化合物本身很稳定,有很厚的水化膜,这样将阻止胶粒对溶液中异电离子的吸引,降低胶粒之间互相碰撞的概率,从而大大增加溶胶的稳定性。通常把在溶胶中加入高分子化合物使其稳定性得以提高的现象称为高分子化合物对溶胶的保护作用,如图 6-6 所示。

要达到保护溶胶的目的,溶胶中高分子化合物的数目必须大大超过溶胶粒子的数目,如果高分子化合物加入量太少,则无法将胶粒表面完全覆盖,许多胶粒则吸附在高分子化合物表面,高分子将起到"搭桥"的作用,把多个胶粒连接起来,变成较大的聚集体而下沉。通常把因加入少量的高分子化合物引起溶胶稳定性降低的作用称为敏化作用,如图 6-7 所示。因此,要保护溶胶,必须加入足够量的高分子化合物。

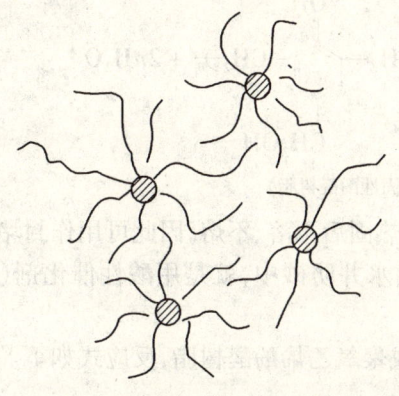
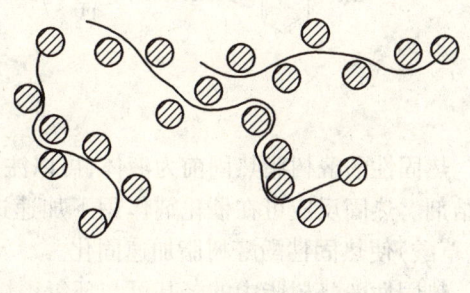

图6-6 高分子化合物对溶胶的保护作用　　　图6-7 高分子化合物对溶胶的敏化作用

第四节 油田常用高分子化合物

一、部分水解聚丙烯酰胺(HPAM)

聚丙烯酰胺(PAM)是由丙烯酰胺引发聚合而成的水溶性链状高分子化合物,其结构式为：$\mathrm{\{CH_2-CH\}}_n\atop\quad\ CONH_2$,它不溶于汽油、煤油、柴油、苯、甲苯和二甲苯等有机溶剂,但可溶于水。聚丙烯酰胺在碱的作用下可以水解,水解产物中仍含有—$CONH_2$,这表示聚丙烯酰胺仅是部分水解,所以称为部分水解聚丙烯酰胺。

$$\{CH_2-CH\}_n \xrightarrow[OH^-]{H_2O} \{CH_2-CH\}_x \{CH_2-CH\}_{n-x}$$
$$\quad|\qquad\qquad\qquad\qquad |\qquad\qquad |$$
$$CONH_2\qquad\qquad\qquad CONH_2\qquad COO^-$$

部分水解聚丙烯酰胺在水中发生解离,产生—COO^-,使整个离子带负电荷,链节上有静电斥力,因此卷曲的高分子在水中分子链变得较为伸展,增粘性好。部分水解聚丙烯酰胺不仅可以提高水相粘度,还可以降低水相的有效渗透率,从而有效改善流度比,扩大注水波及体积。

由于部分水解聚丙烯酰胺存在盐敏效应,为使聚丙烯酰胺有较高的增粘效果,地层水含盐度不要超过100000mg·L^{-1},注入水要求为淡水。聚合物化学降解随温度升高急剧增强,所以使用部分水解聚丙烯酰胺,要求油藏温度低于93℃,当温度高于70℃时,要求体系严格除氧;并且随温度越高,盐敏效应影响越大,甚至会发生沉淀,阻塞油层。

二、酚醛树脂

酚醛树脂可由苯酚与甲醛通过缩聚反应生成。选用不同性质的催化剂和不同的配料比,可以合成两种不同性质的酚醛树脂,即热固性酚醛树脂和热塑性酚醛树脂。油田常使用热固性酚醛树脂,它是在碱性催化剂(例如氢氧化钠、氢氧化钡)作用下,保持苯酚和甲醛的物质的量比小于1的条件下合成的,反应式如下。

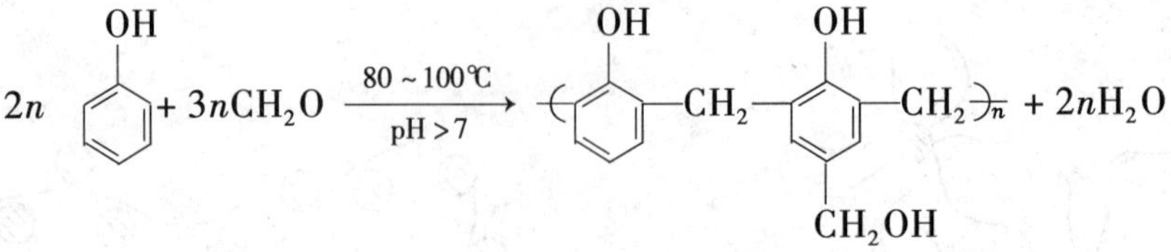

$$2n\ \text{C}_6\text{H}_5\text{OH} + 3n\text{CH}_2\text{O} \xrightarrow[\text{pH}>7]{80\sim100℃} \text{[热固性酚醛树脂]} + 2n\text{H}_2\text{O}$$

（热固性酚醛树脂）

热固性酚醛树脂热固前为液体，可以注入地层，而热固后不溶、不熔，因此可用作封堵剂和胶结剂。热固反应可在催化剂作用下加速进行。在油水井防砂中，就是用酸性催化剂（如盐酸、草酸）使热固性酚醛树脂加速固化。

热固性酚醛树脂中的羟基可与环氧乙烷作用，生成聚氧乙烯酚醛树脂，反应式如下。

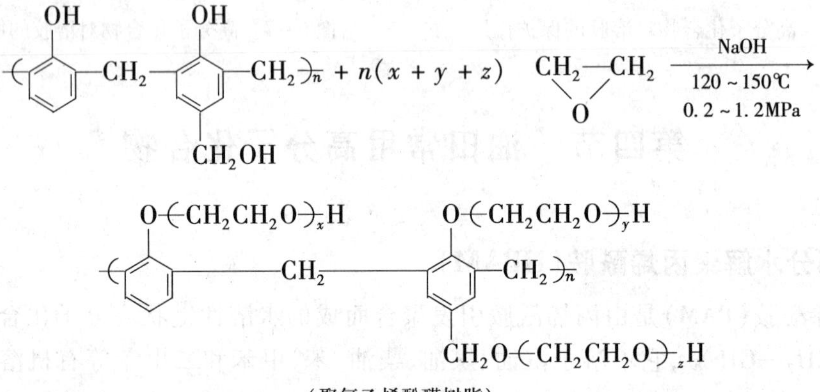

$$\text{[热固性酚醛树脂]} + n(x+y+z)\ \text{CH}_2\text{—CH}_2\ (\text{O}) \xrightarrow[0.2\sim1.2\text{MPa}]{\text{NaOH},\ 120\sim150℃} \text{[聚氧乙烯酚醛树脂]}$$

（聚氧乙烯酚醛树脂）

由于在酚醛树脂中加入亲水的聚氧乙烯基，因此产物的水溶性大大提高，而且由于它的支链结构，使它对水有很好的增粘作用。

三、脲醛树脂

脲醛树脂可由尿素与甲醛通过缩聚反应生成。常用的脲醛树脂是热固性脲醛树脂。热固性脲醛树脂是在碱性催化剂（例如氢氧化钠、氢氧化铵）作用下，保持尿素和甲醛的物质的量比小于1（一般为1∶2）的条件下合成的，反应式如下。

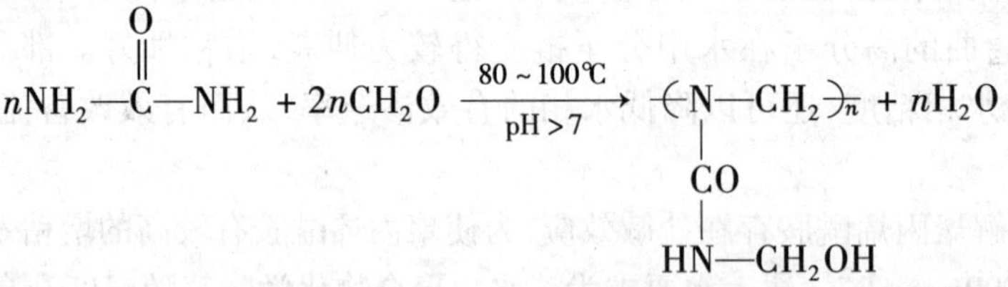

$$n\text{NH}_2\text{—CO—NH}_2 + 2n\text{CH}_2\text{O} \xrightarrow[\text{pH}>7]{80\sim100℃} \text{[(N—CH}_2\text{)}_n\text{—CO—HN—CH}_2\text{OH]} + n\text{H}_2\text{O}$$

（热固性脲醛树脂）

热固性脲醛树脂加热后变成不溶、不熔的交联体型结构。在使用时，为了加速热固反应的进行，也可使用酸性催化剂。脲醛树脂常用作封堵剂和胶结剂。

四、羧甲基纤维素

羧甲基纤维素简称 CMC，白色絮状或略呈纤维状粉末，是由纤维素（如棉花短纤维或木屑纤维等）经过苛性钠处理变成碱纤维后，再与一氯乙酸钠反应制成。

$$R_{纤}\text{OH} + \text{NaOH} + \text{ClCH}_2\text{COONa} \longrightarrow R_{纤}\text{OCH}_2\text{COONa} + \text{NaCl} + \text{H}_2\text{O}$$

羧甲基纤维素中的羧基被 NaOH 中和后,即生成羧甲基纤维素钠盐,以 Na—CMC 表示。Na—CMC 中含有羧甲酸钠基(—COONa)官能团,它在水中电离成—COO⁻和 Na⁺,使高分子链节上带负电而互相排斥,从而使高分子的卷曲程度减小,从而有较好的增粘能力。Na⁺ 分布于扩散层中,水化能力强,故有降失水作用。此外,在 Na—CMC 分子结构中,有许多 OH—、—O—键,吸附在水泥及粘土颗粒上而形成吸附层,增加水泥及粘土颗粒的分散性。但其仅耐温 120℃,超过此温度即开始分解,因此羧甲基纤维素钠盐高温时不能用其作降失水剂。

五、生物聚合物黄胞胶(XG)

黄胞胶是由黄单胞菌微生物接种到淡水化合物中,经发酵而产生的生物聚合物,又称黄原胶。黄胞胶的主链为纤维素骨架,其支链比 HPAM 更多且较长。由于支链对分子卷曲的阻碍,所以它的主链采取较伸展的构象,从而使其具有增粘性、抗剪切性和耐盐性等特性。黄胞胶主要用作水的增粘剂,交联后可用作注水井的调剖剂和油水井的压裂液。

黄胞胶对盐不十分敏感,适于地层水含盐度较高的油藏。其主要缺点首先是生物稳定性差,细菌对微生物聚合物易引起生物降解;其次,生物聚合物热稳定性也较差,温度超过 80℃则易发生热降解,所以使用温度一般不超过 75℃;此外,溶解氧也易引起黄胞胶的氧化降解。所以在黄胞胶使用过程中应添加除氧剂、热稳定剂和杀菌剂等;加之生物聚合物价格昂贵,因此黄胞胶一般只适用于含盐度较高的地层,其使用范围不如聚丙烯酰胺广泛。

六、木质素磺酸盐

木质素磺酸盐是利用木材中天然存在的木质素,经亚硫酸盐的磺化作用后,从纸浆废液中提取出来的副产品。经常使用的是木质素磺酸钙和木质素磺酸钠,它们可以在井底循环温度 87℃以下单独使用,缓凝效果好,也能显著延长水泥浆的稠化时间。

钻井液常用的稀释剂铁铬盐全称是铁铬木质素磺酸盐,有时也用作油井水泥的缓凝剂,但使用温度不宜超过 87℃,一般加量为水泥质量的 0.2% ~ 1.0%,加量多时会产生气泡,使缓凝效果下降,影响固井质量。目前,由于考虑重金属铬离子的毒性,将其用作钻井液稀释剂及固井缓凝剂的情况逐渐减少。

七、水解聚丙烯腈

水解聚丙烯腈常记作 HPAN,白色或淡黄色粉末。聚丙烯腈不溶于水,不能直接加入水泥浆中,必须预先在 95 ~ 100℃烧碱溶液中水解,变成水溶性的水解聚丙烯腈。聚丙烯腈水解度范围较广,具有中等水解度的水解聚丙烯腈可用作油井水泥的降失水剂;其他水解范围的聚丙烯腈因对水泥浆有絮凝或增稠作用,不宜在油井水泥中使用。由于水解聚丙烯腈线型大分子主链全是碳—碳键结合,因此不耐高温,不宜用作深井注水泥的降失水剂。

阅读材料

聚合物驱油剂的发展趋势

聚合物驱是以聚合物作驱油剂的提高原油采收率的方法。聚合物驱中,实际上是一种把水溶性聚合物添加到注入水中,以增加水相粘度、改善流度比、稳定驱替前沿,所以又将聚合物驱称为稠化驱。

耐温抗盐聚合物是化学驱油剂研究的热点之一。目前耐温抗盐聚合物驱油剂可分为5类,即两性聚合物、耐温耐盐单体共聚物、疏水缔合聚合物、多元组合共聚物和梳形聚合物。

一、两性聚合物

两性聚合物是指在聚合物分子链上同时引入阳离子和阴离子基团。在淡水中,由于聚合物分子内的阴离子、阳离子基团相互吸引,致使聚合物分子发生卷曲。在盐水中,由于盐水对聚合物分子内的阴离子、阳离子基团相互吸引力的削弱或屏蔽,致使盐水中聚合物分子比在淡水中更舒展,表现为聚合物在盐水中的粘度升高。而当两性聚合物分子链上正负电荷基团数目相等时,使聚合物在不同矿化度盐水中的分子舒展状况变化不大,因而粘度的变化也较小,表现出两性聚合物的抗盐性能。

二、耐温耐盐单体共聚物

耐温耐盐单体共聚物主要是研制与钙离子、镁离子不产生沉淀反应,在高温下水解缓慢或不发生水解反应的单体。将一种或多种耐温耐盐单体与丙烯酰胺共聚,得到的聚合物在高温高盐条件下的水解受到限制,不会出现与钙离子、镁离子反应发生沉淀的现象,从而达到耐温耐盐的目的。

实验研究表明,当聚丙烯酰胺的水解度小于40%时,其在盐水中的粘度随水解度的升高而增大,遇钙离子、镁离子不会产生沉淀;当聚丙烯酰胺的水解度大于40%时,其在盐水中的粘度随水解度的升高而降低,遇钙离子、镁离子而发生沉淀。因此,解决聚丙烯酰胺的抗温抗盐问题,要求耐温耐盐单体占聚合物含量20%~60%(根据温度的不同而定),这样才能真正做到长期抗温抗盐。

三、疏水缔合聚合物

疏水缔合聚合物是指在聚合物亲水性大分子链上带有少量疏水基团的水溶性聚合物,其溶液特性与一般聚合物溶液大不相同。在水溶液中,此类聚合物的疏水基团由于疏水作用而发生聚集,使大分子链产生分子内和分子间缔合。在稀溶液中,大分子主要以分子内缔合的形式存在,使大分子链发生卷曲,体积减小,结构粘度降低。当聚合物浓度高于某一临界缔合浓度后,大分子链通过疏水缔合作用聚集,形成以分子间缔合为主的超分子结构交联网络,体积增大,粘度大幅度增大。小分子电解质的加入和升高温度均可使疏水缔合作用增强。在高剪切作用下,高分子交联网络被破坏,粘度下降,剪切作用降低或消除后大分子链间的交联重新形成,粘度又将恢复。

四、多元组合共聚物

综合以上三类聚合物的特性,考虑设计聚合物分子使其同时具有以上两类或三类聚合物的特点,即将阳离子单体、阴离子单体、耐温耐盐单体、疏水单体、阳离子疏水单体分别进行组合共聚,这是目前国内外最前沿的研究课题。

五、梳形聚合物

梳形聚合物主要是避免了高分子表面活性剂相对分子质量高带来的分子内及分子间易于相互缠结、不易在表/界面上排列、难以在表/界面上吸附等问题。梳形聚合物高分子间的卷曲、缠结减少,高分子链在水溶液中排列成梳子形状。

习 题

一、名词解释
1. 单体
2. 链节
3. 聚合度
4. 溶胀
5. 盐析
6. 保护作用
7. 敏化作用

二、填空题
1. 高分子化合物的分子结构主要分为_____结构、_____结构和_____结构。
2. 单体在_____作用下经_____反应得到高分子化合物。高分子化合物原子间是以_____键形式连接的。
3. 合成高分子化合物的反应一般分为_____反应和_____反应两种类型,所生成的高分子化合物分别称为_____物和_____物。
4. 根据受热时所表现出的特性,塑料可分为_____性塑料和_____性塑料。
5. 合成高分子化合物是相对分子质量大小不等的_____分子的混合物,这类化合物的相对分子质量只是一种_____相对分子质量。

三、写出下列单体的聚合反应式及聚合物的名称,并判断反应是加聚反应还是缩聚反应
1. $CH_2=CHF$
2. $CH_2=C(CH_3)_2$
3. $HO-(CH_2)_5-COOH$
4. $CH_2=CH-COONa$

四、写出由下列单体聚合形成链状高分子化合物的链节简式;若聚合度均为1600,分别计算各高分子化合物的相对分子质量
1. 乙烯
2. 氯乙烯
3. 苯乙烯
4. 丙烯腈
5. 甲基丙烯酸甲酯
6. 丙烯酰胺

五、简答题
1. 举例说明和区别加聚反应与缩聚反应。
2. 简述热塑性与热固性的异同。
3. 简述高分子化合物的溶解过程及高分子化合物溶液的几个特征。
4. 简述影响高分子化合物溶液粘度的因素。
5. 简述高分子化合物在油田中的应用。

第七章 表 面 现 象

表面现象是指发生在表面上的一切物理现象(如润湿、吸附)和化学现象(如在固体催化剂表面上发生催化反应)。

表面现象严格说来应该称为界面现象,因为这些现象可以发生在任何两相界面(如气液界面、气固界面、液固界面、液液界面等)上。通常把两相中有一相为气相时的界面称为表面,但习惯上也常将界面称为表面,而把界面现象称为表面现象。在油田生产中广泛涉及表面现象。

在钻井液中存在着多种界面,例如在水基钻井液和油基钻井液中存在着粘土与水或粘土与油的固液界面,在油包水型钻井液中还存在着油与水的液液界面,在油泡沫钻井液中则存在着气液界面。界面性质决定着钻井液的多种使用性质。各种钻井液处理剂主要是通过改变界面性质而起作用的。

油层一般是由多孔的砂岩、油、水、天然气等形成的体系。在这个体系中,存在着岩石—气、岩石—油、岩石—水、油—气、油—水、水—气等界面。由于表面现象不仅与表面的性质有关,还与表面积的大小有关,因此具有很大表面积的砂岩多孔结构引起的油层中的表面现象非常突出。例如,地层油粘在砂岩多孔结构表面不易被水洗下来;油珠难于通过砂岩的"喉部"等都是发生在地层中的表面现象。油—气的分离、油—水的分离等也涉及表面的性质及变化的规律。

原油集输过程同样存在着各种界面,破乳、缓蚀、降凝、降粘和防垢等都是通过各种处理剂在界面上起作用的,从而达到工艺上的各种目的。

可见,表面现象对钻井、采油和原油集输等过程都是非常重要的。

这一章主要讲基本表面现象及其遵循的基本规律。掌握这些基本理论知识,便于为油田生产建设服务,也为后续课的学习奠定基础。

第一节 表面能和表面张力

一、分散度和比表面

一定质量的物体,其总表面积的大小与被分散的程度有关,即与分散度有关。分散度常用比表面的大小来表示,单位体积的物质具有的表面积称为比表面(A_0),即

$$A_0 = \frac{A}{V} \tag{7-1}$$

式中 A_0——比表面,m^{-1};

A——总表面积,m^2;

V——总体积,m^3。

对边长为 L 的立方体而言,比表面为:$A_0 = \frac{A}{V} = \frac{6L^2}{L^3} = \frac{6}{L}$;对半径为 R 的球体而言,比表面

为：$A_0 = \dfrac{A}{V} = \dfrac{4\pi R^2}{\dfrac{4}{3}\pi R^3} = \dfrac{3}{R}$。由此可知，$A_0$ 随 L 或 R 的减小而增大，例如：边长为 1cm 的立方体总表面积为 6cm²，比表面为 6cm⁻¹；若将其粉碎成边长为 0.1cm 的立方体后，总表面积为 60cm²，比表面为 60cm⁻¹；若将其粉碎成边长为 10^{-6}cm 的立方体，则总表面积为 600m²，比表面为 6×10^6cm⁻¹。因此，比表面越大，分散度越大。巨大比表面必然导致表面性质的变化。

二、表面能和表面张力

物质内部分子和表面分子的情况是不一样的，前者受它周围分子的吸引力在各个方向上是相同的，可后者受内部分子的吸引力与受外界的吸引力就不一样。图7-1给出的是液体表面分子与内部分子的差别。

液体内部的分子受到周围分子的引力是对称且相等的，其合力为零。而表面分子不同于内部分子，因它受液体内部分子的引力比从气体分子的方向受到的引力强。因此，表面分子受到一个垂直向内的净吸引力。在这种净吸引力的作用下，液体表面分子倾向于到内部来，因此液体表面趋于自动收缩。相反，要扩大表面，就要把内部分子移至表面，就需要克服净吸引力而做功。所消耗的功转变为表面分子的位能，因此表面

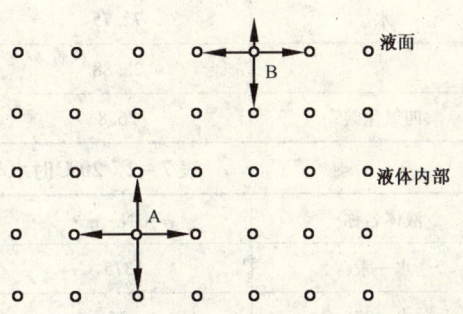

图7-1 液体表面分子与内部分子的差别示意图

分子总比内部分子多具有一定的能量。这种表面分子比内部分子多具有的能量叫做表面能。显然，表面积越大，表面的分子越多，消耗的功也越大，表面能也越大。若以 U_0 表示表面能，以 A 表示总表面积，则有

$$U_0 \propto A \tag{7-2}$$

若以 σ 作比例常数，式(7-2)可写为

$$U_0 = \sigma A \tag{7-3}$$

或写成表面能的增量，则

$$\Delta U_0 = \sigma \Delta A \tag{7-4}$$

由式(7-3)、式(7-4)可以得到

$$\sigma = \dfrac{U_0}{A} = \dfrac{\Delta U_0}{\Delta A} \tag{7-5}$$

比例常数 σ 称为比表面能，其物理意义是"单位表面积所具有的表面能"或"增加单位表面积时所引起体系表面能的增加"。它的单位是 J·m⁻²。由于 1.0J = 1.0N·m，所以，1.0J·m⁻² = N·m·m⁻² = N·m⁻¹。

由此，可以把比表面能看做是作用于表面单位长度上的力，所以比表面能又常称为表面张力。

综上所述可知，比表面能越大，表明增加液体单位表面积时消耗的能量越大，作用在表面单位长度上的力越大，表面分子所受的净吸引力就越大，即意味着该液体表面收缩力越强。

还应指出,不仅液—气表面上有表面张力,在固—液及液—液界面上也存在着表面张力,后两者常称为界面张力。

三、影响表面张力的因素

1. 表面性质

表面张力的大小与净吸引力的大小有关,而净吸引力的大小是由表面(或界面)两侧物质的性质决定的。两侧物质分子对表面层分子引力差越大,净吸引力越大,表面张力也越大。如果改变两侧物质的性质,自然可改变表面张力的大小。表7-1给出了一些液体在20℃时的表面张力。表7-2给出了水与不同液体间的表面张力。

表7-1 一些液体在20℃时的表面张力

液体名称	$\sigma, mN \cdot m^{-1}$	液体名称	$\sigma, mN \cdot m^{-1}$
水	72.75	乙醇	22.3
苯	28.88	正辛烷	30.0
四氯化碳	26.8	汞	485

表7-2 20℃时水与不同液体间的表面张力

液体名称	$\sigma, mN \cdot m^{-1}$	液体名称	$\sigma, mN \cdot m^{-1}$
水—汞	375	地层水—地层原油	30
水—苯	35	水—正辛烷	50.8
水—四氯化碳	45	水—正丁醇	8.5

2. 温度

表面张力随温度升高而减小,见表7-3。这是因为温度升高引起液体的体积膨胀,分子间距增加,分子间的引力减小,因此表面分子所受到的净吸引力减小。按此规律,可以预料到在临界温度下物质的表面张力为零。

表7-3 不同温度下水的表面张力

$t, ℃$	$\sigma, mN \cdot m^{-1}$	$t, ℃$	$\sigma, mN \cdot m^{-1}$
15	73.49	35	70.30
20	72.75	40	69.46
25	71.97	45	68.74
30	71.18	50	67.91

3. 压强

对于液气表面,增加压强气体密度增大,从而增加气体分子对液体表面分子的吸引力,会使液体表面分子受液体内部分子的净吸引力减小,因此,增加压强时,表面张力下降。但压强对表面张力的影响较小,通常不予考虑。

另外,当液体中溶入其他物质时,也会改变其表面张力。这将在以后章节中介绍。

表面张力是表面的主要性质,表面张力越大,表面能越大。因此具有巨大表面积的体系(分散度高的体系)具有很高能量,是不稳定体系,会自动降低表面能,例如固体粉尘具有巨大比表面,有很高的能量,是不稳定体系,因此固体粉尘车间有出现粉尘爆炸的危险。下面讲到的吸附现象、润湿现象及毛细现象的发生都是表面能自动趋于减小这一规律作用的结果,都与表面张力有密切的关系。

第二节 固体表面的吸附现象

固体或液体表面层的粒子具有剩余力场。在一定条件下,其他物质的分子在这种剩余力场的作用下,会自动富集于固体或液体表面上,从而导致在固体或液体表面层中某组分浓度与该组分在相本体浓度的不同。这种表面层浓度与相本体浓度不同的现象称为吸附。起吸附作用的物质称为吸附剂,被吸附的物质称为吸附质。例如用硅胶吸附电视机内的水汽,防毒面具中的活性炭滤除毒气等都是应用了吸附作用,这里硅胶、活性炭是吸附剂,而水汽、毒气是吸附质。显然,良好的吸附剂应当具有较大比表面。

根据吸附剂与吸附质间作用力性质的不同,把吸附分为物理吸附和化学吸附。

由分子间力所引起的吸附称为物理吸附。这类吸附一般无选择性,且可以是单分子层的,也可以是多分子层;由于分子间力较弱,吸附质的摆脱吸附(脱附)较容易。另外,这类吸附速率较大,且受温度影响较小。

由化学键力作用引起的吸附称为化学吸附。这类吸附有选择性,并且只能是单分子层的;由于化学键力很强,吸附质难以脱附;另外,这类吸附速率较小,且易受温度影响。

物理吸附和化学吸附在很多情况下相伴发生。通常低温时以物理吸附为主,而高温时则以化学吸附为主,在一定温度范围内,可以将物理吸附转化为化学吸附。

为了表示吸附剂在一定条件下对吸附质的吸附能力,常用吸附量(符号 $\varGamma$)表示。通常吸附量用每千克吸附剂所吸附的吸附质的物质的量表示,单位 $mol \cdot kg^{-1}$。对于气态吸附质,也可用每千克吸附剂所吸附的气体的体积(换算为标准状况下)来表示。

由于表面能趋于自动减小,所以吸附现象可以发生在任何两相界面上,本节只讨论固体表面的吸附现象。

一、气体在固体表面上的吸附

多孔性或高度分散的固体(如活性炭、硅胶等)都有极大的比表面,因而具有较强的吸附能力。对于被吸附的气体来说,挥发性越小,易于液化的气体则越易于被吸附。

对于一定的吸附剂和吸附质,其吸附量主要决定于温度和气体的压强。在生产和科学研究中为了揭示吸附规律,通常是固定温度研究气体的压强对吸附量的影响,得到吸附等温线。图7-2给出的是最常见的吸附等温曲线。由图7-2可见,温度一定时,压强对吸附量影响的一般规律是:在低压部分,压强影响非常显著,吸附量与压强成直线形关系;在中压部分,吸附量可随压强的增大而增大,但增大的程度

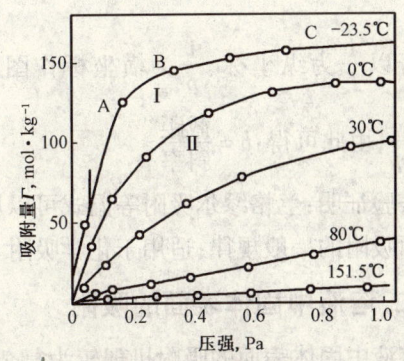

图7-2 不同温度下氨在炭粒上的吸附等温线

渐缓;在高压部分,压强对气体的吸附量几乎无影响,说明吸附达到饱和状态,所对应吸附量称为饱和吸附量,用 Γ_∞ 表示。

在一定温度下,吸附量与压强的关系也可用方程式来表示,其中最有代表性的有式(7-6)和式(7-7)。

1. 弗劳因德利希(Freundlich)吸附等温公式

弗劳因德利希从多次实验中找出了气体在中压情况下的等温吸附经验公式为

$$\Gamma = kp^{\frac{1}{n}} \qquad (0 < \frac{1}{n} < 1) \qquad (7-6)$$

式中 Γ ——吸附量;
  p——气体压强;
  n, k——经验常数。

若将式(7-6)写成对数形式,则

$$\lg\Gamma = \lg k + \frac{1}{n}\lg p \qquad (7-7)$$

以 $\lg\Gamma$ 对 $\lg p$ 作图,可得一截距为 $\lg k$、斜率为 $\frac{1}{n}$ 的直线,即可求出给定吸附体系(给定的气体和固体)的吸附经验公式中的常数 k 和 n。

2. 兰格缪尔(Langmuir)单分子层吸附等温公式

兰格缪尔基于单分子层吸附的假设,推导出了如下吸附等温式(推导过程从略)。

$$\Gamma = \Gamma_\infty \cdot \frac{bp}{1+bp} \qquad (7-8)$$

式中 Γ_∞——饱和吸附量;
  p——气体压强;
  b——经验常数。

式(7-8)中的常数 Γ_∞ 和 b 可由实验用式(7-9)求得。式(7-8)两边取倒数,则

$$\frac{1}{\Gamma} = \frac{1}{\Gamma_\infty} + \frac{1}{\Gamma_\infty \cdot bp} \qquad (7-9)$$

若以 $\frac{1}{\Gamma}$ 为纵坐标、$\frac{1}{p}$ 为横坐标作图,应得一条直线,直线的截距为 $\frac{1}{\Gamma_\infty}$,直线的斜率为 $\frac{1}{\Gamma_\infty \cdot bp}$,由此可得:$b = \frac{截距}{斜率}$。

实验证明:兰格缪尔吸附等温式可以用于相当大的压强范围,能较好地表示常见气体在固体表面吸附的一般规律;适用于化学吸附、单分子层物理吸附。

二、溶液中固体表面的吸附

溶液中固体表面的吸附机理较为复杂。因为最简单的溶液也有两个组分,溶质和溶剂都可能被吸附,而且溶质与溶剂还有相互影响。至今,仍未建立起成熟的理论来解释溶液中固体表面吸附的全部问题。这里只介绍一些经验规律和经验公式。

1. 计算吸附量的经验公式

1)弗劳因德利希吸附等温式

在中等物质的量浓度的溶液中,吸附量可用式(7-10)进行计算

$$\Gamma = kc^{\frac{1}{n}} \qquad (0 < \frac{1}{n} < 1) \qquad (7-10)$$

式中　c——物质的量浓度;

　　　k,n——经验常数。

同样对式(7-10)取对数形式,结合实验作图可以求出 k 和 n 的值。

$$\lg\Gamma = \lg k + \frac{1}{n}\lg c \qquad (7-11)$$

2)兰格缪尔吸附等温式

$$\Gamma = \Gamma_\infty \cdot \frac{bc}{1+bc} \qquad (7-12)$$

式中　Γ_∞——饱和吸附量;

　　　c——物质的量浓度;

　　　b——经验常数。

通过对式(7-12)改写,结合实验作图可以求出 Γ_∞ 和 b 的值。

$$\frac{1}{\Gamma} = \frac{1}{\Gamma_\infty} + \frac{1}{\Gamma_\infty \cdot bc} \qquad (7-13)$$

实验证明:兰格缪尔吸附等温公式可以适用于相当大的物质的量浓度范围。

2. 溶液中固体表面吸附的经验规律

(1)若溶质为非电解质或弱电解质。

① 极性的吸附剂易于吸附极性的溶质,非极性的吸附剂易于吸附非极性的溶质,这个规律称为极性相近规则,图7-3可以说明这一规则。例如,用极性吸附剂(如硅胶)从非极性溶剂(如苯)中吸附带烃链的物质(如脂肪酸同系物)时,则烃链越长,吸附量越小(有甲酸>乙酸>丙酸>丁酸的顺序);相反,用非极性吸附剂(如活性炭)从极性溶剂(如水)中吸附带烃链的物质(如脂肪酸同系物)时,则烃链越长,吸附量越大(有丁酸>丙酸>乙酸>甲酸的顺序)。在生产中,用硅胶除去有机物中的水分、用活性炭除去水中的有机物是该规则的具体应用。

② 若溶质在不同溶剂中有不同的溶解度,则溶解度越小的溶剂中的溶质在固体表面上的吸附量越大。例如,苯甲酸在四氯化碳和苯中的溶解度之比为4.18∶12.43。硅胶从四氯化碳和苯中吸附苯甲酸的数据如图7-4所示。从图中可以看出,溶解度越小的溶剂中的溶质在固体表面上的吸附量越大。

③ 温度对溶液中溶质在固体表面上吸附量的影响决定于两个因素:其一是决定于温度对固体表面吸引力的影响,通常是温度升高而固体表面上对溶质的吸引力减小,使溶质在固体表面的吸附量也随着减少;其二是决定于温度对溶质在溶剂中溶解度的影响。若温度升高,溶解度增加,这时前一因素与后一因素起作用的趋向相同,则温度升高,溶质在固体表面上的吸附

量必然减少(活性炭从水中吸附乙酸就是这种情形);若温度升高,溶解度减小,这时前一因素与后一因素起作用的趋向相反,则温度对吸附量的影响决定于哪一个因素起主导作用。若前一因素起主导作用,则温度升高、吸附量减少(活性炭从稀丁醇水溶液吸附丁醇就是这种情形);若后一因素起主导作用,则温度升高、吸附量增加(活性炭从浓丁醇水溶液吸附丁醇就是这种情形)。可见,温度对溶液中固体表面吸附量的影响需要对具体体系进行具体分析。

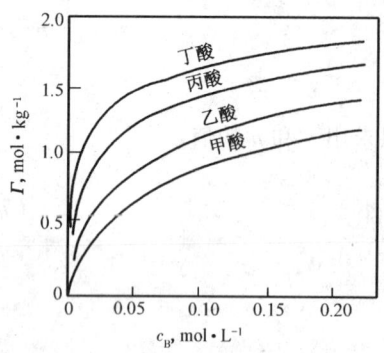 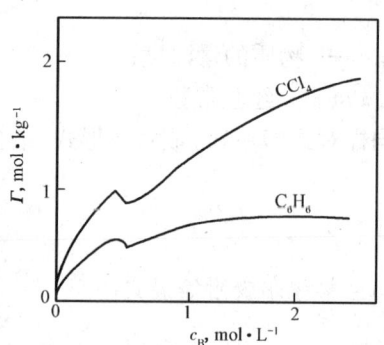

图7-3 活性炭从脂肪酸水溶液中吸附脂肪酸的吸附等温线

图7-4 硅胶从四氯化碳和苯中吸附苯甲酸的吸附等温线

(2)若溶质为电解质时,有一条重要的经验规律,即当离子键化合物(固体)从溶液中吸附离子时,若溶液中的离子能与固体中的异号离子形成难溶盐,则这种离子优先被吸附。这条规律首先由法扬斯总结出来的,所以称为法扬斯法则。这个法则可以解释为什么 AgI 从含 Ag^+ 和 NO_3^- 的水溶液中优先吸附 Ag^+ 或从含 K^+ 和 I^- 的水溶液中优先吸附

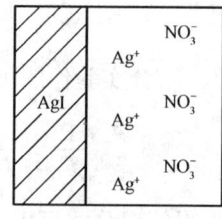 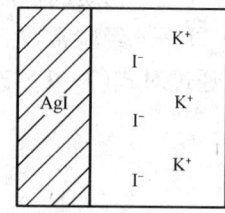

图7-5 法扬斯法则

I^-,如图7-5所示。在以后的章节学习中会经常用这些经验规则来解释一些现象。

第三节 润湿现象

润湿是一种表面现象,油在地层岩石表面是否容易铺开就是一种与润湿有关的现象,这种现象直接与原油采收率有关。此外,钻井液的配制、驱油剂的选择和各种处理剂的使用都要考虑对这种表面现象的影响。

一、润湿产生的原因和润湿角判据

如果在水平玻璃板上滴上一滴汞,则它总是呈球形,并能滚动而不吸附在玻璃板上;相反,在水平玻璃板上滴上一滴水,便会看到水滴吸附在玻璃板上,并沿着玻璃板面展开。把这种液体能在固体表面上铺展开的现象称为润湿。产生润湿这种表面现象的根本原因是润湿前后体系表面能的降低。

液体对固体润湿与否以及润湿程度的大小通常用润湿角(接触角)作为衡量标准。图7-6是气相、液相、固相界面的投影图。图中 O 点为三相界面投影的交点。由于表面张力作用的

结果力求使表面减小,因而,从 O 点沿液—气界面做切线,此切线与固—液界面线构成的夹角(夹有液体)θ 叫做润湿角或接触角。

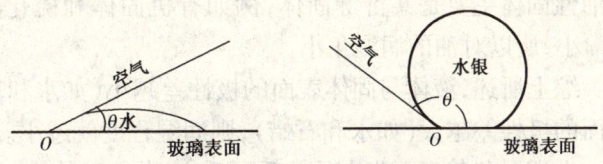

图 7-6　水和水银在玻璃表面上的润湿角示意图

显然,θ 越小,液体在固体表面上铺展程度越大,即润湿程度越好;θ 越大,液体在固体表面上铺展程度越小,即润湿程度不好。

综上所述:$\theta < 90°$ 液体对固体表面润湿好;$\theta > 90°$ 液体对固体表面润湿不好;$\theta = 0°$ 液体对固体表面完全润湿;$\theta = 180°$ 液体对固体表面完全不润湿。

测定润湿角的方法很多,最简单的方法是投影法,即用图 7-7 所示的装置,通过会聚镜把固体表面上的液滴放大并投影在幕上,在幕上的投影像可用感光胶片拍下来,再将润湿角量出。

润湿角也可以从理论上由表面张力的数值间接求得。由图 7-8 看出,气相、液相、固相三相的接触点 O 点受到三种表面张力的相互作用,其效果是:$\sigma_{气固}$ 力图将 O 点液体拉向左方,以覆盖气—固界面使之缩小;$\sigma_{液固}$ 则力图将 O 点液体拉向右方,以减小液—固界面;而 $\sigma_{气液}$ 则将 O 点液体沿切线方向拉,力求缩小气—液界面。当三个力相互作用达到平衡时,则有下列关系

$$\sigma_{气固} = \sigma_{液固} + \sigma_{气液}\cos\theta \quad \text{或} \quad \cos\theta = \frac{\sigma_{气固} - \sigma_{液固}}{\sigma_{气液}} \tag{7-14}$$

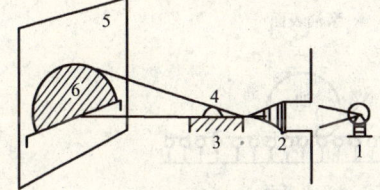

图 7-7　用投影法测润湿角示意图
1—光源;2—会聚镜;3—固体;
4—液滴;5—幕;6—液滴的投影像

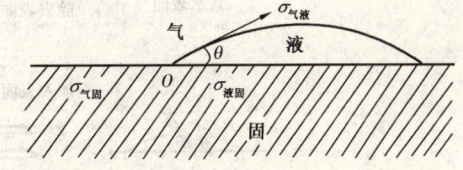

图 7-8　润湿角与表面张力的关系

从式(7-14)可以看出,只要知道 $\sigma_{气固}$、$\sigma_{液固}$、$\sigma_{气液}$,润湿角就可以计算求得,但到目前除了 $\sigma_{气液}$ 可以直接测定外,$\sigma_{气固}$ 和 $\sigma_{液固}$ 还不能直接测定。因此,由表面张力测定润湿角的方法还得不到实际应用。但由式(7-14)可有如下定性推论:

(1) 只有当 $\sigma_{液固} < \sigma_{气固}$ 时,$\cos\theta$ 才为正值,$\theta < 90°$,此时呈润湿,且 $\sigma_{液固}$ 和 $\sigma_{气液}$ 越小,θ 角越小,润湿性越佳。

(2) 当 $\sigma_{液固} > \sigma_{气固}$ 时,$\cos\theta$ 为负值,$\theta > 90°$,此时不润湿,且 $\sigma_{液固}$ 越大、$\sigma_{气液}$ 越小,θ 角越大,润湿程度越差。

一般说来,与吸附现象类似,"极性相近规则"也适用于液体对固体的润湿现象。

二、润湿程度的决定因素和润湿反转

液体的性质和固体表面的性质是润湿程度的决定因素。根据液体的性质,可以把液体分成两类:一类是极性液体,可用水作代表;一类是非极性液体,可用油作代表。与液体相对应,固体也分为两类:一类是亲水性固体,另一类是亲油性固体。亲水性固体主要是离子键固体,例如硅酸盐、碳酸盐和硫酸盐,这类固体对极性液体亲和力大,$\sigma_{液固}$ 小,所以对水的润湿角小;

亲油性固体主要是共价键固体,例如有机固体和硫化物,这类固体对非极性液体亲和力大,$\sigma_{液固}$小,所以对油的润湿角小。

综上所述,液体与固体表面的极性差越小(如水和玻璃),则润湿程度就越大;液体和固体表面的极性差越大(如水和石蜡),则润湿程度就越小。

由润湿角与表面张力的关系可看出,若在液体中加入某些物质或在固体表面吸附某些物质,可以改变$\sigma_{液固}$,从而改变固体表面的亲液性,使液体对固体表面的润湿程度发生改变,甚至会发生由润湿到不润湿的转变或者是由不润湿到润湿的转变。这种润湿和不润湿的相互转变称为润湿反转。

润湿反转在钻井液配制、注水采油、原油集输等方面都有广泛的应用。以注水采油为例,如图7-9所示,油层中的砂岩(主要是硅铝酸盐)表面是亲水的,因此砂岩表面的油易被水洗下来。而事实上,由于砂岩表面常常吸附来自原油的一些表面活性物质而改变了性质,即发生润湿反转,从而易被油润湿,使原油不易被水洗下来,降低了原油采收率。为了提高原油采收率,根据润湿反转的原理,向油层中注入"活性水"(溶有表面活性物质的水),使注入水中的表面活性物质按极性相近规则形成第二吸附层,使之再发生润湿反转,变为亲水表面,从而使原油采收率得到提高,如图7-10所示。

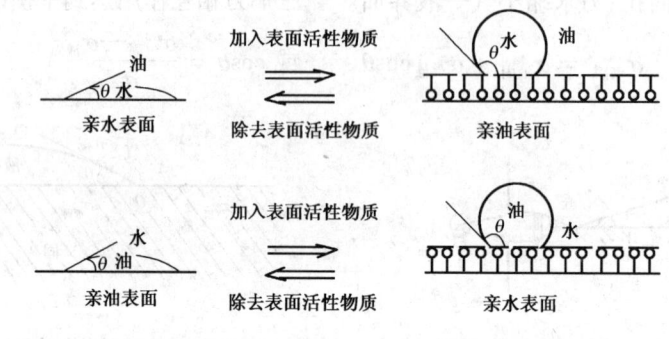

图7-9 润湿反转现象示意图

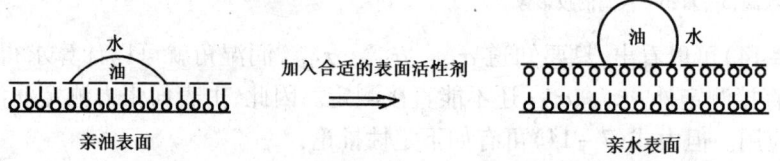

图7-10 由表面活性剂第二吸附层引起的润湿反转现象示意图

第四节 曲界面两侧的压强差及毛细管现象

一、曲界面两侧的压强差

曲界面两侧的压强差可用图7-11所示的试验证实。用橡皮球A通过刚与液面接触的毛细管B向液体C鼓一个气泡,这时,毛细管顶端的液面就变成曲液面,可以由压力计D观测到曲界面两侧的压强差。

曲界面两侧的压强差既可以从能的方面说明,也可以从力的方面来说明。

曲界面两侧之所以有压强差,是表面能自动趋于减少规律起作用的结果。表面能趋于减少,气泡表面倾向于收缩,这个倾向会对阻碍表面收缩的方向施加压强。这个压强叫做表面收缩压。由于曲界面总是向凸面内部(即曲率中心一侧)的方向收缩,所以表面收缩压总是指向凸面内部,使曲界面两侧产生压强差,以 Δp 表示。

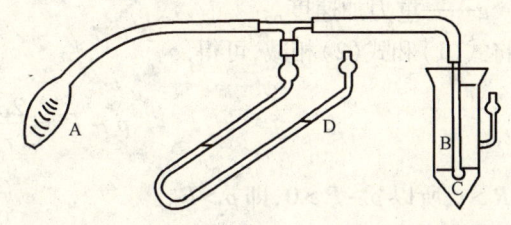

图7-11　曲界面两侧的压强差的试验证明示意图

由于平衡时,凸面内部压力总大于凸面外部压力,分别设为 p_1、p_2,所以 $\Delta p = p_1 - p_2 > 0$。

可从图7-11的试验推导 Δp 与液面曲率和表面张力的关系。

设毛细管下端有一半径为 r 的气泡,由于橡皮球 A 的加压,使气泡体积增加 dV。在体积增加时,抵抗 Δp 所消耗的功应为 $\Delta p dV$。与气泡体积增加的同时,气泡的表面积也相应增加,设为 dA,从而使液体的表面能增加 dU_s。根据能量守恒,可得

$$dU_s = \sigma dA = \Delta p dV \quad (7-15)$$

由于 $A = 4\pi r^2$, $V = 4\pi r^3/3$,所以 $dA = 8\pi r dr$, $dV = 4\pi r^2 dr$。将这些关系代入式(7-15),得

$$\Delta p = \frac{\sigma dA}{dV} = \frac{\sigma \cdot (8\pi r dr)}{4\pi r^2 dr} = \frac{2\sigma}{r}$$

即

$$\Delta p = \frac{2\sigma}{r} \quad (7-16)$$

式(7-16)是解释表面现象的基本公式。由公式(7-16)可以看出,r 越小(即曲率越大),曲界面两侧的压强差越大;反之,r 越大(即曲率越小),曲界面两侧的压强差越小。在极限情况,即 $r = \infty$ (平界面),曲界面两侧的压强差为零,即平界面两侧的压强相等。

下面举例说明曲界面两侧压强差公式的应用。

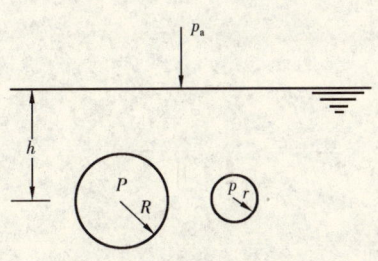

图7-12　气泡内压强比较示意图

[**例7-1**]　在水面下同一深处 h 有大、小两个气泡,它们的半径分别为 R 和 r,压强分别为 P、p,如图7-12所示。试证明 $p > P$。已知水面上的大气压为 p_a。

证明:由曲界面两侧压强差的公式可得

$$p - (p_a + \rho g h) = \frac{2\sigma}{r} \quad (1)$$

$$P - (p_a + \rho g h) = \frac{2\sigma}{R} \quad (2)$$

式中　σ——水的表面张力;

ρ——水的密度;

g——重力加速度。

将式(1)和式(2)相减,可得

$$p - P = \frac{2\sigma}{r} - \frac{2\sigma}{R}$$

由于 $R > r$,所以 $p - P > 0$,即 $p > P$。

[例7-2] 如图7-13所示,在玻璃毛细管半径改变处有一段水柱,试证明下式成立。

$$h = \frac{2\sigma(R-r)}{\rho g R r}$$

式中 h——水柱高度;

R——粗毛细管中水面的曲率半径;

r——细毛细管中水面的曲率半径;

σ——水的表面张力;

ρ——水的密度;

g——重力加速度。

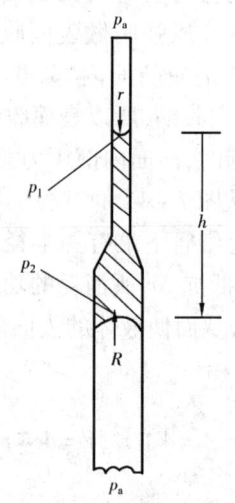

图7-13 变径毛细管的水柱高度计算示意图

证明:有关压强标于图7-13上,p_a——大气压;p_1——细毛细管水面内侧的压强;p_2——粗毛细管水面内侧的压强。

由曲界面两侧压强差公式可得

$$p_a - p_1 = \frac{2\sigma}{r}$$

$$p_a - p_2 = \frac{2\sigma}{R}$$

上两式相减,可得

$$p_2 - p_1 = \frac{2\sigma}{r} - \frac{2\sigma}{R}$$

由于 $p_2 - p_1 = \rho g h$,所以

$$\rho g h = \frac{2\sigma}{r} - \frac{2\sigma}{R}$$

即

$$h = \frac{2\sigma(R-r)}{\rho g R r}$$

[思考]证明空气中的肥皂泡内部所承受的收缩压是 $\Delta p = \frac{4\sigma}{R}$。

二、毛细管现象

毛细管是指直径较小的管子和一些毛细狭缝。毛细管现象包括两种现象,即液体在毛细管中上升或下降现象(简称毛细管上升或下降现象)和贾敏效应。

油层的多孔结构可以看做是纵横交错的毛细管,它是毛细管现象发生的理想空间,而油水曲界面的存在则是毛细管现象发生的必要条件。因此,在地层中毛细管现象是非常突出的。

1. 毛细管上升或下降现象

液体在毛细管中上升或下降现象是最常见的毛细管现象。把玻璃毛细管插在水中,就可以看到毛细管上升现象;把它插在水银中,就可以看到毛细管下降现象。这种现象不仅发生在上述的气液界面上,而且还发生在液液界面上。例如在油层中,油水接触面是参差不齐的,因而在油水接触面附近形成油水过渡带,油水过渡带是表现在油层中的毛细管上升或下降现象。

毛细管上升或下降现象虽然是相互对立的现象,但它们又是可以在一定条件下相互转化的。

先讨论如图7-14所示的油水界面上发生的毛细管上升现象。

若令 ρ_w、ρ_o 分别表示水和油的密度,σ 表示油水表面张力,有关的压强标在图7-14中,就可推导出毛细管上升高度 h 的计算公式,即由式(7-16),得

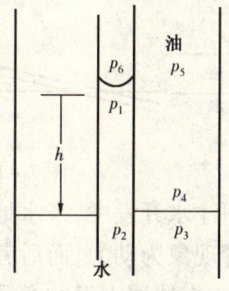

图7-14 油水界面上的毛细管上升现象

$$p_6 - p_1 = \frac{2\sigma}{r} \tag{7-17}$$

$$p_3 = p_4$$

由静压力基本方程得

$$p_2 = p_3$$
$$p_2 - p_1 = \rho_w g h$$
$$p_4 - p_5 = \rho_o g h$$

注意式(7-17)中的 r 是曲界面的曲率半径,它与毛细管半径 r' 之间的关系可由图7-15证明:$r' = r\cos\theta$。

由上面几个关系式得

$$(\rho_w - \rho_o)gh \frac{r'}{2\sigma} = \cos\theta$$

$$h = \frac{2\sigma\cos\theta}{(\rho_w - \rho_o)gr'} \tag{7-18}$$

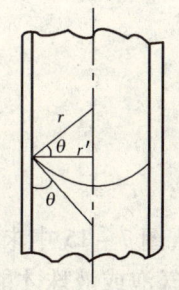

图7-15 油水界面毛细管上升现象证明示意图

式(7-18)就是油水界面上毛细管上升高度的计算公式。从公式(7-18)可以看出如下几个方面。

(1)毛细管上升的高度与毛细管半径成反比。

(2)当 θ 的数值由 0°→90°→180° 时,h 的数值将相应地由正值变成零再变成负值。这就是说,随着 θ 的增加,毛细管上升现象将向它的反面——毛细管下降现象转化。可见,液体在毛细管中上升还是下降,决定于润湿角,也即决定于液体对固体表面的润湿程度。因此,式(7-18)也可用于解释毛细管下降现象。

(3)两相密度差越小,表面张力越大,则毛细管上升的高度越高。

毛细管上升或下降现象同采油的关系是很密切的。为了弄清毛细管上升或下降现象对采油的影响,可观察两个现象。当油水界面上发生如图 7-14 所示的毛细管上升现象时,只要将毛细管倾斜,就可以观察到水驱油现象;这个现象说明,对亲水地层,毛细管现象是水驱油的动力。相反,当油水界面上发生如图 7-16 所示的毛细管下降现象时,如果将毛细管倾斜,就可以观察到油驱水的现象;这现象说明,对亲油地层,毛细管现象是水驱油的阻力。

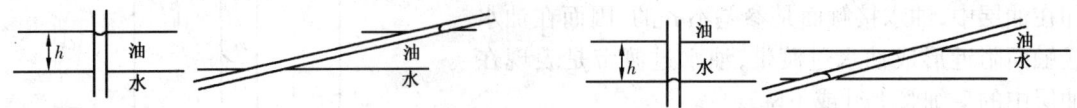

图 7-16 毛细管倾斜时毛细管中油水界面的移动

在油田注水开发中,亲水地层的采收率之所以比亲油地层的采收率高,其中一个原因在于前者毛细管现象为动力,而后者毛细管现象为阻力。

可见,改变油层表面的润湿性,使毛细管现象成为水驱油的动力,这是改造油层的一项重要工作。

2. 贾敏效应

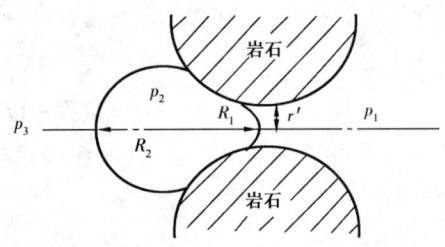

图 7-17 贾敏效应计算公式推导用图

气泡或液珠对流体通过多孔结构"喉孔"的流动是有阻碍的。气泡或液珠对通过"喉孔"的液流所产生的阻力效应叫做贾敏效应。下面推导贾敏效应的计算公式。

参考图 7-17,一个球形的气泡或液珠通过喉孔时发生变形,有关压强的曲率半径标在图上,由曲界面两侧压强差公式得

$$p_2 - p_1 = \frac{2\sigma}{R_1}$$

$$p_2 - p_3 = \frac{2\sigma}{R_2}$$

将上两式相减,得

$$p_3 - p_1 = 2\sigma\left(\frac{1}{R_1} - \frac{1}{R_2}\right) \tag{7-19}$$

式(7-19)就是贾敏效应的计算公式。当 $R_1 = r'\cos\theta$ 时(θ 为润湿角,图 7-15 中未显示),因 r' 是最小半径,所以 $p_3 - p_1$ 最大,即"喉孔"内外至少有这个压强差,气泡或液珠才能通过"喉孔",否则液体就被堵住。

不管地层的润湿性如何,贾敏效应始终是阻力效应。图 7-18 是发生在亲水地层的贾敏效应,贾敏效应发生在气泡或液珠通过"喉孔"之前。图 7-19 是发生在亲油地层的贾敏效应,贾敏效应发生在气泡或液珠通过"喉孔"之后。

贾敏效应是可以叠加的。图 7-20 是贾敏效应叠加的示意图。总的贾敏效应是流动通道上各个"喉孔"贾敏效应的加和:$\Delta p_{\text{Jamin}} = \sum (p_3 - p_1)_i, i = 1, 2, 3, \cdots$

在采油中,有时需要利用贾敏效应,如用泡沫堵水就是一个例子;有时则需要克服贾敏效

应,如用表面活性剂溶液处理压井水侵入的油层就是一个例子。

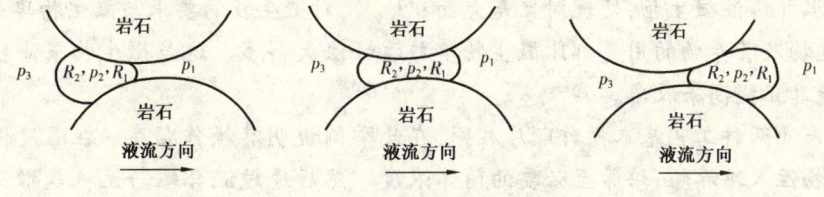

图 7-18 亲水地层的贾敏效应

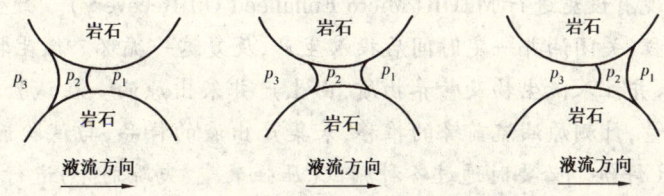

图 7-19 亲油地层的贾敏效应

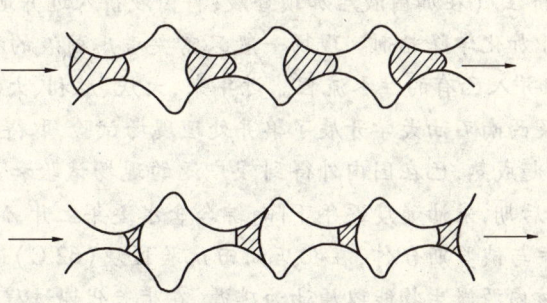

图 7-20 贾敏效应的叠加

阅读材料

微生物采油工艺

一、采油工艺

目前微生物采油工艺按其注入方式、生产方式大致分为微生物单井吞吐法与微生物驱法。

单井处理微生物采油技术可用于油井处理,以增加产量。微生物及其营养物通过套管环空注入近井地层,然后用一定量的液体(通常是地层水或 2%~3% KCl 溶液,质量分数)顶替,一般关井 24 小时到 7 天,然后开井生产。整个过程 3 至 6 个月重复一次,微生物有机会进入更深的地层,作用于更多的残余油。微生物处理井筒主要目的是生产维护,虽不具清蜡功能,但有防蜡作用,技术难度不大,可大规模应用。微生物单井吞吐技术在吞吐采油过程的处理对象是近井地层,需要菌种在地层中生长代谢,应筛选厌氧型或兼性厌氧型的微生物,具耐温等性能;现场应用时一般需要补充有机营养,并关井一段时间。

微生物驱法是通过微生物作用于整个油藏,提高产量和采收率。在注水站的储水罐中加入微生物,无论是连续注入还是阶段注入,微生物都能通过注水系统以正常速度注入地层。该项操作几乎无须改动现有的注水流程,且常规注水操作不必中断。微生物驱油技术现场微生物驱油从注水井挤注微生物,处理对象是大面积地层,对微生物的要求与微生物单井吞吐法相同,只是微生物及营养物的用量都比微生物单井吞吐法大得多。这是微生物采油技术发展的主要方向,能真正提高采收率。

微生物采油两种工艺基本操作顺序相同,在此举例说明其操作顺序。在温度保持恒定的厂房将微生物注入培养罐,培养至必要的菌体浓度。然后通过混合罐与无机盐水及营养源培养液混合,制成设定浓度的菌体悬浊液,用注水泵从注入井注入油层。实施水驱的油田,最好利用注水管线泵等现有设施进行 MEOR(Micro Enhanced Oil Recovery)。微生物单井吞吐法是一种间歇的生产过程,关闭油井一定时间后投入生产,反复这一循环。微生物驱法是一种连续的生产过程,从注入井注入微生物及营养物质,由生产井采出原油。在试验过程中,通常要计测各种流体的产出量,计测原油流前缘的推移,采集产出液的样品,与试验前预先测定的基线值比较,进行 MEOR 评价。必要时通过各种测试(压强衰减、失踪剂等)进行评价。

目前我国现场实施微生物采油主要用在单井处理上,分为"套加"(将菌种加入套管环空,只处理井筒、管柱)和"挤注"(在加菌液后加顶替液,将菌液挤入近井地层,也称单井吞吐),应用最多的是套加,相当于加化学降粘剂。现场一般只需要考虑菌液的稀释、混配、计量和注入过程(方式、周期),可以并入已有的注水流程。近年来,大庆、胜利、大港、中原、辽河、冀东、克拉玛依、青海等油田以及西南石油大学开展了单井处理现场试验,取得一些较好的效果。

微生物驱油技术日趋成熟,已在国内外得到较广泛的现场试验和应用。大港油田油气开发已进入注水开发的中后期,采油速度逐年下降,综合含水逐年上升,油田稳产难度越来越大。为此大港油田自 2001 年与俄罗斯合作,在孔店油田试验区块($62℃$)进行内源微生物驱油现场试验,室内试验证明该内源微生物能以原油为碳源,在生长代谢过程中乳化原油。港西油田四区明三油组和港东油田二区七断块的试验成功,为微生物驱油技术进一步研究与应用提供了借鉴。胜利油田通过注水系统批量注入微生物,微生物驱油涉及井组甚至一个区块,最终在生产井见到增油或降水的效果。胜利油田也准备进行内源微生物驱油试验。对于微生物驱油,事先最好作微生物驱法可行性研究(包括适应性评价、物理模拟和微生物驱矿场试验等)。

二、现场监测技术

在微生物驱油技术研究中,为了完善注入微生物的选择,对油层环境适应性,注入微生物与油层本源微生物竞争特性,添加营养源和提高原油采收率进行探讨。同时为了准确分析和客观评价 MEOR 现场试验效果,要求了解目的菌的生长繁殖状态、在多孔介质中的扩散、运移状况、地层流体及地层本源菌对目的菌的影响等,应该定期监测众多特征参数(如注水井的压强,生产井的产量、含水,产出液的微生物含量,主要代谢产物含量,水相的 pH 值,油相和气体的组分等)的变化。只有这样才能发现规律,所以有必要对油层环境中的注入微生物进行动态监控。

操作若为井筒处理,油井的电流和负荷应有变化;操作若为单井吞吐,油井的液量或含水甚至动液面应有变化。现场进行微生物活体分析时,井口禁止动火,不能对取样口热消毒,也不宜用药剂消毒而污染样品。无菌、厌氧取样难度很大,能在井下密闭取样最好,这方面的研究和设计目前还是空白。微生物驱油现场监测方面报道最多的是产量变化。

作为 MEOR 注入微生物的检出和识别手段,虽然有生物化学形状试验法、选择培养基及免疫学法等报道,但这些方法都存在着识别灵敏度不高或操作简便性不强等问题。要从多样化油层采集的众多未知微生物群中高灵敏度而且简便地检出和识别注入微生物,这些方法不一定是有效的。传统方法有显微镜直接目测法和平板记数法。显微镜直接目测法直观快速,但对死菌、活菌不好分辨;平板记数法可解决活菌记数问题,提高活细胞浓度测试的准确性,但难以区分菌的种类,无法解决细菌的准确分类问题。有人提出应用 PCR(Polymerase Chain Reaction,聚合酶链式仅应)技术和 FISH(Fluorescence in Situ Hybr Tidization,荧光原位杂交)荧光染色技术。通过限制酶处理由 PCR 扩增的基因所检出的断片,能迅速简便地判断细菌间的系统和分类学差异,区分地层中原有微生物和注入微生物,可基本满足监控细菌的要求,虽然难度大些,但监控结果非常精确。常规的 PCR RFLP(Polymerase Chain Reaction Restriction Fragment Length Polymorphism,聚合酶链反应—限制性片段长度多态性)法试验时间较长,最快也需要4天才能完成检测和分析工作,不能及时指导菌种放大发酵及矿场注入等试验研究工作,而且试验费用高,该方法需要完善和改进。

三、结语

微生物采油施工简单、成本低,是一种廉价有效的采油技术。生物采油技术具有其他三次采油技术无可比拟的优点——多功能性,故有望成为未来油田开发后期稳油控水、提高采收率的主要技术之一。内源微生物和在现有的菌种基础上,通过基因工程手段获取基因工程菌,使其性能更加优良,有望成为解决高温油藏、高矿化度油藏及稠油开采的主要菌种。另外,新技术将不断用于微生物采油中,如 PCR 细菌基因检测方法的确立,为指导 MEOR 现场试验、深入开展研究开辟了一条新路。计算机技术必将在微生物驱替试验中发挥重要作用。

习 题

一、填空题

1. 试从净吸引力观点考虑,$\sigma_{气固}$_____$\sigma_{气液}$(<、> 或 =)。
2. 毛细管越细,液体进入毛细管_____(越容易、越难或不一定),原因是_____。
3. 如习题7-1图,在带活塞的玻璃弯管两端有大小不同的两个肥皂泡,问将中间活塞打开,这两个肥皂泡的变化趋势是_____;原因是_____。
4. 由 $\Delta p = 2\sigma/R$ 看到,曲界面两侧压力差与温度_____关(有或无),原因是_____。
5. 玻璃板下有气泡,其形状可能有两种情况,如习题7-2图所示。这两种情况中,_____种情况液体对固体润湿好?由水银、玻璃和空气构成的体系属_____种[(a)、(b)]。
6. 贾敏效应的产生应具备条件是_____。

习题7-1图　　　　　　　　习题7-2图

二、综合题

1. 画出习题7-3图中两种情况的接触角,说明哪种液体对固体润湿好。

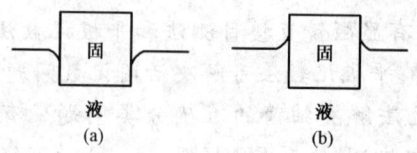

习题 7-3 图

2. 试解释下面两个现象。

（1）两玻璃片间有水，如习题 7-4 图所示，为什么不易将它们拉开？

习题 7-4 图

（2）松散砂粒（习题 7-5）遇水，为什么引起坍塌？

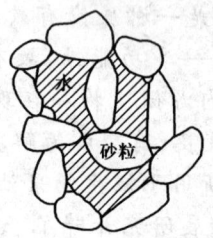

习题 7-5 图

3. 有 5 种固体，它在液面的平衡位置如习题 7-6 图所示，试画出它们的接触角并标出润湿好坏的顺序。

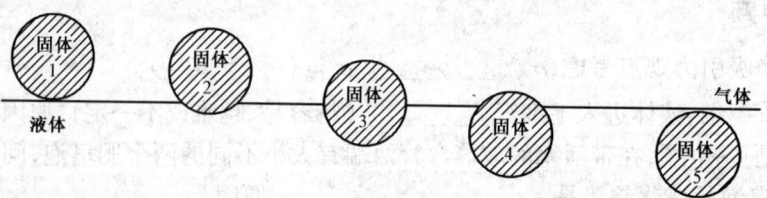

习题 7-6 图

4. 试根据润湿角，判断下列哪种情况对我们有利？

（1）在砂岩表面的油滴，如习题 7-7 图所示。

习题 7-7 图

（2）在砂粒间的酚醛树脂，如习题 7-8 图所示。

（3）焊接时，在焊缝中的焊锡，如习题 7-9 图所示。

5. 有两地层，油、水存在的情况如习题 7-10 图所示，试判别这两地层是亲水地层还是亲油地层？

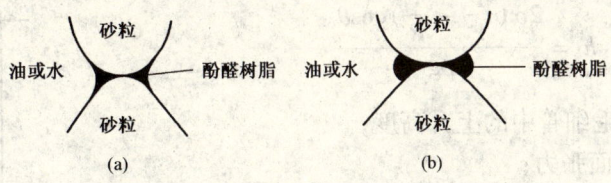

习题 7-8 图

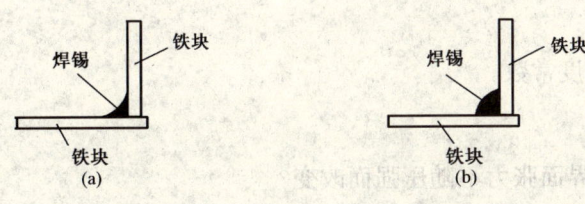

习题 7-9 图

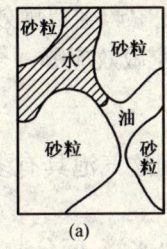 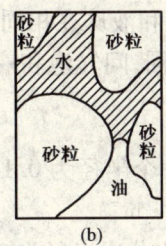

习题 7-10 图

6. 按所指定的流动方向,问下面如习题 7-11 图所示两种情况哪种容易流动？写出流动时所需的压强差关系式。

习题 7-11 图

7. 如习题 7-12 图所示,各玻璃毛细管部分的直径相同,试问当水沿毛细管上升时各升至何处？若将水吸至上端,问各退至何处？虚线表示左管上升所达到的程度。

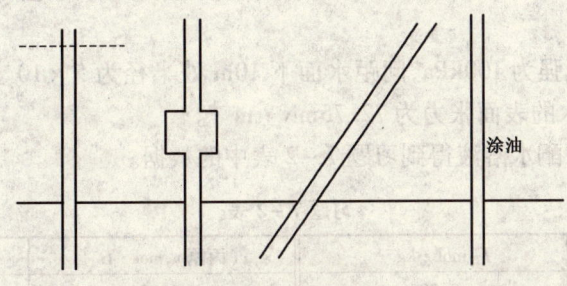

习题 7-12 图

8. 参考习题 7-13 图,试证明水在小玻璃毛细管中的上升高度计算公式为

— 157 —

$$h = \frac{2\sigma(\frac{1}{r} - \frac{1}{R})\cos\theta}{\rho g}$$

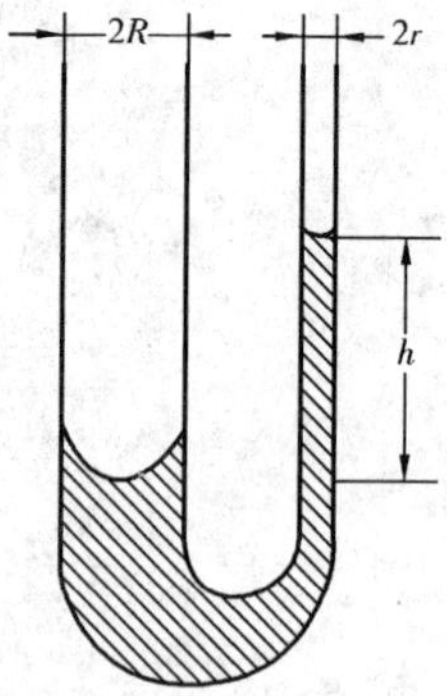

式中 h——水在小毛细管中的上升高度；
σ——水的表面张力；
R、r——大小毛细管的半径；
θ——水对玻璃的润湿角；
ρ——水的密度；
g——重力加速度常数。

习题 7-13 图

三、简答题

1. 为什么液—液界面张力不随压强而改变？
2. 为什么在洁净的玻璃毛细管中，水柱上升，而在玻璃毛细管内涂一层蜡，则水柱下降？
3. 液体在多孔介质中流动时，能否说直径较大的气泡比直径较小的气泡贾敏效应大？
4. 有相同直径的气泡和液珠在相同直径的毛细孔中产生贾敏效应，若两种情况下液流对毛细孔表面的润湿程度相同，问气泡和液珠所产生的贾敏效应哪一个大？

四、计算题

1. 25℃时，在水中有一个半径为 0.1cm 的气泡，问这气泡具有多少表面能？已知 25℃时水的表面张力为 71.97mN·m^{-1}。

2. 25℃时，将 1.0mL 水分成半径为 0.0001cm 的小水滴，问分散后的表面能有多大？已知 25℃时水的表面张力 71.97mN·m^{-1}。

3. 计算 25℃时，空气在水中分成习题 7-1 表列出的不同半径气泡所具有的表面积和表面能。已知 25℃时水的表面张力为 71.97mN·m^{-1}。

习题 7-1 表

序号	气泡半径,cm	分散后体系的表面积,m^2	分散后体系的表面能,J
Ⅰ	1×10^{-3}		
Ⅱ	1×10^{-4}		
Ⅲ	1×10^{-5}		

4. 50℃时，将 10mL 油分散于水中，形成半径为 0.001cm 的许多油珠，问当油珠合并变大至半径分别为 0.01cm、0.1cm 时，该分散体系表面能发生了多大变化？已知 50℃时油水的表面张力为 30.0mN·m^{-1}。

5. 20℃时水面的压强为 100kPa，问距水面下 10m 处半径为 5×10^{-3}mm 的气泡内的压强是多少？已知 20℃时水的表面张力为 72.75mN·m^{-1}。

6. 用活性炭吸附丙酮水溶液得到习题 7-2 表中的数据。

习题 7-2 表

c(丙酮),mol·L^{-1}	Γ,mol·kg^{-1}	c(丙酮),mol·L^{-1}	Γ,mol·kg^{-1}
0.00234	0.208	0.08862	1.500
0.01465	0.618	0.1776	2.080
0.04103	1.075	0.2609	2.880

试求弗劳因德利希吸附等温式的经验常数。

7. 20℃时丁酸在活性血炭与活性骨炭上做过吸附试验,求得弗劳因德利希吸附等温式的经验常数如下。

活性血炭 $k = 7.95$ $n = 21.0$
活性骨炭 $k = 4.55$ $n = 10.0$

这里浓度的单位为 $mmol \cdot kg^{-1}$,吸附量的单位为 $mmol \cdot kg^{-1}$。试求在溶液中的炭能使每升溶液中剩留 1.0mmol 丁酸的条件下,比较这两种炭的吸附能力(以每克炭吸附丁酸的毫摩尔数表示)。

8. 已知 50℃时地层油与地层水的表面张力为 $30.0 mN \cdot m^{-1}$,地层油和地层水的密度分别为 $0.920 g \cdot cm^{-3}$ 和 $0.980 g \cdot cm^{-3}$,水对砂岩表面润湿角为 45°。若砂岩毛细管半径变动在 0.001~0.01cm 范围,试计算水在砂岩毛细管中上升高度的范围。

9. 油水界面上有一个半径为 0.001cm 的毛细管,已知 50℃时地层与地层水的表面张力为 $30.0 mN \cdot m^{-1}$,水对毛细管表面的接触角为 45°,油、水的密度分别为 $0.920 g \cdot cm^{-3}$ 和 $0.980 g \cdot cm^{-3}$,试计算毛细管与油水界面成 90°、60°、45°、30° 和 0° 时水在毛细管中移动的距离(由液面算起)。

10. 在 25℃时,在一个 U 形管内装入水,管臂直径分别为 1.0mm 及 3.0mm,求两臂液面高度差。设水对管壁的接触角为 0°。

11. 求一个半径 R_2 为 0.05cm 的气泡通过半径 r' 为 0.005cm 的毛细孔,要克服多大的压强差才能通过?已知水的表面张力为 $67.94 mN \cdot m^{-1}$,水对砂岩表面的接触角为 30°。

12. 计算水驱油通过如习题 7-14 图所示的最小半径 r' 为 0.001cm 的毛细孔时所克服的最大压强差。已知油水表面张力为 $40.0 mN \cdot m^{-1}$,油对砂粒表面的接触角为 20°。

13. 在 25℃时,水中的气泡(半径为 0.05cm)通过半径不等的两根毛细管(大毛细管的半径为 0.01cm,小毛细管半径为 0.005cm)。

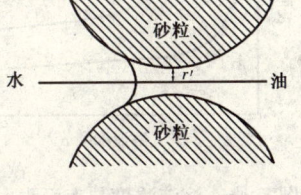

习题 7-14 图

(1)试计算使气泡通过这两个毛细管所必须克服的毛细管阻力(以 Pa 表示)。接触角参考习题 7-15 图。

(2)若气泡先依次进入大毛细管,并在向前推进时,气泡的后界面将发生如习题 7-14 图所示的变化。试问气泡将在什么情况下开始进入小毛细管?从这一现象可以理解为什么用泡沫驱油可以提高原油的采收率。

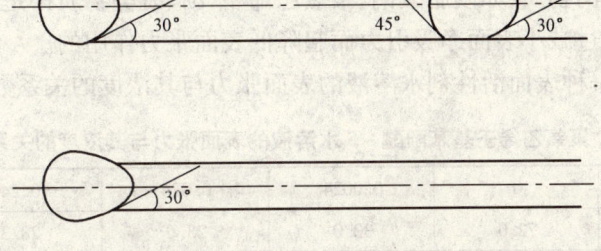

习题 7-15 图

第八章 表面活性剂

第一节 表面活性剂概念、分子结构特点及分类

表面活性剂属于精细化工产品,在现代工业生产中起着重要作用,品种已达万余种,广泛地应用于化工、石油、纺织、电子、机械等各个工业领域。在钻井、采油和原油集输过程中有广泛应用,例如钻井液与驱油剂的配制、井壁的防塌、钢铁的缓蚀、稠油的降粘、乳化原油的破乳和起泡原油的消泡等。本章将讨论表面活性剂的一些基本知识。

一、表面活性剂的概念

由于前一章我们了解到,任何物质的表面都有表面张力,对于溶液而言,在一定温度下,其表面张力与溶液的性质和浓度有关。分别把食盐、正丁醇、十二烷基苯磺酸钠分别溶于水,测定不同浓度时的表面张力,以浓度为横坐标,以表面张力为纵坐标,可得图8-1所示的溶液浓度与表面张力的关系。

大量的实验证明,各种物质水溶液的表面张力与浓度的关系如图8-1(20℃)中所示的3种情况。

图8-1中曲线1表示表面张力随溶质浓度的增大而增大,但增大幅度不大,具有此种性质的物质大部分是无机酸、碱、盐等。使这种溶液随溶质浓度增大表面张力有所增大的物质称为表面惰性物质。

曲线2表示表面张力随溶质浓度增大而减小,且表面张力是随溶质浓度的增大而逐渐减小的,属于这一类物质的大部分是低级脂肪酸、醇、醛、胺等。我们把溶质溶入后使溶液表面张力减小的物质称为表面活性物质。

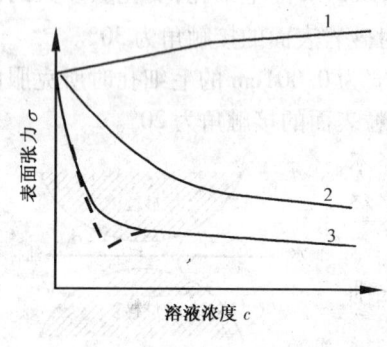

图8-1 溶液浓度与表面张力的关系

曲线3表示在溶质浓度很低时,表面张力就急剧下降,降低的幅度很大,至一定浓度后,表面张力下降趋于平缓,达一定浓度后,表面张力不再发生变化。

表面活性剂是指加入少量就能大大降低表(界)面张力的物质。表面活性剂是表面活性物质中表面活性最好的物质,如硬脂酸钠、聚氯乙烯、苯酚、醚等物质都是表面活性剂。

表面活性剂是通过减小表面净吸引力而起降低表面张力作用的。

表8-1列出了一种表面活性剂水溶液的表面张力与其浓度的关系数据。

表8-1 聚氧乙烯壬基苯酚醚-5水溶液的表面张力与其浓度的关系(25℃)

浓度 c, 10^2 mol·L^{-1}	0	0.0024	0.024	0.24	2.4
表面张力 σ, mN·m^{-1}	72.0	30.0	28.6	28.3	28.3

表面活性剂的特殊性能是由其结构决定的。

二、表面活性剂分子结构特点

所有的表面活性剂分子都是由极性基(亲水基团)和非极性基(亲油基团)两部分组成。同一个表面活性剂分子一部分亲水,另一部分亲油,这种性质叫做表面活性剂的"两亲性"。例如硬脂酸钠 $C_{17}H_{35}COONa$,其中烃基 $C_{17}H_{35}$—是非极性基,是亲油的;而—COONa 是极性基,是亲水的。表面活性剂"两亲"结构的分子模型如图 8-2 表示,其中,"▭"表示非极性基团,"○"表示极性基团。

前已述及,表面活性剂分子具有亲水、亲油的"两亲性",但亲水、亲油能力的大小随表面活性分子组成与结构的不同而有差异。在指定条件下,若表面活性剂分子中的极性基一定而碳氢链增长,则分子的亲油能力增强,亲水能力相对减弱。当亲油能力大于亲水能力时,该表面活性剂在油中溶解度大于在水中的溶解度,称此种表面活性剂为油溶性表面活性剂。

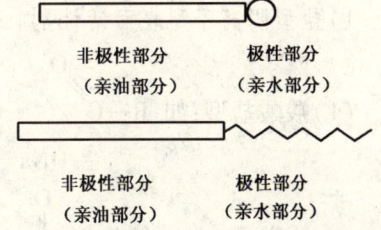

图 8-2 表面活性剂的分子结构模型

实践证明,并不是分子具有"两亲性"结构的物质都是表面活性剂,而应具备一定的条件,即分子结构中的碳氢链必须有适宜的长度,才能有明显的活性。例如 HCOONa、CH_3COONa、C_2H_5COONa 等,从它们的分子结构看,都具有亲水基和亲油基,但因亲油基太短,它们的活性并不明显。但是也不是碳氢链越长越好,因为碳氢链太长了(超过 20 个碳原子以上),它的亲油基亲油能力太强,远大于亲水基的亲水能力,使它的亲水性太弱,所以这种分子虽具有"两亲"结构,但也不适宜作表面活性剂使用。一般情况下,根据使用表面活性剂的经验规律认为,碳氢链的长度一般以 8~20 个碳原子较为合适。

综上所述,表面活性剂分子结构特点是:具有亲水基、亲油基"两亲性"结构的不对称线性分子,且亲油基应有适当大小。

三、表面活性剂的分类

目前已有表面活性剂近万个品种,为选择和使用方便,可按表面活性剂分子中亲水基的结构和性质分为以下几类。

$$
\text{表面活性剂}\begin{cases} \text{离子型表面活性剂}\begin{cases} \text{阴离子型表面活性剂} \\ \text{阳离子型表面活性剂} \\ \text{两性表面活性剂} \end{cases} \\ \text{非离子型表面活性剂} \end{cases}
$$

1. 阴离子型表面活性剂

阴离子表面活性剂在水中可以解离,解离后起活性作用的部分是阴离子。例如羧酸钠盐,在水中解离:

$$\underset{ONa}{R-\overset{O}{\overset{\|}{C}}} \longrightarrow \underset{O^-}{R-\overset{O}{\overset{\|}{C}}} + Na^+$$

由于羧酸钠盐解离后,起活性作用的部分是阴离子 $R-C\begin{smallmatrix}O\\\\O^-\end{smallmatrix}$,所以称为阴离子型表面活性剂。

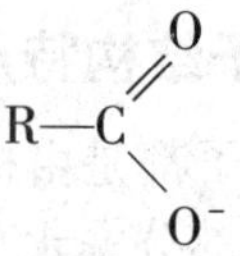

阴离子型表面活性剂又可分为两类:盐型阴离子型表面活性剂和酯盐型阴离子型表面活性剂。

1)盐型阴离子型表面活性剂

(1)羧酸盐型:如 $R-C\begin{smallmatrix}O\\\\ONa\end{smallmatrix}$ (简写为 R—COONa);

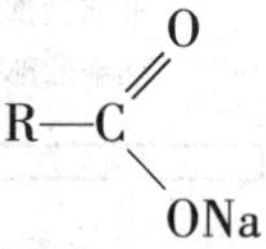

(2)烷基磺酸盐型:如 $R-\underset{O}{\overset{O}{S}}-ONa$ (简写为 R—SO$_3$Na)。

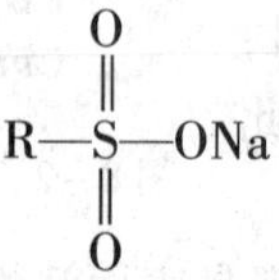

这类表面活性剂分子由有机酸根(如羧酸根、烷基磺酸根)与金属离子(如 Na$^+$)组成。

2)酯盐型阴离子型表面活性剂

(1)硫酸酯盐型 如:$R-\overset{*}{O}-\underset{O}{\overset{O}{S}}-ONa$ (简写为 R—OSO$_3$Na);

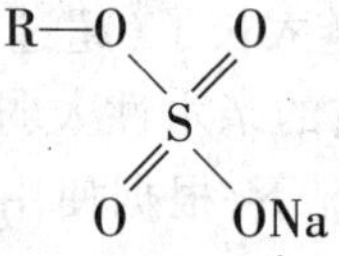

(2)磷酸酯盐型 如:$R-\overset{*}{O}-\underset{ONa}{\overset{O}{P}}-ONa$ (简写为 R—OPO$_3$Na$_2$)。

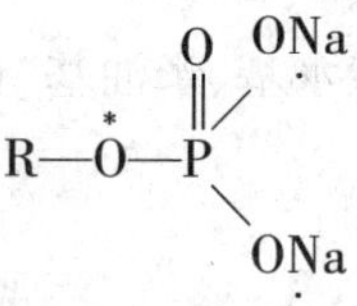

这类表面活性剂分子中有酯的结构(标有 * 的部分),也有盐的结构(标有 · 的部分)。

阴离子型表面活性剂多用于起泡、乳化、防蜡、油井增产、水井增注、泥浆处理和提高原油采收率等方面,用途很广。

2. 阳离子型表面活性剂

阳离子型表面活性剂在水中能解离,解离后起活性作用的部分是阳离子。例如十二烷基三甲基氯化铵,在水中解离:

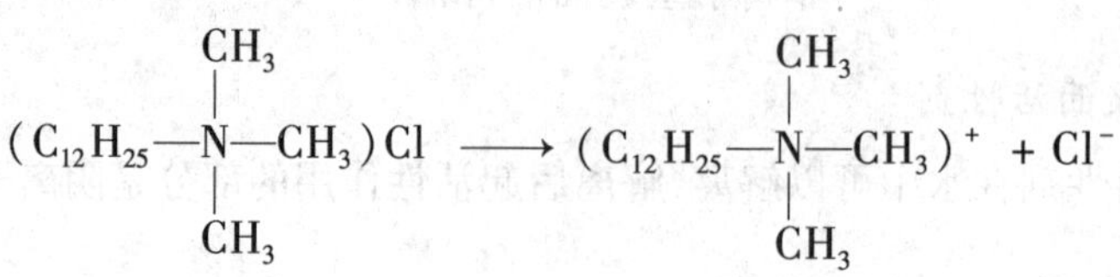

$$(C_{12}H_{25}-\underset{CH_3}{\overset{CH_3}{N}}-CH_3)Cl \longrightarrow (C_{12}H_{25}-\underset{CH_3}{\overset{CH_3}{N}}-CH_3)^+ + Cl^-$$

由于十二烷基三甲基氯化铵解离后起活性作用的是阳离子 $(C_{12}H_{25}-\underset{CH_3}{\overset{CH_3}{N}}-CH_3)^+$,故称为阳离子型表面活性剂。

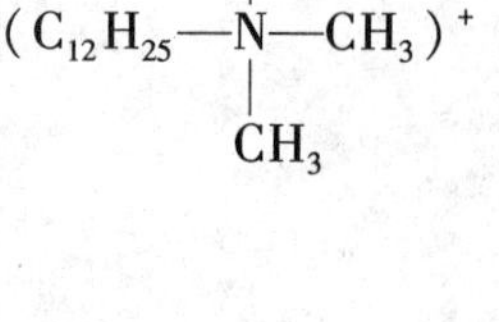

阳离子型表面活性剂可分为 3 类,见表 8-2。

表 8-2　阳离子型表面活性剂分类及其名称

类型	结构	类型	结构
胺盐型	$R-NH_2 \cdot HCl$ 即 $(RNH_3)Cl$ $R-NH_2 \cdot CH_3COOH$ 即 $(RNH_3)CH_3COO$ $\begin{matrix}R_1\\|\\NH\\|\\R_2\end{matrix} \cdot HCl$ 即 $\left(\begin{matrix}R_1\\|\\NH_2\\|\\R_2\end{matrix}\right)Cl$ $[R-NH(CH_2CH_2NH)_nH] \cdot mHCl$ $\left(R-C\begin{matrix}N-CH_2\\\\N-CH_2\\|\\CH_2CH_2NH_2\end{matrix}\right) \cdot mHCl$	季铵盐型	$\left(\begin{matrix}R_2\\|\\R_1-N-R_3\\|\\R_4\end{matrix}\right)Cl$
		吡啶盐型	$(R-N\bigcirc)Cl$

简单的有机胺的盐可在酸性介质中用作润湿剂、乳化剂和分散剂。有机铵盐表面活性剂的缺点是:当溶液的 pH 值大于 7 时,自由胺析出,从而失去表面活性。

生产中需用的阳离子型表面活性剂多为季铵盐型。四个烷基中一般只有 1~2 个是长碳氢链,其余较短,一般只有 1~2 个碳原子,如十六烷基三甲基溴化铵。

季铵盐型的优点是:不受 pH 值变化的影响,不论在酸性介质还是中性介质中,季铵盐都不发生变化。季铵盐型的活性剂另一特点是其水溶解有很强的杀菌能力,因此常用作杀菌剂、消毒剂,如医用的典型杀菌剂十二烷基二甲基苄基溴化铵(医药名称为新洁尔贝)或十二烷基二甲基苄基氯化铵。

阳离子型表面活性剂除具有表面活性、杀菌作用外,还有一个重要的特点,即容易依附于一般固体表面,这是因为在水介质中的固体表面(固—液表面)一般是带负电荷的,阳离子型表面活性剂是带正电荷的,容易强烈地依附于固体表面上,因此常能使固体表面具有某些特性,如憎水性,而使之有些特殊用途。例如在油田配油基泥浆时,往往有些在油中不分散的膨润土,用这类阳离子型表面活性剂处理后,就能在油中分散,配制油基泥浆;又例如在矿物浮选时,阳离子型表面活性剂常作浮选剂,使矿粉表面变为憎水性,易附着于气泡上而浮选出来。此外,阳离子型表面活性剂在油田还用于防蜡、缓蚀、乳化、抑制地层的粘土膨胀等。

阳离子型表面活性剂的缺点是:价格昂贵,洗涤性能差,应用范围还没有阴离子型表面活性剂那样广泛。

3. 非离子型表面活性剂

非离子型表面活性剂应用于生产较晚,但发展很快,应用也日益广泛,它的很多性能超过离子型表面活性剂,故其有逐渐超过其他表面活性剂的趋势。

这类表面活性剂在水中不解离,亲水基团主要由具有一定数量的含氧基团(一般为醚基和羟基)组成,活性剂通过亲水基与水形成氢键而溶于水。由于氢键较弱,当水溶液温度升高时,结合的水分子脱离的倾向增加,当升到一定温度时,活性剂会从溶液中析出,使溶液变混浊,溶液呈混浊时的温度称为浊点。具有浊点是非离子型表面活性剂的特点之一。因此,使用非离子型表面活性剂时不得超过浊点。非离子型表面活性剂分为酯型、醚型、胺型、酰胺型、酯醚混合型 5 类。

1）酯型

酯型如山梨糖醇酐脂肪酸酯（斯盘型）：

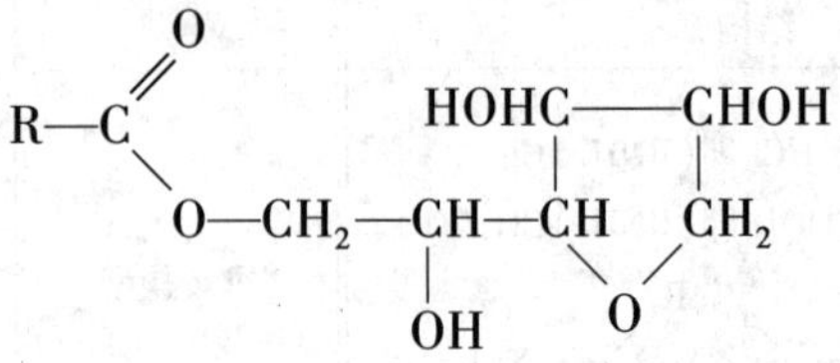

$$R-\overset{O}{\underset{\|}{C}}-O-CH_2-CH-CH\overset{HOHC-CHOH}{\underset{\underset{O}{\diagdown\diagup}}{\diagup}}CH_2$$

聚氧乙烯脂肪酸酯：

$$R-\overset{O}{\underset{\|}{C}}-O-(CH_2CH_2O)_{\overline{n}}H$$

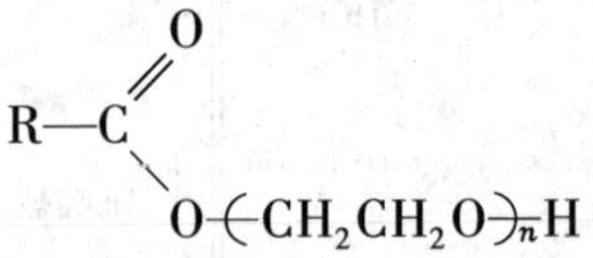

2）醚型

醚型如聚氧乙烯烷基醇醚（平平加型）：

$$R-O-(CH_2CH_2O)_{\overline{n}}H$$

聚氧乙烯烷基苯酚醚：

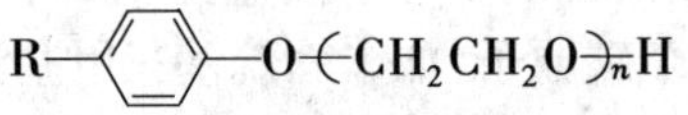

$$R-\text{C}_6\text{H}_4-O-(CH_2CH_2O)_{\overline{n}}H$$

3）胺型

胺型如聚氧乙烯脂肪胺：

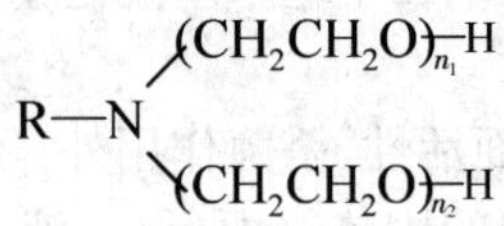

$$R-N\begin{Bmatrix}(CH_2CH_2O)_{\overline{n_1}}H\\(CH_2CH_2O)_{\overline{n_2}}H\end{Bmatrix}$$

4）酰胺型

酰胺型如聚氧乙烯酰胺：

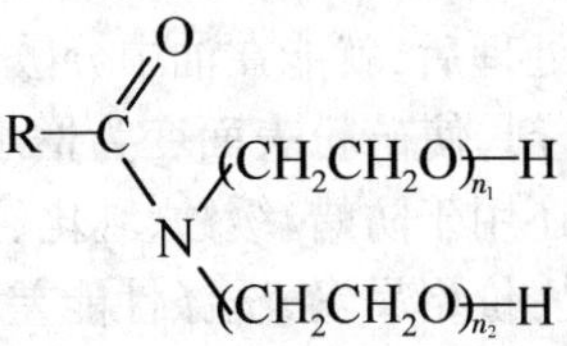

$$R-\overset{O}{\underset{\|}{C}}-N\begin{Bmatrix}(CH_2CH_2O)_{\overline{n_1}}H\\(CH_2CH_2O)_{\overline{n_2}}H\end{Bmatrix}$$

5）酯醚混合型

酯醚混合型如山梨糖醇酐脂肪酸酯聚氧乙烯醚型（吐温型）：

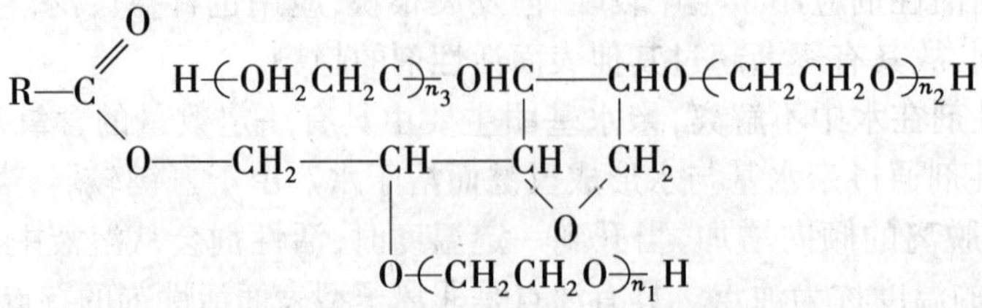

$$R-\overset{O}{\underset{\|}{C}}-O-CH_2-CH\underset{\underset{O-(CH_2CH_2O)_{\overline{n_1}}H}{|}}{-}CH\overset{H-(OH_2CH_2C)_{\overline{n_3}}OHC-CHO-(CH_2CH_2O)_{\overline{n_2}}H}{\underset{\underset{O}{\diagdown\diagup}}{\diagup}}CH_2$$

非离子型表面活性剂主要用于起泡剂、乳化剂、润湿剂、降阻剂、防蜡剂、缓蚀剂、油井增产、水井增注和提高原油采收率等很多方面，用途很广。

4. 两性表面活性剂

两性表面活性剂起活性作用部分带有两种电学性质,可分为阴离子—阳离子型、非离子—阴离子型、非离子—阳离子型3种类型。

这类表面活性剂的共同特点是水溶性强,在水中能够解离,不宜和碱土金属及其他一些金属离子如 Cu^{2+}、Ni^{2+}、Zn^{2+}、Cr^{3+} 一起作用。

如聚氧乙烯烷基醇醚硫酸酯钠盐,在水中可按下式解离:

$$R-O(CH_2CH_2O)_n SO_3 Na \longrightarrow R-O(CH_2CH_2O)_n SO_3^- + Na^+$$

其中起活性作用部分 $R-O(CH_2CH_2O)_n SO_3^-$ 既有非离子性也有阴离子性,故称为非离子—阴离子型两性表面活性剂。

如二(聚氧乙烯基)烷基甲基氯化铵:

$$\left[R-N \begin{array}{c} (CH_2CH_2O)_{n_1}H \\ | \\ (CH_2CH_2O)_{n_2}H \\ CH_3 \end{array} \right] Cl$$

属非离子—阳离子型两性表面活性剂。

如烷基二甲铵基丙酸内盐:

$$R-\overset{CH_3}{\underset{CH_3}{\overset{|}{N^+}}}-CH_2CH_2COO^-$$

属阴离子—阳离子型两性表面活性剂。

两性表面活性剂可用于杀菌剂、缓蚀剂、乳化剂、助染剂、抑制粘土膨胀和提高原有采收率等很多方面。

四、表面活性剂的命名

1. 阴离子型表面活性剂的命名

根据该类表面活性剂的分类,其命名也有两种方法:盐型、酯盐类。

(1)盐型:按盐的名称命名,即"某酸某"。

例如:$C_{17}H_{35}COONa$ 　　十八酸钠(硬脂酸钠)

　　　$C_{12}H_{25}SO_3Na$ 　　十二烷基磺酸钠

(2)酯盐类:既按酯(它是由某醇和某酸反应生成的酯)也按盐来命名"某酸酯某盐"。

例如:

$$C_{12}H_{25}-O-\underset{O}{\overset{O}{\underset{\|}{\overset{\|}{S}}}}-ONa$$ 　十二烷基醇硫酸酯钠盐(十二烷基硫酸钠)

$$C_{12}H_{25}-O-\underset{ONa}{\overset{O}{\underset{|}{\overset{\|}{P}}}}-ONa$$ 　十二烷基醇磷酸酯钠

2. 阳离子型表面活性剂的命名

阳离子型表面活性剂是由一种有机的阳离子和一种酸根离子组成的盐，因而按盐命名，举例见表 8-2 所列。

3. 非离子型表面活性剂的命名

非离子型表面活性剂主要根据合成的原料，同时也参照产物在有机物中的类别来命名。表 8-3 列出了一些非离子型表面活性剂的命名示例。

在非离子型表面活性剂名称后面，还常常附有数字，即分子式中的 n，那是指表面活性剂分子中氧乙烯的聚合度。例如聚氧乙烯十二醇醚 -10，所表示的表面活性剂结构式为：$C_{12}H_{25}-O+CH_2CH_2O+_{10}H$。

表 8-3 非离子型表面活性剂命名举例

合成原料	产物在有机物中分类	分子式	命名
氧乙烯[①] + 硬脂酸	酯	$C_{17}H_{35}-\underset{O}{\overset{O}{C}}-O+CH_2CH_2O+_nH$	聚氧乙烯硬脂酸酯
氧乙烯 + 壬基酚	醚	$C_9H_{19}-\bigcirc-O+CH_2CH_2O+_nH$	聚氧乙烯壬基酚醚
氧乙烯 + 十二醇	醚	$C_{12}H_{25}-O+CH_2CH_2O+_nH$	聚氧乙烯十二醇醚
氧乙烯 + 十二胺	胺	$C_{12}H_{25}-N\begin{smallmatrix}(CH_2CH_2O)_{n_1}H\\(CH_2CH_2O)_{n_2}H\end{smallmatrix}$	聚氧乙烯十二胺
氧乙烯 + 十二酰胺	酰胺	$C_{11}H_{23}-\underset{N}{\overset{O}{C}}\begin{smallmatrix}(CH_2CH_2O)_{n_1}H\\(CH_2CH_2O)_{n_2}H\end{smallmatrix}$	聚氧乙烯十二胺

①即环氧乙烷。

常用聚醚型表面活性剂常常用数字表示，如 2070、2040、2035 等，涵义是聚环氧丙烷憎水基的相对分子质量是 2000，亲水基聚氧乙烯基占总质量的 70%、40%、35%。可以调节原料配比，合成不同代号、不同性质聚醚型表面活性剂。

4. 两性表面活性剂的命名

两性表面活性剂命名是根据它属于哪"两性"，即非离子—阴离子型、非离子—阳离子型、阴离子—阳离子型，并参考上述的命名原则来命名的。

例如：

$$C_{12}H_{25}-\underset{CH_3}{\overset{CH_3}{N^+}}-CH_2COO^-$$ 十二烷基二甲铵基乙酸内盐

$$[C_{12}H_{25}-\underset{CH_3}{\overset{(CH_2CH_2O)_{n_1}-H}{N}}]Cl \qquad 二(聚氧乙烯基)烷基甲基氯化铵$$

$$C_{12}H_{25}-O(CH_2CH_2O)_n SO_3Na \qquad 聚氧乙烯十二醇醚硫酸酯钠盐$$

第二节 表面活性剂在溶液中的状态

表面活性剂在溶液中的分布和形态对降低溶液表面张力以及乳化、加溶、润湿、去污等性能有重要影响。

一、溶液表面层中表面活性剂的分布

1. 极稀溶液中的表面活性剂的分布

由于表面活性剂"两亲"结构的特点而使其自发地吸附于溶液表面,使水与空气的接触面减小,表面张力急剧下降。表面活性剂分子在溶液中的分布只有一种动态平衡,这种动态平衡包括两种运动倾向下的平衡:一方面有使其进入溶液中的倾向,另一方面又有脱离水的作用,这两种相反作用的结果使其优先在相界面上分布,发生正吸附,且维持扩散平衡,即:

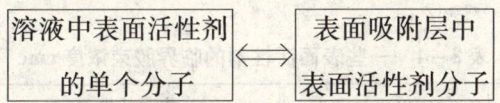

这时的形态如图 8-3(a)所示,采用平躺式的方式分布。因为只有这样,表面活性剂的浓度稍有变化,溶液表面性质就有明显变化,表面张力就会急剧减小。

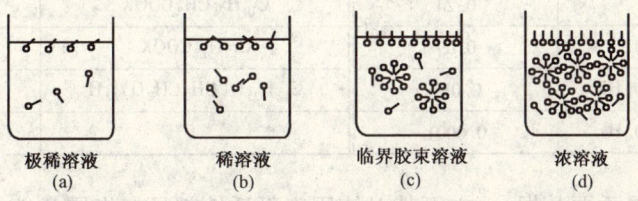

图 8-3 表面活性剂分子随浓度变化的分布特征

2. 稀溶液中的表面活性剂的分布

这时候由于表面活性剂分子的相互接近,虽继续维持上述动态平衡,但由于表面活性剂分子逐渐"翘出"水面,如图 8-3(b)所示,表面活性剂分子在溶液中的分布开始存在两种动平衡,即:

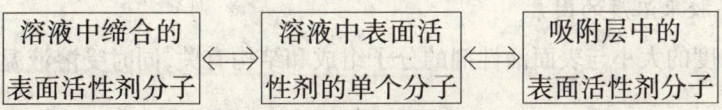

因此浓度增加改变相界面性质的能力减小,表面张力随浓度变化而变化的趋势减小。

当浓度继续增大至某一值时,表面活性剂在溶液表面吸附达到饱和状态。此时溶液表面

层中刚好排满一层定向(亲水基伸入水相,亲油基伸入气相或油相)排列的单分子层。同时,由于溶液中表面活性剂分子浓度增大,按极性相近规则,表面活性剂分子开始三三两两相互缔合形成胶束,如图8-3(c)所示。此时,在溶液中有下述动态平衡存在,即:

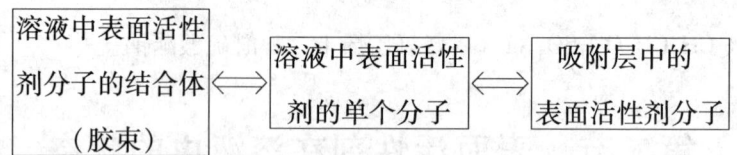

溶液中表面活性剂分子的结合体称为胶束,如图8-4所示。表面活性剂在溶液中达到表面饱和吸附时,由于溶液表面形成了定向紧密排列的活性剂分子膜,其性质恒定,不再因加入表面活性剂而变化,因此一定温度下表面张力为恒定值。

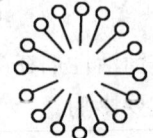

图8-4 表面活性剂胶束

二、溶液内部表面活性剂的分布

1. 临界胶束浓度(cmc)

因不同表面活性剂分子间的吸引力不同,所以在相同条件下(相同溶剂、温度),不同表面活性剂开始生成胶束的浓度也不同。表面活性剂在溶液中开始明显生成胶束的浓度称为临界胶束浓度(critical micelle concentration,即cmc)。一些由试验测得的临界胶束浓度列于表8-4。

表8-4 一些表面活性剂的临界胶束浓度cmc

表面活性剂	cmc, 10^2 mol·L^{-1}	表面活性剂	cmc, 10^2 mol·L^{-1}
$C_{12}H_{25}SO_3Na$	1	$C_8H_{17}CH_2COOK$	10
$C_{12}H_{25}OSO_3Na$	0.865	$C_8H_{17}CH(COOK)_2$	35
$C_{14}H_{29}OSO_3Na$	0.24	$C_{10}H_{21}CH_2COOK$	2.5
$C_{10}H_{21}O(CH_2CH_2O)_6H$	0.09	$C_{12}H_{25}COOK$	1.25
$C_{12}H_{25}O(CH_2CH_2O)_6H$	0.087	$C_{12}H_{25}O(CH_2CH_2O)_{12}H$	0.014
$C_{18}H_{37}O(CH_2CH_2O)_6H$	0.0001		

临界胶束浓度是重要数据,一方面其对使用表面活性剂具有指导意义,另一方面其数值的大小是衡量表面活性剂优劣的重要标志。

2. 浓溶液

在浓溶液(浓度远大于临界胶束浓度的溶液)中,溶液中的动平衡关系与表面活性剂在溶液表面吸附达到饱和状态时相同,但胶束的数量随着浓度的增大而增多,如图8-3(d)所示。这种表面活性剂浓溶液具有特殊性质,在采油中得到广泛应用。

3. 影响临界胶束浓度的因素

临界胶束浓度的大小与表面活性剂的分子组成和结构有关,同时受溶液温度、电解质的影响。现分述如下。

1) cmc与亲油基碳链长度的关系

在同系物中,不论是离子型或非离子型的表面活性剂,烃链中碳原子数目越多,cmc值就越低,因为烃链越长,憎水基之间的引力越大,越易相互缔合聚集成胶团。从表 8-4 数据可以看出,对于具有同一亲水基的离子型表面活性剂,如 R—OSO$_3$Na,每增加两个碳原子,cmc 值即降至原来的 1/4;对于直链的非离子型表面活性剂,如 R—O(CH$_2$CH$_2$O)$_6$H,憎水基碳链每增加两个碳原子,cmc 值即降低至原来的 1/10。含有苯环的表面活性剂,一个苯环对 cmc 的影响大约相当于 3.5 个次甲基—CH$_2$—对 cmc 值的作用。

2)亲水基数目对 cmc 的影响

表面活性剂分子中,亲水基的数目增加,cmc 值增加;每增加一个亲水基,cmc 值将提高 3~5 倍。例如 C$_8$H$_{17}$CH$_2$COOK 的 cmc 值为 0.10 mol·L^{-1},当—CH$_2$—中的一个氢原子被 -COOK 取代成为 C$_8$H$_{17}$CH(COOK)$_2$ 时,cmc 值升高到 0.35 mol·L^{-1},即提高 3.5 倍。因为亲水基数目的增加,显著地提高了亲水性,对离子型表面活性剂来说,也增强了表面活性剂离子之间的相互排斥作用,这些都不利于胶束的形成。

3)不同亲水基对 cmc 的作用

对于各类表面活性剂,当碳链相同时,亲水基的种类对 cmc 略有影响,例如 C$_{12}$H$_{25}$—链上连接不同的极性基,cmc 值依—N(CH$_3$)$_3^+$、—NH$_3^+$、—COO$^-$、—SO$_3^-$、—OSO$_3^-$ 的次序逐渐减小,但彼此相差不大。但是,离子型表面活性剂和非离子型表面活性剂相比,非离子型表面活性剂的 cmc 值要比离子型表面活性剂的 cmc 值低 100 倍左右。例如 C$_{12}$H$_{25}$O(CH$_2$CH$_2$O)$_{12}$H 的 cmc 值为 1.4×10^{-4} mol·L^{-1},上述 5 种离子型基团结合形成的表面活性剂其 cmc 值平均约为 1.2×10^{-2} mol·L^{-1}。

4)支链对 cmc 的影响

对于具有相同亲水基团、相同碳链的表面活性剂,亲油基中带有支链的表面活性剂的 cmc 值比带有直链的表面活性剂的 cmc 值要高一些,因为支链阻碍了烃链的自由转动与卷曲,使亲油基互相靠近的程度减小,因而胶束的形成要困难些。

5)溶液温度对 cmc 的影响

实验证明,溶液温度的变化对表面活性剂的临界胶束浓度有一定影响,但表面活性剂的类型不同,影响的情况也不同。

对于离子型表面活性剂,溶液温度升高,离子型表面活性剂在水中的溶解度增大,因而 cmc 值增大,见表 8-5。

表 8-5 不同溶液温度下几种阴离子型表面活性剂的 cmc 值

阴离子型表面活性剂名称	cmc,%(质量分数)		
	40℃	60℃	80℃
烷基磺酸钠	0.98	1.04	1.41
十二烷基磺酸钠	0.011	0.012	0.014
十四烷基磺酸钠	0.0025	0.036	0.0046

对于非离子型表面活性剂,从表面活性剂的水合性来分析,溶液温度升高,水和倾向减小(水和作用是放热的),在水中溶解度低,有利于胶束形成,使 cmc 值减小。因为这类表面活性剂的极性很弱,依靠多个羟基和醚氧链提高其亲水能力(这些羟基和醚氧键与水分子形成微弱的氢键);当溶液温度升高时,氢键削弱,结合的水分子数目减少,以致在某一温度后,表面

活性剂难溶于水面,出现混浊,因此溶液温度不得超过浊点,否则,将出现沉淀使胶束破环。可见非离子型表面活性剂的亲水性随溶液温度升高而减小,因而临界胶束浓度较小,见表8-6。

表8-6 不同溶液温度下几种非离子型表面活性剂的cmc值

非离子型表面活性剂	cmc,%(质量分数)		
	25°C	50°C	75°C
聚氧乙烯癸基醇醚-5	0.164	0.156	0.104
聚氧乙烯癸基醇醚-10	0.267	0.160	0.142
聚氧乙烯癸基醇醚-15	0.342	0.176	0.146
聚氧乙烯癸基醇醚-20	0.576	0.278	0.182
聚氧乙烯癸基醇醚-30	0.830	0.450	0.340

6)电解质对临界胶束浓度的影响

一般来说,电解质并不与水溶液中的胶束直接发生作用,但加入大量的电解质特别是强电解质,能使介质的物理性质发生改变,因而对cmc值产生一定的影响。

把电解质加到表面活性剂的胶束溶液中,电解质电离后产生大量带电离子,在它的周围产生静电场,可以使本来就带极性的水分子极性更强,这样就增强了水分子对表面活性剂分子憎水基的排斥作用。同时,由于大量的电解质离子的水合作用的竞争,使表面活性剂的亲水基的水合作用减少,这都是有利于胶束的生成而使临界胶束浓度降低。显然,电解质离子的电荷越高,离子半径约小,对cmc值影响越大。

对离子型表面活性剂来说,电解质的离子与带相反电荷的胶束粒子之间产生静电吸引作用,减少胶束周围扩散层的厚度,降低表面电荷,这有利于胶束的形成和扩大。

综上所述,在表面活性剂溶液中加入其他强电解质,可以使cmc值降低,有利于提高表面活性剂的表面活性。但对以油为介质的胶束体系,电解质对其cmc值不会发生重大影响。临界胶束浓度是表面活性剂活性强弱的一种量度,也是表面活性剂溶液介质发生突变,开始产生显著的润湿、乳化、洗涤作用的标志,cmc值越低,表面活性剂的活性越强,发生显著作用时所需的浓度就越低。临界胶束浓度是表面活性剂溶液各种物理性质发生显著改变的转折点,所以,测定临界胶束浓度值,对表面活性剂的应用及研究都具有重要价值。

4. 临界胶束浓度的测定方法

在临界胶束浓度时,表面活性剂溶液的表面张力、摩尔电导率、渗透压、电阻率、去污力等都会发生显著变化,如图8-5所示。所以理论上说,表面活性剂溶液的任何物理化学性质的突变,都可作为cmc值测定的依据。下面简单介绍一下表面张力法和电导法测定cmc,仅作为参考。

1)表面张力法

在溶液浓度很低时,表面活性剂溶液的表面张力随溶液浓度增大直线下滑,而后溶液浓度增加,表面张力下降变缓,到临界胶束浓度时表面张力基本上不因溶液浓度改变而改变。因此,配制不同浓度的表面活性剂系列溶液,在温度一定时,分别测量其表面张力,通常作浓度与表面张力的关系图即$\lg c - \sigma$图,得到图8-6所示的曲线,找出转折点的浓度,即临界胶束浓度。

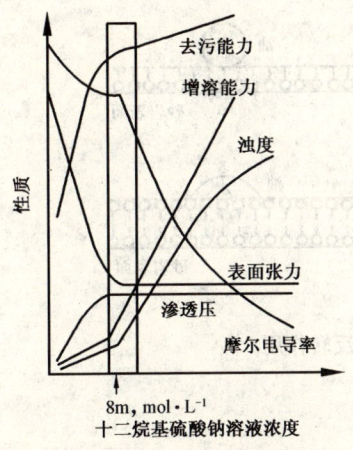
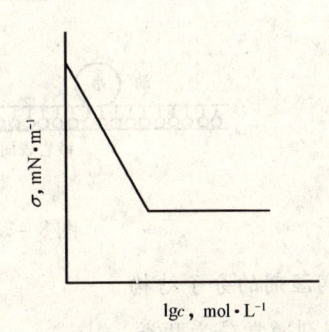

图 8-5　十二烷基硫酸钠溶液在其 cmc 值附近主要性质的变化　　图 8-6　表面活性剂的浓度—表面张力对数图

该方法的优点如下：

(1) 操作简单、灵敏度高，并且方法的灵敏度基本是与表面活性剂的活性高低无关。

(2) 不受无机盐的干扰，但是当表面活性剂中含有有机胺、羧酸、醇等表面活性剂的杂质存在时，$\lg c - \sigma$ 图上往往出现最低点，使转折点难以确定；反过来，最低点的出现也表明表面活性剂不纯，又成为鉴定表面活性剂纯度的一种手段。

2) 电导法

电导法是最早用于测定表面活性剂的 cmc 值的经典方法，但只适用于离子型表面活性剂。

该方法的依据是表面活性剂溶液的电导率或摩尔电导率在临界胶束浓度下突然变得与表面活性剂的浓度无关。因此，测定不同浓度表面活性剂溶液的电导率 λ，作 $\lambda - c$ 或 $\lambda - \sqrt{c}$ 图，找出曲线的折点，对应的浓度即为临界胶束浓度。

电导法对表面活性强的物质来说，$\lambda - c$ 曲线转折点明显，cmc 值测定的准确度高；对于表面活性弱的物质，电导法测定 cmc 值的准确度差；无机电解质对测定有干扰。

第三节　表面活性剂的性能与结构

随着工农业生产的发展，表面活性剂的品种日益增多，应用范围逐渐扩大，人们对种类繁多、结构复杂的表面活性剂在结构与性能的关系方面需要深入认识，了解性能与结构的内在联系。

一、润湿反转作用

1. 润湿反转作用

表面活性剂的润湿反转作用是指表面活性剂使固体表面的润湿性向相反方面转化的作用。起润湿作用的表面活性剂称为润湿剂。润湿剂所以能改变固体表面的性能，能将亲水表面变为亲油的表面或将亲油的表面变为亲水的表面，都是由于固体表面吸附了表面活性剂分子，改变了固体表面的结构，如图 8-7 所示。

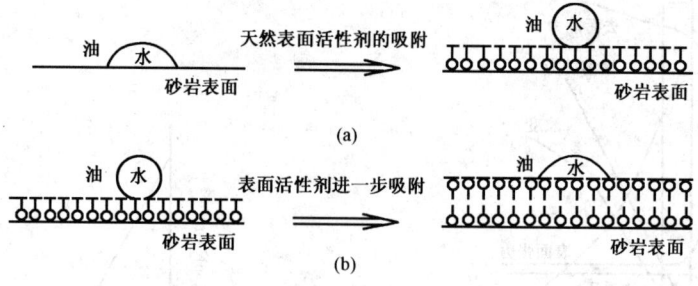

图 8–7 表面活性剂的润湿反转作用

2. 润湿剂的分子结构

润湿剂通常分为两类。

(1) 通过吸附降低表面能来改变固体表面润湿性的润湿剂。

实验表明：此类润湿剂分子最好带有支链，虽然分支结构不利于形成表面活性剂的缔合分子和胶束，却有利于它在表面上吸附改变固体表面的润湿性，具有好的润湿效果。如聚氧乙烯聚氧丙烯丙二醇醚–2070、丁二酸二异辛基酯磺酸钠等均是符合上述结构要求的润湿剂。对含直链烃的羧酸盐、磺酸盐、硫酸盐型活性剂，亲油基的碳原子数为 8~12 个最好，否则将影响润湿剂的吸附而减小润湿反转效果。

$$\begin{array}{l} CH_3-CH-O+C_3H_6O)_{17}+C_2H_4O)_{53}H \\ CH_2-O+C_3H_6O)_{17}+C_2H_4O)_{53}H \end{array}$$

聚氧乙烯聚氧丙烯丙二醇醚–2070

$$\begin{array}{l} CH_3 \\ CH_3-CH+CH_2)_5OOC-CH_2 \\ CH_3-CH+CH_2)_5OOC-CH-SO_3Na \\ CH_3 \end{array}$$

丁二酸二异辛基酯磺酸钠

(2) 通过与固体表面发生某种反应来改变固体表面润湿性的润湿剂。

因不同表面具有不同的特性，所以对表面活性剂的结构有不同要求。显然，反应能力越强，润湿效果越好，因此要求润湿剂的分子组成与结构要有利于反应发生。

砂石表面常表现出如下两种情况。

① 砂石表面是羟基化的。

砂石表面与水作用所产生的羟基化如下。

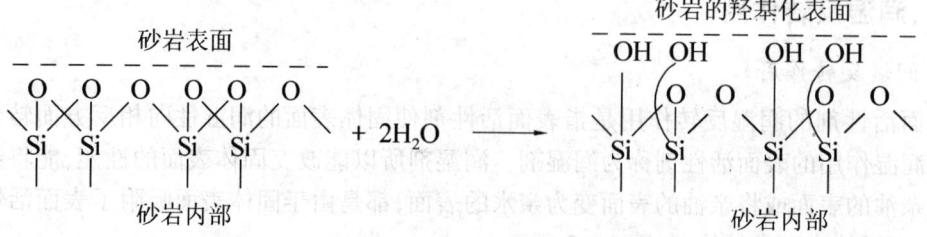

也可简单表示为

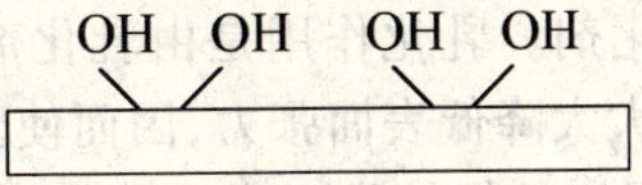

② 砂石表面是带负电的。

砂石表面带负电有两方面原因：一方面是由于晶格中原子的取代而产生的，如正三价的铝取代正四价的硅，就会由于电价不平衡使表面带负电；另一方面是由于砂石表面的羟基解离或选择性吸附负离子的结果。

依据砂石表面以上特性，有以下两类表面活性剂能与砂石表面反应而改变其润湿性。

一类是能与表面羟基反应的表面活性剂。如十二烷基二甲基一氯甲硅烷，可以发生下列反应使砂石表面由亲水反转为亲油。

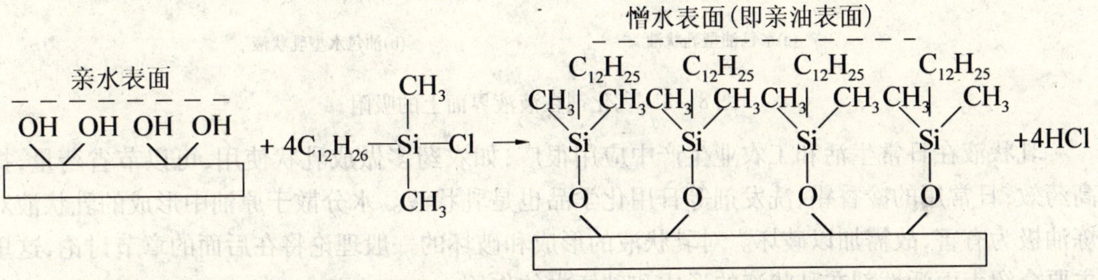

由于硅酸盐表面含有羟基和醚键，是亲水表面，所以凡是能与羟基发生反应的活性剂就是润湿剂，因为经过这样的反应，就使硅酸盐表面高度憎水化，即由亲水表面变成亲油表面。

另一类是能与负电表面反应的表面活性剂。如氯化十二烷基吡啶，在水中首先解离出活性阳离子($C_{12}H_{25}-\overset{+}{N}\bigcirc$)，再与负电表面发生如下反应，达到砂岩表面由亲水的变成亲油的。

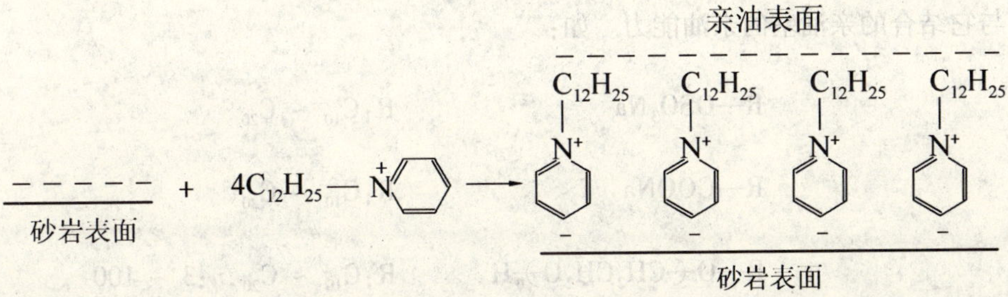

应当指明，不论是哪种吸附类型的润湿剂，都要求亲水基与亲油基有适当比例，即有适当的 HLB 值。

二、乳化与破乳作用

1. 乳化作用

将两种不相溶的液体放在一起，经剧烈搅拌后可以形成一种乳白色的不透明液体，称为乳状液。例如，牛奶就是一种天然乳状液，它是奶油的液滴分散于水中形成的；从地下采出的含水原油也是一种乳状液。前者称为水包油型乳状液，记作油/水或 O/W，后者是油包水型乳状液，记作水/油或 W/O。

乳化作用是指表面活性剂使乳状液易于产生并在产生后有一定稳定性的作用。具有这种作用的表面活性剂称为乳化剂。乳化作用是由乳化剂在液珠的液液界面上吸附引起的,此吸附(如图8-8所示)可大大降低表面张力,因而使乳状液易于产生。因乳化剂在液液界面上吸附产生的具有一定强度的保护膜可防止乳状液中液珠聚并变大,使乳状液有一定稳定性。

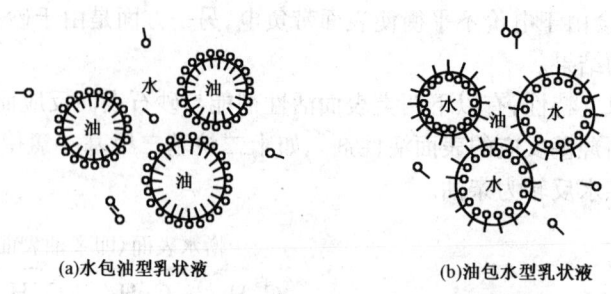

(a)水包油型乳状液　　　(b)油包水型乳状液

图8-8　乳化剂在液液界面上的吸附

乳状液在日常生活和工农业生产中应用很广,如农药多做成乳状使用,可以节省药量,提高药效;日常用的冷香霜、洗发剂等日用化学品也是乳状液。水分散于原油中形成的乳状液对炼油极为有害,故需加以破坏。对乳状液的形成和破坏的一般理论将在后面的章节讨论,这里主要介绍表面活性剂在乳状液的形成和破坏中的作用。

2. 乳化剂分子结构

因乳状液有水包油型和油包水型两种类型,因此对乳化剂分子结构的要求也不同。

1) 水包油型乳状液的乳化剂分子结构

制备水包油型乳状液所需表面活性剂的亲水基应较强,如—OSO_3Na、—$COONa$、—$COOK$、—SO_3Na 以及聚合度较大的聚氧乙烯基($n=3\sim100$),同时这些亲水基的亲水能力稍大于与它结合的亲油基的亲油能力。如:

$$R\text{—}OSO_3Na \qquad R:C_{10}\sim C_{20}$$

$$R\text{—}COONa \qquad R:C_{10}\sim C_{20}$$

$$R\text{—}O\text{(}CH_2CH_2O\text{)}_{\overline{n}}H \qquad R:C_{10}\sim C_{20},\ n:3\sim100$$

2) 油包水型乳状液的乳化剂分子结构

制备油包水型乳状液所需表面活性剂的亲水基应较弱,如—OH、—COOH、$\begin{matrix}\text{—COO}\\\text{—COO}\end{matrix}\!\!\diagup\!\!\text{Ca}$、$\begin{matrix}\text{—SO}_3\\\text{—SO}_3\end{matrix}\!\!\diagup\!\!\text{Ca}$、$\begin{matrix}\text{—OSO}_3\\\text{—OSO}_3\end{matrix}\!\!\diagup\!\!\text{Ca}$ 以及聚合度较小的聚氧乙烯基($n=1\sim2$),同时这些亲水基的亲水能力稍小于与它结合的亲油基的亲油能力。如

$$\text{R—COOH} \qquad\qquad R:C_{10}\sim C_{20}$$

$$\begin{array}{c}\text{R—COO}\\ \qquad\quad\diagdown\\ \qquad\qquad\text{Ca}\\ \qquad\quad\diagup\\ \text{R—COO}\end{array} \qquad R:C_{10}\sim C_{20}$$

$$\begin{array}{c}\text{R—SO}_3\\ \qquad\quad\diagdown\\ \qquad\qquad\text{Ca}\\ \qquad\quad\diagup\\ \text{R—SO}_3\end{array} \qquad R:C_{10}\sim C_{20}$$

$$\text{R—O}(\text{CH}_2\text{CH}_2\text{O})_n\text{H} \qquad R:C_{10}\sim C_{20},\ n:1\sim 2$$

3. 破乳作用

用于破乳剂的表面活性剂应能强烈地吸附于油—水界面上,用以顶替在乳状液中生成牢固吸附膜的乳化剂,产生的新吸附膜强度要小,有利于分散的液珠破裂和聚结。当前,原有破乳剂多为水溶性的非离子型活性剂,如 2070(聚氧乙烯聚氧丙烯二醇醚 – 2070),SP – 169(聚氧乙烯聚氧丙烯十八醇醚),BP169(聚氧乙烯聚氧丙烯二醇醚)等,相对分子质量高达数千,聚氧乙烯基团大,容易被吸附于界面,被吸附的分子大约是平躺在界面上,分子间的引力较小,界面膜较薄,强度也差,因而易于破乳。

三、起泡与消泡

1. 起泡作用

起泡作用是指表面活性剂使泡沫易于产生并在产生后有一定稳定性的作用。具有这种作用的表面活性剂称为起泡剂。

与乳状液相似,泡沫也是一种分散系,即气体分散于液体中的分散系;由于气体的密度比液体密度小得多,因此总是浮在液面上,泡沫是大量的气泡的聚集物。起泡作用是由起泡剂在气泡的气液界面上吸附引起的,此吸附(如图 8 – 9 所示)可大大降低表面张力,因而使泡沫易于产生。因起泡剂在气液界面上吸附产生的具有一定强度的保护膜可防止泡沫中气泡聚并变大,使泡沫有一定稳定性。

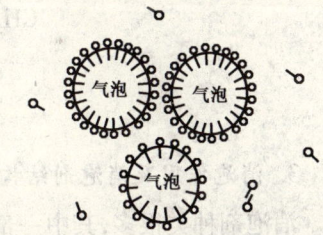

图 8 – 9 起泡剂在气液界面上的吸附

2. 起泡剂分子结构

好的起泡剂应具备两个条件:一是易于产生泡沫;二是产生的泡沫有较好的稳定性。因此其分子结构应该满足如下条件。

(1) 对一定的亲水基、亲油基有一个适宜长度的烃链,以便起泡剂具有较好的降低表面张力的能力,使得泡沫易于产生。如 R—OSO$_3$Na 中要求 R:C$_{14}$ ~ C$_{16}$;R—SO$_3$Na 中要求 R:C$_{13}$ ~ C$_{14}$;R—COONa 中要求 R:C$_{12}$ ~ C$_{14}$;R—O(CH$_2$CH$_2$O)$_{5\sim 6}$H 中要求 R:C$_{12}$ 等。

(2) 为使产生的泡沫有较好的稳定性,应要求起泡剂的吸附层(即保护膜)有足够的强度,具体地讲,起泡剂的分子结构应具备下列条件。

① 非极性部分若有苯基,则苯基最好在烃链的一端。若苯基上有亲水基,则亲水基应和烃基对位,这样的结构具有较好的稳定泡沫的能力。例如下面三种十二烷基苯磺酸钠中第一种稳定泡沫能力最强。

$$CH_3\!-\!\!\!\left(CH_2\right)_{\!11}\!\!-\!\!\!\bigcirc\!\!-\!SO_3Na$$

$$CH_3\!-\!\!\!\left(CH_2\right)_{\!5}\!\!-\!CH\!-\!\left(CH_2\right)_{\!4}\!\!-\!CH_3$$
$$|$$
$$\bigcirc$$
$$|$$
$$SO_3Na$$

$$CH_3\!-\!\!\!\left(CH_2\right)_{\!11}\!\!-\!\!\!\bigcirc\!\!-\!SO_3Na$$ (邻位)

② 非极性碳氢链最好是没有支链。这样更有利于吸附层的定向排列，非极性部分的横向结合力也比较强。例如下面两种都是十二烷基磺酸钠，但前者的稳定泡沫性能大于后者。

$$CH_3\!-\!\!\!\left(CH_2\right)_{\!11}\!\!-\!SO_3Na$$

$$CH_3\!-\!CH\!-\!CH_2\!-\!CH\!-\!CH_2\!-\!CH\!-\!CH_2\!-\!CH\!-\!SO_3Na$$
$$\ \ \ \ \ |\ \ \ \ \ \ \ \ \ \ \ \ \ \ \ \ |\ \ \ \ \ \ \ \ \ \ \ \ \ \ \ \ |\ \ \ \ \ \ \ \ \ \ \ \ \ \ \ \ |$$
$$\ \ \ \ CH_3\ \ \ \ \ \ \ \ \ \ \ \ CH_3\ \ \ \ \ \ \ \ \ \ \ \ CH_3\ \ \ \ \ \ \ \ \ \ \ \ CH_3$$

③ 有两个或两个以上亲水基的表面活性剂不易作起泡剂，如

$$CH_3\!-\!\!\!\left(CH_2\right)_{\!5}\!CH\!-\!CH_2\!-\!CH\!=\!CH\!-\!\!\!\left(CH_2\right)_{\!7}\!COONa$$
$$\ |$$
$$\ \ \ \ \ \ \ \ \ \ \ \ \ \ \ \ \ \ OH$$

蓖麻酸钠

$$CH_3\!-\!CH\!-\!O\!-\!\!\!\left(C_3H_6O\right)_{\!17}\!\!\left(C_2H_4O\right)_{\!53}\!H$$
$$\ \ \ \ \ \ \ \ |$$
$$\ \ \ \ CH_2\!-\!O\!-\!\!\!\left(C_3H_6O\right)_{\!17}\!\!\left(C_2H_4O\right)_{\!53}\!H$$

聚氧乙烯聚氧丙烯丙二醇醚-2070

3. 消泡作用及消泡剂结构

消泡剂种类很多，其中一部分也是表面活性剂，这种表面活性剂能取代或挤走起泡剂分子，形成强度差的吸附膜，以降低泡沫的稳定性。根据这种要求，作为消泡剂的表面活性剂，应易吸附于表面上，具有很强的降低表面张力的能力，需要活性剂在液相表面排列松散，进而很快地在液面上铺展。因此，带有支链的表面活性剂应是好的消泡剂。

生产上用的消泡剂种类如带支链的醇：异辛醇、异戊醇、二异丁基丁醇等。非离子型表面活性剂因不能形成强的表面膜，气泡性差，如豆油、蓖麻油、四氯化碳、磷酸三丁酯等也是有效的消泡剂。

四、增溶(加溶)作用

1. 增溶(加溶)作用

增溶(加溶)作用是指表面活性剂使难溶的固体或液体的溶解度显著增大的作用，具有这种作用的表面活性剂称为增溶剂。许多有机物如烃类、高级醇、油脂等难溶于水，但在一定浓度的活性剂水溶液中加入上述有机物，则其溶解度增大，这种现象称为活性剂的作用(也叫做增溶作用)。如乙基苯基本上不溶于水，但在 $0.3\,mol\cdot L^{-1}$ 的十六酸钾中的溶解度可达

0.29mol·L^{-1}；100mL15%松香酸钠溶液可溶解11.2mL松节油，而在纯水中松节油基本上是不溶解的。

增溶作用形成的是稳定的均相体系，和溶液一样，不会自动分离。

增溶作用和表面活性剂在溶液中的状态密切相关，如增溶物2-硝基二苯胺在不同浓度的月桂酸钾溶液中，当月桂酸钾的浓度小于临界胶束浓度以前，2-硝基二苯胺的溶解度很小，并且与月桂酸钾的浓度无关；到达临界胶束浓度以后，2-硝基二苯胺的溶解度迅速增大，这表明增溶作用与表面活性剂在溶液中的胶束形成密切相关。当表面活性剂浓度尝试超过临界胶束浓度以后，在水溶液中形成了以非极性基为内核的胶束，胶束的内囊类似液态烃(如饱和脂肪烃、环烷烃极其类似物)，进入胶团内部，就像溶于液体烃一样。研究证明，这些增溶剂完全处于非极性环境中，液态烃溶于增溶剂后，胶团体积变大，有的可增加一倍以上。对于易极化的烃类化合物，如苯、乙苯等，增溶剂也可处胶团—水的界面处。增溶剂中长的极性分子如长链胺、高级醇等，也可插入胶团的表面活性剂分子之间，非烃部分插入胶团内部，极性端混合于表面活性剂极性基之间。不管哪种增溶方式，胶束的形成都是首要条件。

2. 增溶剂的分子结构

从增溶的原因可以看出，增溶作用的大小与增溶剂的结构、胶团的数目和胶团的大小有直接关系，同时也与增溶剂的性质以及温度、电解质等外界因素有关。

增溶作用随胶团体积及数量增大而增大，因此，凡有利于胶束形成的因素都有利于增溶作用。

(1)表面活性剂的同系物中碳原子数增大，cmc值减小，胶团数量增加，增溶作用增强。

(2)表面活性剂亲油基上最好没有支链，因为有支链比直链增溶作用小。

(3)有不饱和结构的表面活性剂增溶作用较差，因为这些表面活性剂的cmc值相对较大，胶束数较少。

(4)非离子型表面活性剂的增溶作用大于具有相同亲油基的离子型表面活性剂的增溶作用，因为非离子型表面活性剂有较小的胶束浓度。

增溶作用为提高原油采收率提供了一个有效途径——胶束驱油。利用表面活性剂的增溶作用将地下原油溶解，就可提高原油采收率。在表面活性剂的洗涤作用中，表面活性剂的增溶对去除油垢也起着重要作用。

第四节　表面活性剂的HLB值

一、HLB值的意义

所有的表面活性剂都是由亲水基与憎水基两部分组成的，亲水性和憎水性的相对强弱是影响表面活性剂极性的重要因素。例如要形成稳定的乳状液，乳化剂的亲水性和憎水性必须有恰当的比例。为此，美国"阿特拉斯"(Atlas)研究机构提出了表面活性剂的亲水—憎水平衡值概念，在实践上具有一定的指导意义。

亲水—憎水平衡值(Hydrophile - Lyophile Balance)简称HLB值，是一个相对数值，代表了表面活性剂亲水性和憎水性的大小，即

$$\text{表面活性剂 HLB 值} = \frac{\text{亲水基的亲水性}}{\text{憎水基的憎水性}}$$

HLB 值越大,说明表面活性剂的亲水性越大,越易溶于水;HLB 值越小,亲水性越弱,亲油性越强,水溶性减弱,油溶性增强。

二、HLB 值的确定

由于 HLB 值是相对值,可以选定某一亲油性强的表面活性剂和一个亲水性强的表面活性剂作为标准给予一定值,其他表面活性剂可以此作为标准求相对值。

通常令亲油性强的油酸 $C_{17}H_{33}COOH$ 的 HLB 值为 1,亲水性强的油酸钠 $C_{17}H_{33}COONa$ HLB 的值为 18,以这两个数值为标准用试验或其他方法确定其他表面活性剂的 HLB 值。

(1) 用标准表面活性剂配制不同 HLB 值的混合表面活性剂,示例见表 8-7。

表 8-7 混合表面活性剂的 HLB 值

序号	混合表面活性剂 质量分数(油酸),%	混合表面活性剂 质量分数(油酸钠),%	混合表面活性剂的 HLB 值	序号	混合表面活性剂 质量分数(油酸),%	混合表面活性剂 质量分数(油酸钠),%	混合表面活性剂的 HLB 值
1	60%	40%	1×0.6+18×0.4=7.8	4	20%	80%	1×0.2+18×0.8=14.6
2	40%	60%	1×0.4+18×0.6=11.2	5	10%	90%	1×0.1+18×0.9=16.3
3	30%	70%	1×0.3+18×0.7=12.9				

(2) 用配制好的混合表面活性剂去乳化一种油,并把乳化最稳定的混合表面活性剂的 HLB 值称为这种乳化所需的 HLB 值。

应注意每种油乳化所需的 HLB 值有两个,一是乳化成油包水型时所需的 HLB 值,另一个是乳化成水包油型时所需的 HLB 值。如用表 8-7 中的混合表面活性剂乳化煤油,发现序号为"2"的混合表面活性剂能使煤油乳化成水包油型较稳定的乳状液,则这种煤油乳化成水包油型乳状液所需的 HLB 值约为 11.2。然后在 HLB 值为 11.2 附近再配制几种混合表面活性剂,重复进行乳化试验,以便求得更为准确的该煤油乳化所需的 HLB 值。最后测得石蜡油乳化成水包油型乳状液所需的 HLB 值约为 10.5。表 8-8 列出了上述方法测得的一些油乳化所需的 HLB 值。

表 8-8 一些油乳化所需的 HLB 值

油	乳化所需的 HLB 值 水/油(W/O)	乳化所需的 HLB 值 油/水(O/W)	油	乳化所需的 HLB 值 水/油(W/O)	乳化所需的 HLB 值 油/水(O/W)
煤油	—	12.5	苯	—	15
沥青	—	12~14	四氯化碳		16
石油	4~5	10~12	蓖麻油		14
重矿物油	4	10.5	轻矿物油	4	10.0
芳烃矿物油	4	12	石蜡油	4	10.5
烷烃矿物油	4	10	微晶蜡		9.5
矿脂	4	7~8	石蜡	4	9.0

（3）将未知 HLB 值的表面活性剂与已知 HLB 值的表面活性剂配成不同比例的混合表面活性剂，并用它们乳化已知 HLB 要求值的油，测得某比例的混合表面活性剂对这种油有最好的乳化效果。由已知 HLB 值的表面活性剂的 HLB 值、已知和未知 HLB 值的表面活性剂的比例、油乳化所需的 HLB 值来求得未知表面活性剂的 HLB 值。

如用油酸钠作已知 HLB 值的表面活性剂，将它和未知 HLB 值的表面活性剂配成不同比例的混合表面活性剂，然后用其乳化煤油。由乳化试验测得使煤油乳化成水包油型稳定乳状液的已知和未知 HLB 值表面活性剂的比例为 0.45∶0.55，未知 HLB 值表面活性剂的 HLB 值计算可得

$$\frac{0.45}{0.45 + 0.55} \times 18 + \frac{0.55}{0.45 + 0.55} \times HLB = 12.5$$

$$HLB = 8.0$$

表 8-9 列出了一些由试验测得的表面活性剂的 HLB 值。目前，大多数表面活性剂的 HLB 值范围为 1~20。

表 8-9　常用表面活性剂的 HLB 值

表面活性剂名称	商品名称	HLB 值	表面活性剂名称	商品名称	HLB 值
油酸	—	1.0	聚氧乙烯硬脂酸酯-30	SE30	16.0
失水山梨醇三油酸酯	Span-85（斯盘产品，下同）	1.8	聚氧乙烯硬脂酸酯-40	SE40	16.7
失水山梨醇硬脂酸酯	Span-65	2.1	聚氧乙烯失水山梨醇月桂酸单酯	Tween-20	16.7
失水三梨醇单油酸酯	Span-60	4.7	聚氧乙烯硬脂酸酯-30	TX-30	17.0
失水三梨醇单硬脂酸酯	Span-80	4.3	油酸钠	钠皂	18.0
聚氧乙烯月桂酸酯-2	LAE-2	6.1	油酸钾	钾皂	20.0
失水山梨醇单月桂酸酯	Span-20	8.6	十六烷基乙基吗啉基乙基硫酸盐	AltasG263	25~30
聚氧乙烯油酸酯-4	OE4	7.7	十二烷基硫酸钠	AS	40
聚氧乙烯十二醇醚-4	MOA4	9.5	聚醚 L31	PluronicL31	3.5
十二(十二烷基)二甲基氯化铵	—	10.0	聚醚 L61	PluronicL61	3.0
十四烷苯磺酸钠	ABS	11.7	聚醚 L81	PluronicL81	2
油酸三乙醇胺	FM	12.0	聚醚 L42	PluronicL42	8
聚氧乙烯壬基苯酚醚-9	OP-9	13.0	聚醚 L62	PluronicL62	7
聚氧乙烯十二胺-5	—	13.0	聚醚 L72	PluronicL70	6.5
聚氧乙烯辛基苯酚醚-10	Trilonx-100（TX-10）	13.5	聚醚 L63	PluronicL63	11.0
聚氧乙烯山梨醇单硬脂酯	Tween-60（吐温产品，下同）	14.9	聚醚 L64	PluronicL64	15
聚氧乙烯山梨醇单油酸酯	Tween-80	15.0	聚醚 F88	PluronicF68	29
十二烷基三甲基氯化铵	DTC	15.0	聚醚 F88	PluronicF88	24
聚氧乙烯十二铵-15	—	15.3	聚醚 L108	PluronicL108	27
聚氧乙烯失水山梨醇棕榈酸单酯	Tween-40	15.6	聚醚 L35	PluronicL35	18.5

三、HLB值的计算方法

用乳化试验测定表面活性剂的HLB值是最直接、最可靠的方法。依据试验数据整理出了一些计算HLB值的公式,提出了一些计算HLB值的方法。

下面介绍两种HLB值的计算方法,即基数法和质量分数法。

1. 基数法

把表面活性剂的结构分解为一些基团,确定每个基团对HLB值的贡献,称之为HLB值的基团基数法。此法适用于一些阴离子型和非离子型表面活性剂的HLB值计算。表8-10给出了一些亲水基团和亲油基团的基数。

表8-10 一些亲水基团和亲油基团的基数

亲水基团	基数	亲油基团	基数	亲水基团	基数	亲油基团	基数
—OSO_3Na	38.7	—CH—	0.475	脂(自由)	2.4	—CF_2—	0.870
—COOK	21.1	—	—	—COOH	2.1	—CF_3	0.870
—COONa	19.1	—CH_2—	0.475	—OH	1.9	苯环	1.662
—SO_3Na	11.0	—CH_3	0.475	—O—	1.3		
—COO(R)	2.4	=CH—	0.475				

根据表面活性剂的结构,将有关的基数带入式(8-1),即可求出该表面活性剂的HLB值,即

$$HLB = 7 + \sum H - \sum L \tag{8-1}$$

式中 $\sum H$——亲水基团基数;

$\sum L$——亲油基团基数。

[例8-1] 计算十二烷基磺酸钠的HLB值。

解:十二烷基磺酸钠的结构式为$C_{12}H_{25}SO_3Na$,其中亲水基团为—SO_3Na,亲油基团为1个—CH_3,11个—CH_2—,将相应的基数带入公式得

$$HLB = 7 + \sum H - \sum L = 7 + 11.0 - (11 + 1) \times 0.475 = 12.3$$

[例8-2] 计算油酸钠的HLB值。

解:油酸钠的结构式为$C_{17}H_{33}COONa$,其中亲水基团为—COONa,亲油基团为1个—CH_3,16个—CH_2—,将相应的基数代入公式得

$$HLB = 7 + \sum H - \sum L = 7 + 19.1 - 17 \times 0.475 = 18.0$$

2. 质量分数法

质量分数法适用于计算含聚氧乙烯基的非离子型表面活性剂的HLB值,计算公式为

$$HLB = \frac{亲水基团相对分子质量}{亲水基团相对分子质量 + 亲油基团相对分子质量} \times 20 \tag{8-2}$$

[例8-3] 计算聚氧乙烯十二醇醚-7的HLB值。

解:依据 $C_{12}H_{25}-O(CH_2CH_2O)_7H$

亲水基团相对分子质量 $= 16 + 44 \times 7 + 1 = 325$

亲油基团相对分子质量 $= 12 \times 12 + 1 \times 25 = 169$

$$HLB = 325 \times 20/(325 + 169) = 13.2$$

[例8-4] 计算聚氧乙烯聚氧丙烯丙二醇醚-2070的HLB值。

解:依据

$$CH_3-CH-O(C_3H_6O)_{17}(C_2H_4O)_{53}H$$
$$CH_2-O(C_3H_6O)_{17}(C_2H_4O)_{53}H$$

亲水基团相对分子质量 $= 4666$

亲油基团相对分子质量 $= 2046$

$$HLB = 4666 \times 20/(4666 + 2046) = 14.0$$

四、HLB值的应用

1. HLB值与表面活性剂应用性能的关系

在实际工作中,参考HLB值,对于选择乳化、分散、润湿、去污、增溶作用的表面活性剂是一个较好的办法。HLB值与表面活性剂应用性能的对应关系见表8-11。

表8-11 HLB值与表面活性剂应用性能的关系

HLB值	表面活性剂应用性能	HLB值	表面活性剂应用性能
1.5~3.0	消泡作用	12~15	润湿作用
3.0~6.0	W/O乳化剂	13~15	去污作用
7~18	O/W乳化剂,起泡作用	15~18	增溶作用

值得注意的是:HLB值的确定仅仅是从表面活性剂本身的性质出发,没有考虑表面活性剂与水相的相互作用,也没有考虑到与另一相(油相、气相)的相互作用,而实际上这些相的相互影响往往比表面活性剂本身的性质还重要。实际上,在具体问题中HLB值的确定往往有较大的偏离。例如,HLB值在8以上的表面活性剂,皆可作为乳化剂;洗涤剂和增溶剂的HLB值也不限于上述数值的范围,所以,HLB值是一个参考值。当不知道选用何种表面活性剂时,可以用HLB值作为参考,但绝不能作为唯一的根据,表面活性剂最后的确定还要以实践为依据。

一般地说,选用表面活性剂要考虑两个方面,一是表面活性剂的HLB值,二是表面活性剂的分子结构。例如聚氧乙烯十二醇醚,从分子结构看适合作乳化剂,但聚氧乙烯聚合度不同,聚氧乙烯十二醇醚的HLB值和它们的乳化性能也不同,这时就要考虑HLB值的影响。再如

直链型:$CH_3(CH_2)_{11}SO_3Na$

支链型:$CH_3-CH-CH_2-CH-CH_2-CH-CH_2-CH-SO_3Na$
$\qquad\qquad\ \ |\qquad\quad\ \ |\qquad\quad\ \ |\qquad\quad\ \ |$
$\qquad\qquad CH_3\quad\ \ CH_3\quad\ \ CH_3\quad\ \ CH_3$

这两种表面活性剂的HLB值都是12.3,但前者适合作乳化剂,后者亲油基团有较多的支链,横向引力弱,形成的界面膜强度小,因而适合作润湿剂,不适合作乳化剂。

2. HLB 值的加和性

表面活性剂 HLB 值有加和性,根据这种性质可以求得表面活性剂混合物的 HLB 值。

[例 8-5] 已知斯盘 40 的 HLB 值为 6.7,吐温 80 的 HLB 值为 15,求 30% 的斯盘 40 与 70% 的吐温 80(质量分数)混合物的 HLB 值。

解:根据 HLB 值的加和性,混合物的 HLB 值为

$$0.3 \times 6.7 + 0.7 \times 15.0 = 12.5$$

第五节　油田常用表面活性剂

一、磺酸盐型表面活性剂

1. 烷基磺酸钠

烷基磺酸钠可用石油馏分为原料制得。如在紫外光及 28~35℃ 条件下,将含 $C_{12} \sim C_{18}$ 正构烷烃的石油馏分与氯、二氧化硫反应,生成烷基磺酰氯

$$\underset{(R:C_{12} \sim C_{18})}{R\!-\!H} + Cl_2 + SO_2 \xrightarrow[28 \sim 35℃]{紫外光} \underset{(烷基磺酰氯)}{R\!-\!SO_2Cl} + HCl$$

然后与氢氧化钠反应,即得烷基磺酸钠(相对分子质量为 270~360)

$$R\!-\!SO_2Cl + 2NaOH \longrightarrow \underset{(烷基磺酸钠)}{R\!-\!SO_3Na} + NaCl + H_2O$$

$C_{12} \sim C_{18}$ 的烷基磺酸钠具有极好的水溶性,同时其钙盐和镁盐也具有很好的水溶性。但是随着烷基碳原子数的增加,烷基磺酸钠的水溶性减小,相应地油溶性增加。例如烷基碳原子数超过 20 时(相对分子质量超过 380),烷基磺酸钠就开始变成亲油的表面活性剂。

除烷基磺酸钠外,还有烷基磺酸钾、烷基磺酸铵等烷基磺酸盐,因均为烷基磺酸的一价金属盐,其性质非常相近。

2. 烷基苯磺酸钠

烷基苯磺酸钠也是以石油馏分为原料制得。如在紫外光及 60~70℃ 条件下,将石蜡油馏分(相当于含 $C_{10} \sim C_{14}$ 的烷烃)与氯反应,生成氯化石蜡油

$$\underset{(R:C_{10} \sim C_{14})}{R\!-\!H} + Cl_2 \xrightarrow[60 \sim 70℃]{紫外光} \underset{(氯化石蜡油)}{R\!-\!Cl} + HCl$$

然后氯化石蜡油与苯反应,得到烷基苯

$$R\!-\!Cl + \underset{}{\bigcirc} \xrightarrow[70 \sim 75℃]{Al} \underset{(烷基苯)}{R\!-\!\bigcirc} + HCl$$

烷基苯可用发烟硫酸磺化成烷基苯磺酸

$$R\!-\!\bigcirc + H_2SO_4 \xrightarrow[35 \sim 40℃]{} \underset{(烷基苯磺酸)}{R\!-\!\bigcirc\!-\!SO_3H} + H_2O$$

最后用氢氧化钠中和,制得烷基磺酸钠(相对分子质量为 320~380)

$$R-\underset{}{\bigcirc}-SO_3H + NaOH \rightarrow R-\underset{}{\bigcirc}-SO_3Na + H_2O$$
（烷基苯磺酸钠）

烷基苯磺酸钠与烷基磺酸钠结构上相差一个苯环，试验证明二者的性质和用途非常相近。

3. 季铵盐型表面活性剂

季铵盐型表面活性剂是由叔胺与卤代烃反应生成。如十八烷基三甲基氯化铵是由十八烷基二甲基胺与一氯甲烷反应得到

$$C_{18}H_{37}-\underset{CH_3}{\overset{CH_3}{N}} + CH_3Cl \xrightarrow{85\sim 90℃} [C_{18}H_{37}-\underset{CH_3}{\overset{CH_3}{N}}-CH_3]Cl$$

（十八烷基二甲基胺）　（一氯甲烷）　　　（十八烷基三甲基氯化铵）

其他季铵盐型表面活性剂表示如下为

$$[C_{18}H_{37}-\underset{CH_3}{\overset{CH_3}{N}}-CH_3]Br \qquad [C_{18}H_{37}-\underset{CH_3}{\overset{CH_3}{N}}-CH_3]NO_3$$

$$[C_{18}H_{37}-\underset{CH_3}{\overset{CH_3}{N}}-CH_3]_2SO_4 \qquad [C_{18}H_{37}-\underset{CH_3}{\overset{CH_3}{N}}-CH_3]CH_3COO$$

季铵盐型表面活性剂可用于含酸、含碱或含钙、镁离子的水中，在这些溶液中均可溶解并能解离出具有活性的阳离子。在低浓度下（发生沉淀前）阳离子型、阴离子型表面活性剂可复配使用，而且复配表面活性剂降低表面张力的能力远远大于同条件下单一离子型表面活性剂单独存在时所具有的能力，即有显著的协同效应。但在高浓度下阳离子型表面活性剂不能与阴离子型表面活性剂复配使用，否则会发生沉淀。如十八烷基三甲基氯化铵与十二烷基磺酸钠可发生反应，即

$$[C_{18}H_{37}-\underset{CH_3}{\overset{CH_3}{N}}-CH_3]Cl + C_{12}H_{25}-SO_3Na \rightarrow [C_{18}H_{37}-\underset{CH_3}{\overset{CH_3}{N}}-CH_3]C_{12}H_{25}SO_3\downarrow + NaCl$$

4. 聚氧乙烯烷基醇醚及聚氧乙烯烷基苯酚醚

1) 聚氧乙烯烷基醇醚（平平加型表面活性剂）

聚氧乙烯烷基醇醚是一类重要的醚型表面活性剂，由烷基醇和环氧乙烷反应生成，即

$$R-OH + n\,CH_2-CH_2 \xrightarrow[0.2\sim 1.2MPa]{NaOH,\ 120\sim 150℃} R-O(CH_2CH_2O)_nH$$
（聚氧乙烯烷基醇醚）

此类表面活性剂的烷基通常为 $C_{10}\sim C_{20}$ 的烷烃，氧乙烯的聚合度为 $1\sim 100$。烷基碳原子数越多，表面活性剂越亲油；氧乙烯的聚合度越大，表面活性剂越亲水。由于碳原子数和氧乙烯聚合度有不同的组合，所以可得到许多性质不同的表面活性剂。

此类表面活性剂也是靠聚氧乙烯基（醚链）与水形成氢键而溶于水的。由于温度升高，氢键减弱，聚氧乙烯烷基醇醚在水中的溶解度会随着温度的升高而下降，如将质量分数为0.01的聚氧乙烯十四醇醚-10的水溶液逐渐升温至75℃时就会出现混浊（表示表面活性剂已饱和析出）。质量分数为0.01的部分聚氧乙烯烷基醇醚水溶液的浊点见表8-12。

通常把某一质量分数的表面活性剂水溶液出现混浊时的温度称为浊点。只有聚氧乙烯基的表面活性剂才有浊点，使用有浊点的表面活性剂时温度必须低于浊点才有好的效果。此类表面活性剂特别适合于有钙、镁离子和矿化度高的地层。

表8-12　质量分数为0.01的聚氧乙烯烷基醇醚水溶液的浊点

分子式	浊点,℃	分子式	浊点,℃
$C_{12}H_{25}-O(CH_2CH_2O)_7H$	59	$C_{14}H_{29}-O(CH_2CH_2O)_{10}H$	75
$C_{12}H_{25}-O(CH_2CH_2O)_9H$	75	$C_{16}H_{33}-O(CH_2CH_2O)_{10}H$	74
$C_{12}H_{25}-O(CH_2CH_2O)_{10}H$	88	$C_{18}H_{37}-O(CH_2CH_2O)_{10}H$	68

2）聚氧乙烯烷基苯酚醚（OP型表面活性剂）

聚氧乙烯烷基苯酚醚也是一类重要的醚型表面活性剂，由烷基苯酚和环氧乙烷反应生成，即

$$R-C_6H_4-OH + n\,CH_2-CH_2\underset{O}{} \xrightarrow[0.2\sim1.2MPa]{NaOH,\,120\sim150℃} R-C_6H_4-O(CH_2CH_2O)_nH$$
（聚氧乙烯烷基苯酚醚）

此类表面活性剂的烷基通常为$C_8\sim C_{12}$的烷烃，氧乙烯的聚合度为1~100。烷基碳原子数越多，表面活性剂越亲油；氧乙烯的聚合度越大，表面活性剂越亲水。由于碳原子数和氧乙烯聚合度有不同的组合，因此可得到许多性质不同的表面活性剂。

5. 斯盘型表面活性剂和吐温型表面活性剂

1）斯盘型表面活性剂

斯盘型表面活性剂是由脂肪酸与山梨糖醇通过酯化反应生成的。在酯化反应的同时，山梨糖醇还发生脱水成酐的反应，因此最终产物为山梨糖醇酐脂肪酸酯，是一种酯型表面活性剂。

山梨糖醇脱水成酐时有下列几种山梨糖醇酐生成：

$$R-OH + n\,CH_2-CH_2\underset{O}{} \xrightarrow[0.2\sim1.2MPa]{NaOH,\,120\sim150℃} R-O(CH_2CH_2O)_nH$$
（聚氧乙烯烷基醇醚）

（山梨糖醇）→ −H₂O → （1,5-山梨糖醇酐）

（山梨糖醇）→ −H₂O → （1,4-山梨糖醇酐）

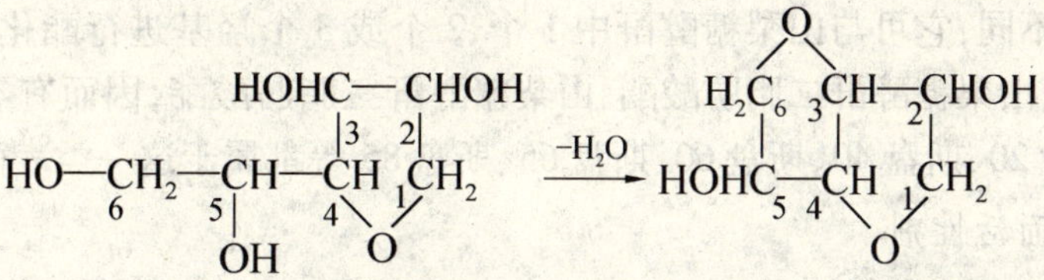

$$\text{(1,4-山梨糖醇酐)} \xrightarrow{-H_2O} \text{(1,4-3,6-山梨糖醇酐)}$$

反应生成的山梨糖醇酐脂肪酸酯可以是下面几种产物的混合物

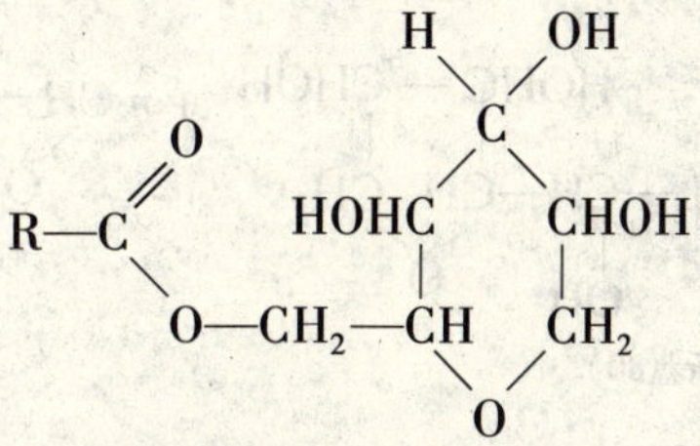

（1,5-山梨糖醇酐酯肪酸酯）

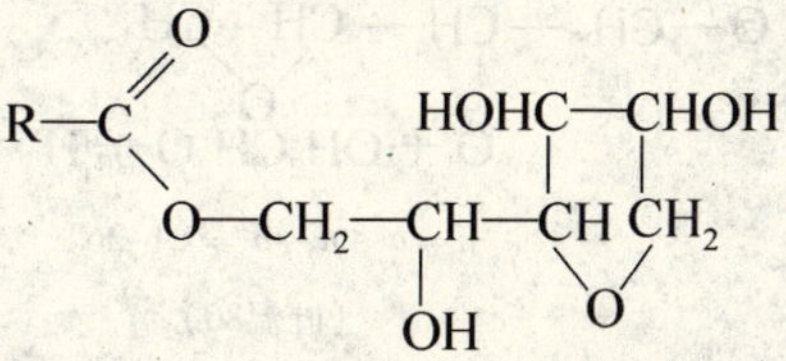

（1,4-山梨糖醇酐脂肪酸酯）

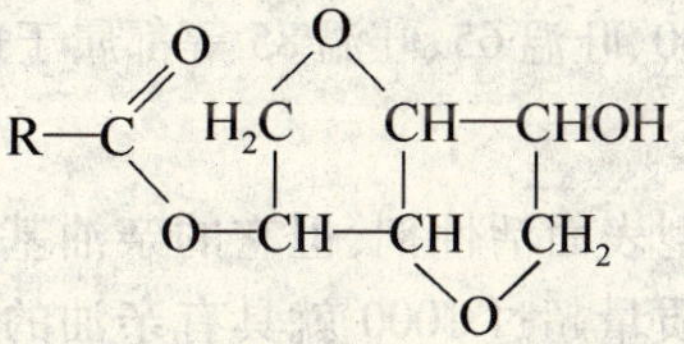

（1,4-3,6山梨糖醇酐脂肪酸酯）

为简化，下面均以 1,4 - 山梨糖醇酐脂肪酸酯表示山梨糖醇酐脂肪酸酯。山梨糖醇酐脂肪酸酯的合成反应可表示如下：

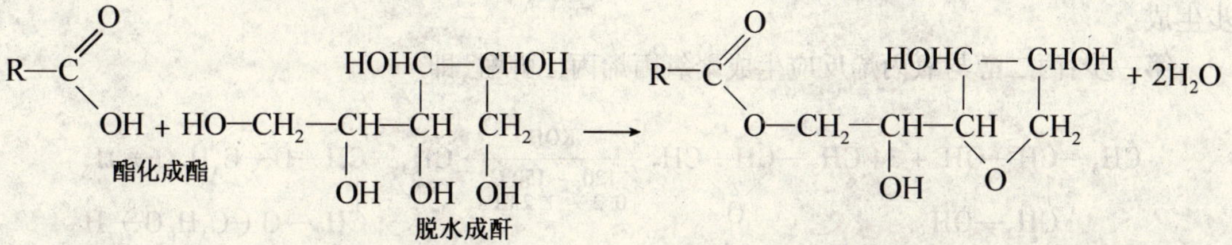

$$R-COOH + HO-CH_2-CH(OH)-CH(OH)-CH(OH)-CH(OH)-CH_2 \xrightarrow[\text{脱水成酐}]{\text{酯化成酯}} \text{山梨糖醇酐脂肪酸酯} + 2H_2O$$

（脂肪酸）　　　　（山梨糖醇）　　　　　　　　　　（山梨糖醇酐脂肪酸酯，即斯盘型表面活性剂）

例如用油酸与山梨糖醇反应，可得山梨糖醇酐单油酸酯，即通常使用的斯盘 80：

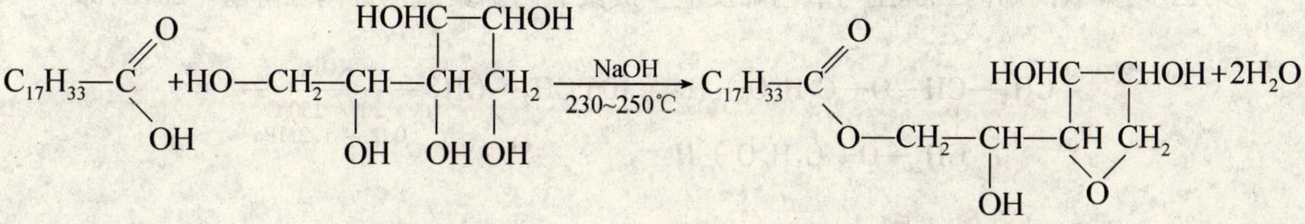

$$C_{17}H_{33}COOH + HO-CH_2-CH(OH)-CH(OH)-CH(OH)-CH(OH)-CH_2 \xrightarrow[230\sim250℃]{NaOH} C_{17}H_{33}CO-O-CH_2\text{-}\cdots + 2H_2O$$

（油酸）　　　　　（山梨糖醇）　　　　　　　　　　　　　　（斯盘 80）

由于脂肪酸不同,它可与山梨糖醇酐中 1 个、2 个或 3 个羟基进行酯化反应,可得山梨糖醇酐单脂肪酸酯、山梨糖醇酐二脂肪酸酯、山梨糖醇酐三脂肪酸酯,因而有不同的斯盘型表面活性剂,例如斯盘 20、斯盘 40、斯盘 60、斯盘 65、斯盘 85 等都属于这一类表面活性剂。

2) 吐温型表面活性剂

吐温型表面活性剂是斯盘型表面活性剂与环氧乙烷的反应产物。例如,斯盘 80 与环氧乙烷反应,可得吐温 80:

$$C_{17}H_{33}-\overset{O}{\underset{\|}{C}}-O-CH_2-\overset{|}{\underset{OH}{CH}}-\overset{HOHC-CHOH}{\underset{O}{\overset{|}{CH}\overset{|}{-}\overset{|}{CH}}}+n\,CH_2-CH_2 \xrightarrow[0.2\sim1.2\,MPa]{NaOH\atop 120\sim150℃}$$

(斯盘80)

$$C_{17}H_{33}-\overset{O}{\underset{\|}{C}}-O-CH_2-\overset{H(OH_2CH_2C)_{n_3}OHC-CHO(CH_2CH_2O)_{n_2}H}{\underset{O(OH_2CH_2O)_{n_1}H}{\overset{|}{CH}\,\,\,\overset{|}{CH}\,\,\,\overset{|}{CH_2}}}$$

$$n = n_1 + n_2 + n_3 = 21\sim26$$

(吐温80)

对应着不同的斯盘型表面活性剂和不同的氧乙烯聚合度,可生成不同的吐温型表面活性剂,例如吐温 20、吐温 40、吐温 60、吐温 65、吐温 85 等都属于这一类表面活性剂。

6. 聚醚型表面活性剂

聚醚型表面活性剂也是醚型表面活性剂,但它的亲油基由氧丙烯(即环氧丙烷)聚合而成。由于聚氧丙烯的相对分子质量超过 1000 就具有亲油的性质(每一个 —C_3H_6O— 约相当 0.4 个 —CH_2— 的作用),所以只要在相对分子质量超过 1000 的聚氧丙烯两端接上亲水的聚氧乙烯基,就可形成既有亲油部分也有亲水部分的聚醚型表面活性剂。

聚氧丙烯聚氧乙烯丙二醇醚 – 2070(简称 2070)是一种聚醚型表面活性剂,可通过以下两步生成。

第一步:丙二醇与氧丙烯反应生成聚氧丙烯丙二醇醚,即

$$\begin{matrix}CH_3-CH-OH\\ |\\ CH_2-OH\end{matrix} + 34\,CH_3-CH-CH_2 \xrightarrow[0.2\sim1.2\,MPa]{KOH\atop 120\sim150℃} \begin{matrix}CH_3-CH-O(C_3H_6O)_{17}H\\ |\\ CH_2-O(C_3H_6O)_{17}H\end{matrix}$$

(丙二醇) (氧丙烯) (聚氧丙烯丙二醇醚)

第二步:聚氧丙烯丙二醇醚与氧乙烯反应生成聚氧丙烯聚氧乙烯丙二醇醚 – 2070,即

$$\begin{matrix}CH_3-CH-O(C_3H_6O)_{17}H\\ |\\ CH_2-O(C_3H_6O)_{17}H\end{matrix} + 106\,CH_2-CH_2 \xrightarrow[0.2\sim1.2\,MPa]{KOH\atop 120\sim150℃}$$

$$CH_3-CH-O(C_3H_6O)_{17}(C_2H_4O)_{53}H$$
$$|$$
$$CH_2-O(C_3H_6O)_{17}(C_2H_4O)_{53}H$$
(2070)

2070 的命名缘于亲油聚氧丙烯部分的相对分子质量为 2000,亲水的聚氧乙烯部分占整个聚醚相对分子质量的 70%。还有 2020、2040、2060、2080 等均属于此类型的表面活性剂。由于它们的亲水基在聚醚分子中占有不同的质量分数,所以有不同的 HLB 值,因而有不同的用途。

7. 非离子—阴离子型两性表面活性剂

1) 非离子—羧酸盐型(设 M 为 Na)

非离子—羧酸盐型表面活性剂的结构式为:$R-O(CH_2CH_2O)_n R'COOM$

它可通过下面反应合成:

$$R-O(CH_2CH_2O)_n H + ClCH_2COOH \longrightarrow R-O(CH_2CH_2O)_n CH_2COOH + HCl$$
(氯乙酸)

$$R-O(CH_2CH_2O)_n CH_2COOH + NaOH \longrightarrow R-O(CH_2CH_2O)_n CH_2COONa + H_2O$$

2) 非离子—磺酸盐型(设 M 为 Na)

非离子—磺酸盐型表面活性剂的结构式为:$R-O(CH_2CH_2O)_n R'SO_3M$

它可通过下面反应合成:

$$R-O(CH_2CH_2O)_n H + \overset{\frown}{O(CH_2)_3SO_2} \longrightarrow R-O(CH_2CH_2O)_n CH_2CH_2CH_2SO_3H$$
(1,3-丙烷磺内酯)

$$R-O(CH_2CH_2O)_n CH_2CH_2CH_2SO_3H + NaOH \longrightarrow$$

$$R-O(CH_2CH_2O)_n CH_2CH_2CH_2SO_3Na + H_2O$$

3) 非离子—硫酸酯盐型(设 M 为 Na)

非离子—硫酸酯盐型表面活性剂的结构式为:$R-O(CH_2CH_2O)_n SO_3M$

它可通过下面反应合成:

$$R-O(CH_2CH_2O)_n H + ClSO_3H \longrightarrow R-O(CH_2CH_2O)_n SO_3H + HCl$$
(氯磺酸)

$$R-O(CH_2CH_2O)_n SO_3H + NaOH \longrightarrow R-O(CH_2CH_2O)_n SO_3Na + H_2O$$

4) 非离子—磷酸酯盐型(设 M 为 Na)

非离子—磷酸酯盐型表面活性剂的结构式为:$R-O(CH_2CH_2O)_n P\begin{subarray}{l}\\O\\\parallel\end{subarray}\begin{subarray}{l}OM\\ \\OM\end{subarray}$

它可通过下面反应合成:

$$2R-O+CH_2CH_2O)_{\overline{n}}H + P_2O_5 + H_2O \longrightarrow 2R-O+CH_2CH_2O)_{\overline{n}}\overset{O}{\underset{OH}{P}}\text{—OH}$$
（五氧化二磷）

$$R-O+CH_2CH_2O)_{\overline{n}}\overset{O}{\underset{OH}{P}}\text{—OH} + 2NaOH \longrightarrow R-O+CH_2CH_2O)_{\overline{n}}\overset{O}{\underset{ONa}{P}}\text{—ONa} + 2H_2O$$

8. 含氟表面活性剂

含氟表面活性剂是指碳链中的氢原子被氟取代的表面活性剂：亲油基一般是全氟烷基，即烷基中的氢全部被氟取代，但也有部分氢没有被取代。该类表面活性剂可在无水氟化氢中电解碳氢链表面活性剂而得到，如

$$C_nH_{2n+2} + Cl_2 + SO_3 \longrightarrow C_nH_{2n+1}SO_2Cl \xrightarrow[HF]{\text{电解}} C_nF_{2n+1}SO_2F \xrightarrow{NaOH} C_nF_{2n+1}SO_3Na$$

以下列出有代表性的含氟表面活性剂为

$$CF_3+CF_2)_{\overline{6}}COONa$$

$$CF_3+CF_2)_{\overline{7}}SO_3Na$$

$$\left[CF_3+CF_2)_{\overline{7}}\overset{N-CH_2}{\underset{\underset{H}{N}-CH_2}{C}}\underset{(CH_2CH_2O)_{\overline{2}}H}{} \right]$$

$$\left[CF_3+CF_2)_{\overline{6}}\overset{O}{\underset{NH+CH_2)_{\overline{2}}N}{C}} \right]$$

$$\left[CF_3+CF_2)_{\overline{6}}\overset{O}{\underset{NH+CH_2)_{\overline{2}}N-CH_3}{C}}\overset{C_2H_5}{\underset{C_2H_5}{}} \right]$$

$$\left[CF_3+CF_2)_{\overline{2}}O+CFCF_2O)_{\overline{2}}CF-\overset{O}{\underset{NH+CH_2)_{\overline{2}}N-CH_3}{C}}\overset{C_2H_5}{\underset{C_2H_5}{}} \right]$$
$$CF_3CF_3$$

含氟表面活性剂有极高的表面活性，其水溶液的表面张力可低于 $2\times10^{-2}\text{N}\cdot\text{m}^{-1}$，这是其他表面活性剂所达不到的。它的另一个特点是化学性质极其稳定，不怕强酸、强碱、强氟化剂，

并能耐高温。但由于该类产品价格较贵,通常与一般表面活性剂复配使用,目前只用于破乳、缓蚀和防止油品蒸发等方面。

9. 含硅表面活性剂

含硅表面活性剂是一类聚硅氧烷化合物,因含硅元素,所以它的憎水性特别强,不长的硅化烷链就会有很强的表面活性。

含硅表面活性剂具有很高的表面活性,在质量浓度为 $10^{-6}\text{g} \cdot \text{L}^{-1}$ 时,就可使水的表面张力降到 $21\text{mN} \cdot \text{m}^{-1}$,这是碳氢链表面活性剂做不到的。

阅读材料

表面活性剂在石油工业中的应用

一、石油处理剂

随着石油工业迅速发展,海洋溢油事故常常发生。石油在海上漂浮扩散广,污染水质,必须及时地加以清除处理。石油处理剂处理海上溢油是常采用的方法之一。石油处理剂由溶剂和表面活性剂组成。表面活性剂能使石油分散形成水包油型乳状液,形成微粒子而分散于海水中,消除污染;溶剂能降低石油的粘度,使其易于乳化。石油处理剂的效果与所使用的表面活性剂密切相关,因此,配制石油处理剂,必须选择适当的表面活性剂。

为使石油处理剂符合实用要求,所选用的表面活性剂应具有以下条件:对流出油的乳化分散力强;对水产资源无不良影响;生物降解性良好;使用方便和价格便宜。海洋上漂浮的石油经石油处理剂处理后形成的乳状液是水包油型的,不易粘附在油轮和岩石上,而且乳化油比表面非常大,沉降深度一般不超过3m,所以油粒很快被水中溶解氧、细菌及微生物分解,最后成为无害于水体的物质。

二、SG-ZY 增油冷采剂

目前油田生产急需解决的问题是如何提高原油采收率,确保原油产量稳定。因此,稠油的开采被提上了日程,但是稠油的开采不仅工艺复杂而且成本较高,华北油田开元助剂厂针对稠油开采的诸多难题,联合组织工程技术人员并协同有关高校和科研院所共同攻关,研制开发出了 SG-ZY 增油冷采剂。该药剂先后在华北油田、胜利油田、大港油田等稠油区块现场应用,取得了显著的增油效果。

SG-ZY 增油冷采剂是一种集油井解堵、油井清蜡、油井清洗于一体的多功能化学助剂,对稠油和稀油均有显著的增油效果。该药剂能显著降低油水界面张力,改善岩石的润湿性,增溶孔隙介质表面沉积的胶质、沥青质,使原油乳化、分散,提高原油采收率,可以广泛应用于油田单井化学吞吐。

SG-ZY 增油冷采剂的作用机理如下。

(1)降低油水界面张力。SG-ZY 增油冷采剂油水界面张力由 $30\text{mN} \cdot \text{m}^{-1}$ 降至 $10^{-3}\text{mN} \cdot \text{m}^{-1}$,从而大大降低油水混合所需的作用力,使药剂水溶液能迅速进入原油内部而发挥药剂作用。

(2)使用层岩石的润湿性发生反转。它可与原油中的环烷类组分产生化学反应而生成新的表面活性剂,这种表面活性剂除了聚集在油水界面外,还有一部分吸附在岩石表面,改变岩石的润湿性,使岩石由亲油型转为亲水型,从而使油、水的相对渗透率向有利于提高采收率的方向转变。

(3)乳化和捕集携带作用。当药剂使油水界面足够低时,在含水岩石中的剩余油将被乳化,形成水包油型乳状液,在流动中如果遇到比乳状液液滴小的空隙喉道,乳状液将被捕获,从而产生阻塞作用,抑制水驱油时的粘性指进,提高了洗油效率,扩大了波及系数。当稳定的乳状液的平均尺寸小于或等于岩石平均空隙时,这些液滴将被携带进入连续流动的药剂水溶液水相中,残余油以非常小的乳化液随水一起流出。如果剪切速度高时,乳状液液滴受到剪切后其尺寸将减小,有利于携带流出。

(4)增溶油水界面形成的刚性膜。在油与岩石的接触中,原油中的沥青、卟啉、石蜡等成分吸附在岩石表面,形成坚硬的刚性膜。由于这种薄膜的存在,不仅增加了残余油的饱和度,而且使充塞在孔隙内的油流阻力增大,限制了原油通过孔喉,同时它抑制了水包油型乳状液进行聚并。随着药剂水溶液的注入,由于界面发生反应,药相吸入到油相中,这种溶胀的油相,加上其形态的改变,使油水界面上的刚性膜受到破坏,并被增溶,从而使残余油具有较强的流动能力。

SG-ZY增油冷采剂有效地解决了注水后还有一半的原油滞留在油层中以及如何采出二次残余油等难题,同时它被用于稠油开采,对高含水油藏具有驱油降水作用。

习　　题

一、简述题

1. 什么是表面活性剂?什么是表面惰性剂?它的分子结构有什么特点?
2. 表面活性剂降低表面张力的原理是什么?
3. 表面活性剂分哪几类?各类有什么特点?各类起活性作用的部分是什么?
4. 溶液中表面活性剂是怎样分布的?
5. 什么是临界胶束浓度?讨论临界胶束浓度有何意义?
6. 影响临界胶束深度的因素有哪些?各是怎样影响的?
7. 润湿反转作用的实质是什么?润湿剂有哪些结构特点?
8. 什么叫做增溶作用?增溶作用是由什么引起的?
9. 什么叫做 HLB 值?其意义是什么?

二、给下列各表面活性剂命名

1. C_8H_{17}—COOK

2. $C_{12}H_{25}$—SO_3NH_4

3. $\left[C_{16}H_{33}\text{—}\underset{C_3H_7}{\overset{C_3H_7}{\underset{|}{\overset{|}{N}}}}\text{—}C_3H_7 \right] Br$

4. $\begin{matrix} C_{16}H_{33}\text{—COO} \\ \phantom{C_{16}H_{33}\text{—COO}} \diagdown \\ \phantom{C_{16}H_{33}\text{—COO}\diagdown}Ca \\ \phantom{C_{16}H_{33}\text{—COO}} \diagup \\ C_{16}H_{33}\text{—COO} \end{matrix}$

5. $[C_{12}H_{25}-NH_3]Br$

6. $[C_{16}H_{33}-\overset{\overset{\displaystyle C_3H_7}{|}}{\underset{\underset{\displaystyle C_3H_7}{|}}{N}}-C_3H_7]Br$

7. $C_8H_{17}-\underset{}{\bigcirc}-O+CH_2CH_2O)_{15}H$

8. $[C_{16}H_{33}-N\underset{}{\bigcirc}]Br$

9. $C_{18}H_{37}-N\underset{(CH_2CH_2O)_5H}{\overset{(CH_2CH_2O)_5H}{<}}$

10. $C_{16}H_{33}-\overset{\overset{\displaystyle C_2H_5}{|}}{\underset{\underset{\displaystyle C_2H_5}{|}}{N}}-CH_2COO^-$

11. $C_{14}H_{29}-O+CH_2CH_2O)_5SO_3NH_4$

12. $C_{17}H_{35}-\overset{O}{\overset{\|}{C}}-N\underset{(CH_2CH_2O)_{10}H}{\overset{(CH_2CH_2O)_{10}H}{<}}$

三、写出下列表面活性剂的结构

1. 十二烷基磺酸钠
2. 十六酸钾
3. 十四烷基醇硫酸酯铵（盐）
4. 十八烷基三乙基溴化铵
5. 溴化十六烷基吡啶
6. 聚氧乙烯十八醇醚 – 2
7. 聚氧乙烯辛基苯酚醚 – 12
8. 聚氧乙烯十八胺 – 18
9. 聚氧乙烯十八酰胺 – 24
10. 聚丙烯酰胺

四、有 6 种表面活性剂，试从分子结构说明哪种表面活性剂易作起泡剂，哪种易作润湿剂

1. $CH_3+CH_2)_{11}-\underset{SO_3Na}{\bigcirc}$

2. $C_2H_5-\overset{\overset{\displaystyle C_2H_5}{|}}{CH}-CH+CH_2)_2SO_3Na$
   $\underset{\displaystyle C_2H_5}{|}$

3. $CH_3+CH_2)_5\underset{SO_3Na}{CH}+CH_2)_4CH_3$

4. $CH_3+CH_2)_{11}SO_3Na$

5. $CH_3{\leftarrow}CH_2{\rightarrow}_{11}$——$SO_3Na$ (benzene ring between)

6. $CH_3{\leftarrow}CH_2{\rightarrow}_5CH{\leftarrow}CH_2{\rightarrow}_4CH_3$ 连苯环—SO_3Na

五、计算题

1. 基数法计算表面活性剂的 HLB 值。

   (1) $C_{17}H_{35}$—COONa

   (2) $C_{15}H_{31}$—SO_3Na

   (3) $C_{11}H_{23}$—OSO_3Na

   (4)
   $$CH_3{\leftarrow}CH_2{\rightarrow}_3\underset{C_2H_5}{CH}—CH_2—OOC—CH_2$$
   $$CH_3{\leftarrow}CH_2{\rightarrow}_3\underset{C_2H_5}{CH}—CH_2—OOC—\underset{}{CH}—SO_3Na$$

   (5) $CH_3{\leftarrow}CH_2{\rightarrow}_5\underset{OH}{CH}—CH_2—CH=CH{\leftarrow}CH_2{\rightarrow}_7COONa$

2. 用质量分数法计算表面活性剂的 HLB 值。

   (1) $C_{12}H_{25}$—O${\leftarrow}CH_2CH_2O{\rightarrow}_2H$

   (2) $C_{17}H_{35}$—$\overset{O}{\underset{}{C}}$—O${\leftarrow}CH_2CH_2O{\rightarrow}_{15}H$

   (3) $C_{11}H_{23}$—$\overset{O}{\underset{}{C}}$—$N\begin{cases}{\leftarrow}CH_2CH_2O{\rightarrow}_{10}H\\{\leftarrow}CH_2CH_2O{\rightarrow}_{10}H\end{cases}$

   (4) $C_{18}H_{37}$—〇—O${\leftarrow}CH_2CH_3O{\rightarrow}_{100}H$

   (5) $C_{18}H_{37}$—$N\begin{cases}{\leftarrow}CH_2CH_2O{\rightarrow}_5H\\{\leftarrow}CH_2CH_2O{\rightarrow}_{10}H\end{cases}$

3. 为了确定一种表面活性剂的 HLB 值，需要进行乳化试验。试验用的是 HLB 值为已知的吐温 80，当用体积比为 10∶90 的吐温 39 和未知 HLB 值表面活性剂混合乳化石油蜡，可得最稳定的油包水型乳状液，试求这种表面活性剂的 HLB 值。（提示：有关数据可查表 8-7 和表 8-8）

4. 由 A、B、C 3 种表面活性剂组成混合表面活性剂。已知 A 表面活性剂质量占混合表面活性剂质量的 40%，B 表面活性剂占混合表面活性剂质量的 50%，C 表面活性剂占混合表面活性剂质量的 10%；A 表面活性剂的 HLB 值为 8，B 表面活性剂的 HLB 值为 12，混合表面活性剂的 HLB 值要求为 10.6。那么 C 表面活性剂的 HLB 值应为多少才能满足要求？

第九章 溶 胶

第一节 分散系及溶胶的制备

一、分散系

一种或几种物质分散在另一种物质里所形成的系统称为分散系统,简称分散系。例如粘土分散在水中成为泥浆,水滴分散在空气中成为云雾,奶油、蛋白质和乳糖分散在水中成为牛奶等都是分散系。在分散系中,被分散的物质叫做分散质,而容纳分散质的物质称为分散剂。在上述例子中,粘土、水滴、奶油、蛋白质、乳糖等是分散质,水、空气就是分散剂。分散质和分散剂的聚集状态不同,分散质粒子直径大小不同,分散系的性质也不同。我们可以按照物质的聚集状态或分散质粒子直径的大小将分散系进行分类。

1. 分散系的分类

物质一般有气态、液态、固态3种聚集状态,若按分散质和分散剂的聚集状态进行分类,可以把分散系分为9类,见表9-1。

表9-1 分散系分类(一)

分散质	分散剂	实例	分散质	分散剂	实例
固	液	糖水、溶胶、油漆、泥浆	气	固	泡沫塑料、海绵、木炭
液	液	豆浆、牛奶、石油、白酒	固	气	烟、灰尘
气	液	汽水、肥皂泡沫	液	气	云、雾
固	固	矿石、合金、有色玻璃	气	气	煤气、空气、混合气
液	固	珍珠、硅胶、肌肉、毛发			

若按分散质粒子直径大小进行分类,则可以将分散系分为3类,见表9-2。

表9-2 分散系分类(二)

类型	分散质粒子直径 nm	分散系名称	主要特征	
分子、离子分散系	<1	真溶液	最稳定,扩散快,能透过滤纸及半透膜,对光散射极弱	单相系统
胶体分散系	1~100	高分子化合物溶液	很稳定,扩散慢,能透过滤纸及半透膜,对光散射极弱,粘度大	
		溶胶	稳定,扩散慢,能透过滤纸,但不能透过半透膜,光散射强	多相系统
粗分散系	>100	乳状液悬浊液	不稳定,扩散慢,不能透过滤纸及半透膜,无光散射	

在分子、离子分散系统中,分散质粒子直径小于 1nm,它们是一般的分子或离子,与分散剂的亲和力极强,均匀、无界面,是高度分散、高度稳定的单相系统。这种分散系统即通常所说的溶液,如蔗糖溶液、食盐溶液。

在胶体分散系中,分散质粒子直径范围为 1～100nm,它包括溶胶和高分子化合物溶液两种类型。一类是溶胶,其分散质粒子是由许多一般的分子组成的聚集体,这类难溶于分散剂的固体分散质高度分散在液体分散剂中,所形成的胶体分散系称为溶胶,例如氢氧化铁溶胶、硫化砷溶胶、碘化银溶胶、金溶胶等。溶胶中,分散质和分散剂的亲和力不强,不均匀、有界面,故溶胶是高度分散、不稳定的多相系统。由于溶胶中分散质和分散剂的亲和力不强,故又称为疏液溶胶(或憎液溶胶)。另一类是高分子化合物溶液,如淀粉溶液、纤维素溶液、蛋白质溶液等。在高分子化合物溶液中,分散质粒子是单个的高分子,与分散剂的亲和力强,故高分子化合物溶液是高度分散、稳定的单相系统。高分子化合物溶液在某些性质上与溶胶相似。由于高分子化合物溶液中高分子粒子与溶剂的亲和力强,故又称为亲液溶胶。溶胶(憎液溶胶)与高分子化合物溶液性质对比见表 9－3。

表 9－3 憎液溶胶、高分子化合物溶液性质对比

憎液溶胶	高分子化合物溶液	憎液溶胶	高分子化合物溶液
分散质粒子直径大小为 1～100nm	高分子大小 1～100nm	丁达尔效应强	丁达尔效应微弱
扩散速度慢	扩散速度慢	粘度小(与分散介质相似)	粘度大
不能通过半透膜	不能通过半透膜	加入微量电解质后就会聚沉	对电解质稳定性较大,加入大量电解质时可以盐析
不均匀多相体系,需加稳定剂形成胶体	适当溶剂中,能自动溶解形成稳定的真溶液	已聚沉的溶胶再加溶剂,加热处理不会复原,不具可逆性	溶剂蒸干后再加溶剂又能成高分子化合物溶液,具有可逆性
热力学不稳定体系,多相体系	热力学稳定体系,单相体系		

在粗分散系中,分散质粒子直径大于 100nm,用普通显微镜甚至肉眼也能分辨出,是一个多相系统。按分散质的聚集状态不同,粗分散系又可分为两类:一类是液体分散质分散在液体分散剂中,称为乳状液,如牛奶;另一类是固体分散质分散在液体分散剂中,称为悬浊液,如泥浆。由于粒子大,容易聚沉,分散质也容易从分散剂中分离出来,故粗分散系是极不稳定的多相系统。

分散系之间虽然有明显的区别,但没有明显的界线,以上三种分散系之间的过渡是渐变的,某些系统可以同时表现出 2 种或者 3 种分散系的性质,因此,以分散质粒子直径大小作为分散系分类的依据是相对的。

二、溶胶的制备

溶胶制备的一般条件是分散在介质中的分散质的溶解度必须极小,有时为降低表面能、增强稳定性,还必须加入第三种物质——稳定剂。常用溶胶制备的方法是分散法和凝聚法。

1. 分散法

常用的分散法有研磨法、超声波法、胶溶法、电弧法。

(1) 研磨法。研磨法是一种机械分散法,常用设备有球磨机、胶体磨等。球磨机分散能力较差,一般用来制备分散程度不太高的胶体,而胶体磨可将颗粒磨细到 $1\mu m$ 左右。研磨时为防止颗粒聚结,需添加一些丹宁或明胶等作为稳定剂。

(2) 超声波法。频率大于 $10^5 Hz$ 的超声波有很大的粉碎力,可将某些松软物质分散成溶胶或将某些液体分散成乳状液。

(3) 胶溶法。在某些沉淀物中加入胶溶剂,或放置于某一温度下,使沉淀变成胶体溶液。例如现在国内广泛使用的 MMH 或 MMLHC——一种正电荷溶胶,就是在一定比例的氯化铝和氯化镁混合溶液中加入稀氨水,形成沉淀,经多次洗涤后,在一定温度恒温逐渐形成溶胶。MMH 用途很广,如钻井添加剂、聚沉剂、防沉剂等,目前我国每年需求量在两千吨以上。

(4) 电弧法。此法多用于制备贵金属溶胶。以贵金属为电极,插在分散介质中,通电产生电弧,高温使金属表面的原子蒸发,并立即冷却于分散介质中,凝聚成胶体粒子(这实际上是先分散后凝聚)。

2. 凝聚法

常用的凝聚法有物理凝聚法、化学凝聚法。

(1) 物理凝聚法。该方法是利用一种物质在不同溶剂中溶解度相差悬殊的特性来制备溶胶的。例如,将松香的酒精溶液滴入水中,由于松香在水中的溶解度低,溶质以胶粒状析出,形成乳状的松香溶胶。

(2) 化学凝聚法。所有反应,如复分解、水解、氧化还原、分解等,只要能生成难溶物,都可以通过控制反应条件(如反应物浓度、溶剂、温度、pH 值、搅拌等)来制备溶胶,这些被称之为化学凝聚法。

① 利用水解反应制备溶胶。

利用 $FeCl_3$ 的水解反应

$FeCl_3(稀溶液) + 3H_2O \longrightarrow Fe(OH)_3(溶胶) + 3HCl$

如果将碱金属硅酸盐类水解,则可制得硅酸溶胶

$Na_2SiO_3(稀溶液) + 2H_2O \longrightarrow H_2SiO_3(溶胶) + 2NaOH$

② 利用复分解反应制备溶胶。

可用 $AgNO_3$ 稀溶液与 KI 稀溶液的反应来制备 AgI 溶胶

$AgNO_3(稀溶液) + KI(稀溶液) \longrightarrow AgI(溶胶) + KNO_3$

③ 利用分解反应制备溶胶。

把四羰基镍溶在苯中加热可得镍溶胶

$Ni(CO)_4 \longrightarrow Ni(溶胶) + 4CO$

④ 利用氧化还原反应制备溶胶。

把氧气通入 H_2S 水溶液中,H_2S 被氧化,得硫黄溶胶

$2H_2S(水溶液) + O_2 \longrightarrow 2S(溶胶) + 2H_2O$

无论采用哪种方法,制得的溶胶常含有很多电解质或其他杂质,除了与胶粒表面吸附的离子维持平衡的适量电解质具有稳定胶体的作用外,过量的电解质反而会影响溶胶的稳定性。因此,制备好的溶胶常常需要作净化处理,最常用的净化方法就是渗析。

第二节 溶胶的性质

一、光学性质

1. 丁达尔现象

将一束聚光光束照射到胶体时,在与光束垂直的方向上可以观察到一个发光的圆锥,这种现象称为丁达尔(Tyndall)现象或丁达尔效应,如图9-1所示。

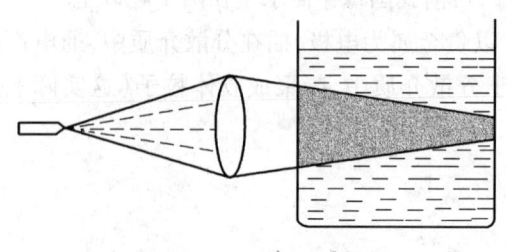

图9-1 丁达尔现象

当光束照射到大小不同的分散质粒子上时,除了光的吸收之外,还可能产生两种情况:一种是如果分散质粒子直径大于入射光波长,光在粒子表面按一定的角度反射,粗分散系属于这种情况;另一种是如果分散质粒子直径小于入射光波长,就产生光的散射。这时,粒子本身就好像是一个光源,光波绕过粒子向各个方向散射出去,散射出的光就称为乳光。

由于溶胶粒子的直径范围为1~100nm,小于入射光波长(400~760nm),因此发生了光的散射作用而产生丁达尔现象。分子或离子分散系中,由于分散质粒子直径太小(小于1nm),散射现象很弱,基本上发生的是光的透射作用,故丁达尔效应是溶胶所特有的光学性质。

2. 瑞利(Raleigh)光散射定律

瑞利(Raleigh)发现非导电性球形粒子的散射光的强度与入射光的强度之间有如下关系,即

$$I = \frac{24\pi^3 CV^2}{\lambda^4}\left(\frac{n_1^2 - n_2^2}{n_1^2 + 2n_2^2}\right)^2 I_0 \qquad (9-1)$$

式中 I_0、I——入射光、散射光的强度;
λ——入射光波长;
n_1、n_2——折射率;
C——单位体积中的胶体粒子数;
V——单个粒子的体积;

从瑞利公式(9-1)可看出:

(1)散射光强度与粒子体积的平方成正比。真溶液散射光强度很小,粗分散体系的粒子尺寸远大于入射光波长,因而散射光强度也很小。

(2)散射光强度与入射光波长的4次方成反比,波长越短其散射光越强。自然白光中,蓝色、紫色光波长最短,散射光最强,红光散射最弱,因此会出现蓝蓝的天空、朝霞和晚霞等自然现象。

(3)分散相与分散介质的折射率相差越大,散射光越强。因憎液溶胶的折射率相差较大,而高分子真溶液折射率相差较小,所以憎液溶胶的丁达尔现象显著而高分子真溶液的丁达尔现象很弱。

(4)散射光强度与粒子的浓度成正比。浊度计就是根据这一原理设计的。乳光(浓溶胶的散射光)强度又称浊度。

二、动力学性质

1. 布朗运动

在超显微镜下观察溶胶,可以看到代表溶胶粒子的发光点在不断地作无规则的运动,这种现象称为布朗(Brown)运动。溶胶粒子不断地作不规则"之"字形的运动,如图 9-2 所示,从而能够测出在一定时间内粒子的平均位移。通过大量观察,得出结论:粒子越小,布朗运动越激烈,其运动激烈的程度不随时间而改变,但随温度的升高而增强。

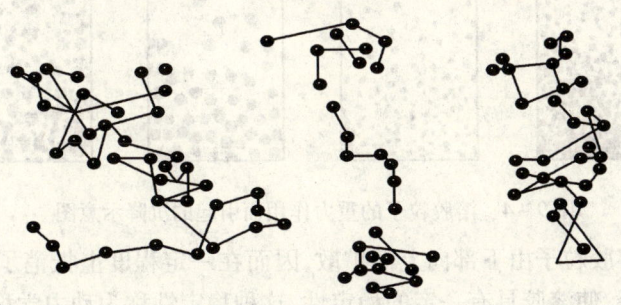

图 9-2 布朗运动示意图

布朗运动是分散介质的分子由于热运动不断地由各个方向同时撞击胶粒时,胶粒所受的来自各个方向的力不能相互抵消,致使合力不为零,且大小、方向不停地变化,因此在不同时间,指向不同的方向,形成的曲折的运动。当然,溶胶粒子本身也有热运动,我们所观察到的布朗运动,实际上是溶胶粒子本身热运动和分散介质对它撞击的总结果,如图 9-3 所示。

2. 扩散

溶胶粒子自发地从浓度大的区域向粒子浓度小的区域转移的现象称为扩散。溶胶粒子的布朗运动是导致其扩散作用的原因。但由于溶胶粒子比一般的分子或离子大得多,故它们的扩散速度比一般的分子或离子要慢得多。根据扩散定律

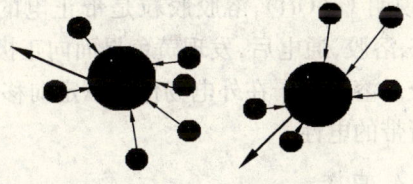

图 9-3 分子由于热运动不断地由各个方向同时撞击胶粒的示意图

$$\frac{dm}{dt} = -DA\frac{dc}{dx} \quad (9-2)$$

式中 dm/dt——扩散速率(单位时间通过某一截面的胶粒的质量);

D——扩散系数(单位浓度梯度下在单位时间内通过单位面积截面的胶粒的质量);

A——胶粒扩散通过截面的面积;

dc/dx——在 x 方向上的浓度梯度。

通过式(9-2)可知:浓度梯度越大,质点扩散越快;质点越小,扩散能力越强,扩散越快。

3. 沉降与沉降平衡

在溶胶中,溶胶粒子由于本身的重力作用而会沉降,沉降过程导致粒子浓度不均匀,即下部较浓而上部较稀。当溶胶中粒子的密度大于分散介质的密度时,在重力作用下,就会发生沉降,如图 9-4 所示。

当作用于粒子上的重力 f_w 与扩散力 f_d 相等时,溶胶的浓度梯度不再随时间而变化,称系统达到了沉降平衡。

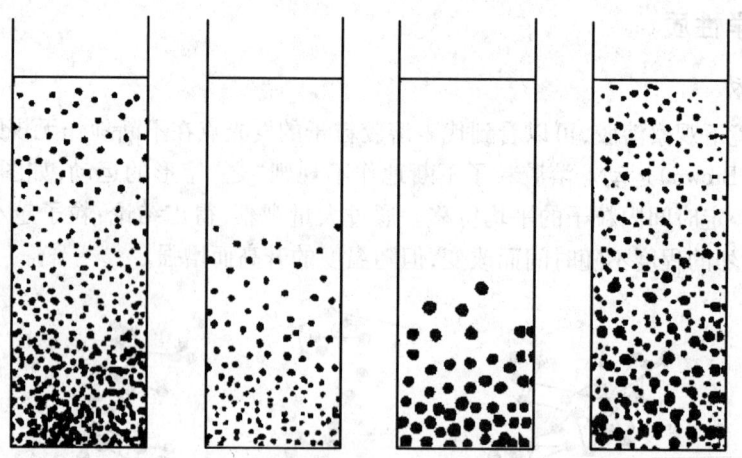

图9-4 溶胶粒子的重力作用而引起的沉降示意图

布朗运动会使溶胶粒子由下部向上部扩散,因而在一定程度上抵消了由于溶胶粒子的重力作用而引起的沉降,使溶胶具有一定的稳定性,这种稳定性称为动力学稳定性。

三、电学性质

1. 电泳

如图9-5所示,在U型电泳仪内装入红棕色的$Fe(OH)_3$溶胶,溶胶上方加少量的无色NaCl溶液,使溶液和溶胶有明显的界面。插入电极,接通电源后,可看到红棕色的$Fe(OH)_3$溶胶的界面向负极上升,而正极界面下降。这表明$Fe(OH)_3$溶胶粒子在电场作用下向负极移动,说明$Fe(OH)_3$溶胶胶粒是带正电的,该溶胶称为正溶胶。如果在电泳仪中装入黄色的As_2S_3溶胶,通电后,发现黄色界面向正极上升,这表明As_2S_3溶胶胶粒带负电荷,该溶胶称为负溶胶。溶胶粒子在外电场作用下定向移动的现象称为电泳。通过电泳试验,可以判断溶胶粒子所带的电性。

2. 电渗

如图9-6所示,分散介质在直流电场中,通过多孔膜或毛细管发生定向移动,这种现象称为电渗。其特征是:分散介质移动,分散相不动(与电泳相反,胶体不能通过半透膜,胶体带电,介质相应地带相反的电荷)。外加电解质会影响电渗速度。电渗的应用:电沉积法涂漆操作中使漆膜内的水分排到膜外以形成致密的漆膜;工业及工程中泥土或泥浆脱水、水的净化等。

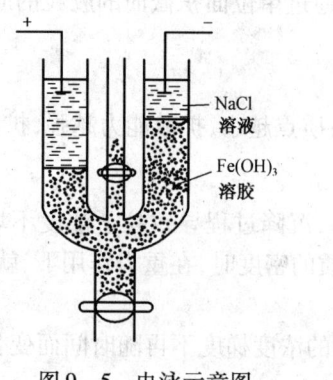

图9-5 电泳示意图

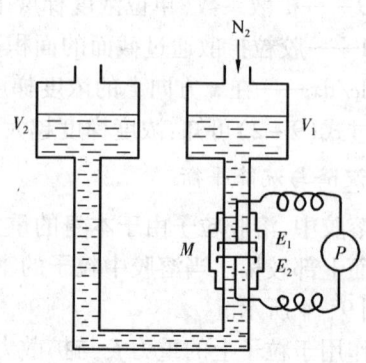

图9-6 电渗示意图

电渗试验通过测定分散介质所带电荷的电性来判断溶胶粒子所带电荷的电性,因为溶胶粒子所带电荷的电性与分散介质所带电荷的电性是相反的。

四、扩散双电层理论及胶团结构

1. 胶粒带电原因分析

(1) 吸附:胶粒比表面大、表面能高,因此为减小比表面,易于吸附其他物质。若吸附正离子(或负离子)带正电(或带负电)。固体若为离子晶体,则服从法扬斯规则:介质中的某种离子若能与晶体上的符号相反的离子生成难溶或解离度很小的化合物,则离子晶体的表面对这种离子有强烈的吸附作用。例如,$AgNO_3 + KI \rightarrow AgI$(溶胶),若 KI 过量,则 AgI 会优先吸附 I^-,带负电;若 $AgNO_3$ 过量,则优先吸附 Ag^+,带正电。

(2) 电离:分散相固体与分散介质接触时,固体表面会发生电离,有一种离子溶于液相中,使胶粒带电。例如,$SiO_2 + H_2O \rightarrow H_2SiO_3 \rightleftharpoons 2H^+ + SiO_3^{2-}$,$H^+$ 溶于液相,而 SiO_3^{2-} 在晶体表面,使固体带电。

2. 双电层理论

当固体与液体接触时,可以是固体从溶液中选择性吸附某种离子,也可以是固体分子本身发生电离作用而使离子进入溶液,以至于固液两相分别带有不同符号的电荷,在界面上形成了双电层的结构。对于双电层的具体结构,一百多年来不同学者提出了不同的看法。最早于 1879 年 Helmholz(亥姆霍兹)提出平板型模型;1910 年 Gouy 和 1913 年 Chapman 修正了平板型模型,提出了扩散双电层模型,后来 Stern 又提出了 Stern 模型。

平板型模型:亥姆霍兹认为固体的表面电荷与溶液中带相反电荷的即反离子构成平行的两层,如同一个平板电容器;整个双电层厚度为 d_0,固体表面与液体内部的总的电位差即等于热力学电势 j_0,在双电层内,热力学电势呈直线下降;在电场作用下,带电质点和溶液中的反离子分别向相反方向运动。这模型过于简单,由于离子热运动,不可能形成平板电容器,如图 9-7 所示。

扩散双电层模型:Gouy 和 Chapman 认为,由于正、负离子静电吸引和热运动两种效应的结果,溶液中的反离子只有一部分紧密地排在固体表面附近,相距约一二个离子厚度称为紧密层;另一部分离子按一定的浓度梯度扩散到本体溶液中,称为扩散层;双电层由紧密层和扩散层构成;移动的切动面为 AB 面,如图 9-8 所示。

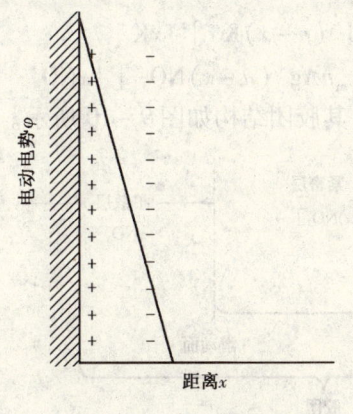

图 9-7 平板型模型

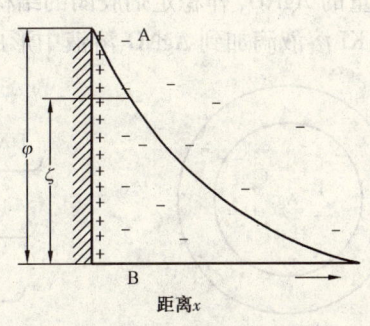

图 9-8 扩散双电层模型

Stern 模型:如图 9-9 所示,Stern 对扩散双电层模型作进一步修正。他认为吸附在固体表面的紧密层约有一二个分子层的厚度,后被称为 Stern 层;由异电离子电性中心构成的平面称为 Stern 平面。

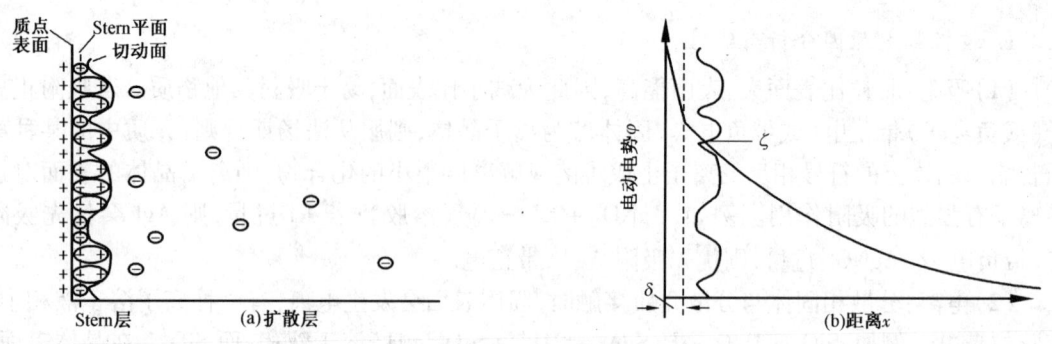

图 9-9　Stern 模型

由于离子的溶剂化作用,胶粒在移动时,紧密层会结合一定数量的溶剂分子一起移动,所以滑移的切动面由比 Stern 层略靠右的曲线表示。从固体表面到 Stern 平面,电势从 j_0 直线下降为 j_d。

电动电势(亦称为 ζ 电势):带电的固体或胶粒在移动时,移动的切动面与液体本体之间的电势差称为电动电势。在扩散双电层模型中,切动面 AB 与溶液本体之间的电势差为 ζ 电势;在 Stern 模型中,带有溶剂化层的滑移界面与溶液之间的电势差称为 ζ 电势。电势总是比热力学电势低,外加电解质会使 ζ 电势变小甚至改变符号。只有在质点移动时才显示出 ζ 电势,所以又称电动电势。

3. 溶胶的胶团结构

胶粒的结构比较复杂,先有一定量的难溶物分子聚结形成胶粒的中心,称为胶核;然后胶核选择性地吸附稳定剂中的一种离子,形成紧密吸附层;由于正、负电荷相吸,在紧密层外形成异电离子的包围圈,从而形成了带与紧密层相同电荷的胶粒;胶粒与扩散层中的异电离子形成一个电中性的胶团。胶核吸附离子是有选择性的,首先吸附与胶核中相同的某种离子,因同离子效应使胶核不易溶解;若无相同离子,则首先吸附水化能力较弱的负离子,所以自然界中的胶粒大多带负电,如泥浆水、豆浆等都是负溶胶。

例如,$AgNO_3 + KI \rightarrow KNO_3 + AgI$(溶胶)

过量的 KI 作稳定剂,胶团的结构表达式:$[(AgI)_m nI^- (n-x)K^+]^{x-} xK^+$

过量的 $AgNO_3$ 作稳定剂胶团的结构表达式:$[(AgI)_m nAg^+ (n-x)NO_3^-]^{x+} xNO_3^-$

以 KI 溶液滴加到 $AgNO_3$ 溶液中形成 AgI 溶胶为例,其胶团结构如图 9-10 所示。

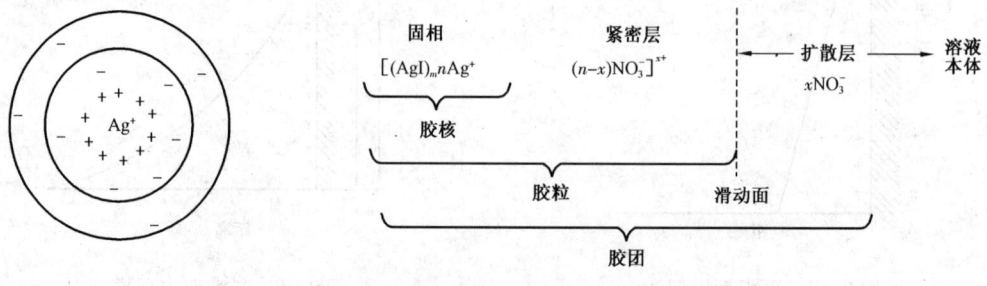

图 9-10　胶团结构的图示

第三节 溶胶的稳定性与聚沉

憎液溶胶属热力学不稳定体系,有集结长大以致聚沉的趋势。但在短时间内甚至在相当长时间内,憎液溶胶却能稳定存在。

一、溶胶的稳定性

1. 溶胶的稳定性

(1)动力学稳定性是指由于溶胶粒子小,布朗运动激烈,在重力场中不易沉降,使溶胶具有动力稳定性。

(2)抗聚结稳定性是指溶胶粒子间不能相互聚集的特性。胶体粒子小,比表面大,故表面能大,在布朗运动作用下,有自发地相互聚集的倾向。但由于粒子表面同性电荷的排斥力作用或水化膜的阻碍,使这种自发聚集不能发生。胶粒之间有相互吸引的能量和相互排斥的能量。当粒子相距较大时,主要为吸力,总势能为负值;当粒子靠近到一定距离时,双电层重叠,排斥力起主要作用,势能升高。要使粒子聚结必须克服这个势垒。

2. 影响溶胶稳定性的因素

除布朗运动外,溶胶的稳定性还与下面几个因素有关。

(1)胶粒的电性:带电的胶粒由于胶粒间的范德华力而相互吸引,而具有相同电荷产生的斥力又使之分开。胶粒是否稳定,取决于这两种相反的力的相对大小。这也是20世纪40年代由 Derjaguin、Landan、Verwey、Overbeek 等人提出的溶胶稳定性理论(通常称为 DLVO 理论)的主要观点。

(2)溶剂化作用:溶剂化作用降低了胶粒的表面能,同时溶剂分子把胶粒包围起来,形成一个具有弹性的水合外壳。当胶粒相互靠近时,水合外壳因受到挤压而变形,但每个变形胶团都力图恢复其原来的形状而又被弹开。可见,水合外壳(溶剂化层)的存在起着阻碍聚结的作用。

(3)电解质作用:外加电解质影响胶粒的带电情况,使电动电势下降,促使胶粒聚结。

另外,浓度增加,粒子碰撞机会增多;温度升高,粒子碰撞机会增多,碰撞强度增大,带不同电荷的胶粒互相吸引而影响溶胶稳定性等。

综上所述,分散相粒子的带电(胶粒的电性)、溶剂化作用、布朗运动是影响憎液溶胶稳定性的3个重要因素。可见,凡是能使上述因素遭到破坏的作用,皆可以使溶胶聚沉。

二、溶胶的聚沉

溶胶中的分散相微粒互相集结,颗粒变大,最后发生沉淀的现象称为聚沉。溶胶的聚沉可分为两个阶段,第一为无法用肉眼观察出的分散程度变化的阶段,称为"隐聚沉";第二阶段则可用肉眼观察到颗粒的变化,称为"显聚沉"。

1. 电解质的聚沉作用

当往溶胶中加入过量的电解质后,往往会使溶胶发生聚沉。这是由于电解质加入后,电解质中与扩散层反离子电荷符号相同的那些离子将由于同电排斥而将反离子压入到吸附层,从而减少胶粒的带电量,ζ 电势降低。当扩散层中的反离子被全部压入吸附层内,胶粒处于中性状态，ζ 电势为零，此时溶胶的稳定性最差，非常易于聚沉。如豆浆是带负电荷的蛋白质胶体，卤水中的 Ca^{2+}、Mg^{2+}、Na^+ 等压缩扩散层厚度，使 ζ 电势下降并使蛋白质聚沉。

试验表明，当溶胶的 ζ 电势降低到一定值时（不必降到零！），就可观察到聚沉现象的发生。此时的 ζ 电势称为"临界 ζ 电势"。表 9-4 列举了一些电解质引起 As_2S_3 负溶胶和 $Fe(OH)_3$ 正溶胶聚沉的临界 ζ 电势和所需的临界浓度。

表 9-4 两种溶胶的临界 ζ 电势和所需的临界浓度

As_2S_3（负溶胶）			$Fe(OH)_3$（正溶胶）		
电解质	c (mol·L^{-3})	ζ 电势 mV	电解质	c (mol·L^{-3})	ζ 电势 mV
KCl	40.0	44	KCl	100.0	33.7
$BaCl_2$	1.0	26	NaOH	7.5	31.5
$AlCl_3$	0.15	25	K_2SO_4	6.6	32.5
$Th(NO_3)_4$	0.20	27	苯胺硫酸盐	8.0	31.4
$Th(NO_3)_4$	0.28	26	$K_2C_2O_4$	6.5	32.5
$Th(NO_3)_4$	0.40	24	$K_3[Fe(CN)_6]$	0.65	30.2

从表 9-4 中可见：

(1) 每一种溶胶所对应的各种电解质的临界 ζ 电势相当接近，可见，只需将憎液溶胶的带电性削弱到一定程度即可引起聚沉的发生。

(2) 价数越高的反离子（异电性离子）其聚沉能力越大。

有时与胶粒具有相同电荷离子的性质也对电解质的聚沉有显著影响，通常同电性离子的价数越高，则电解质的聚沉能力越低，这可能与这些同电性离子的吸附作用有关。

2. 溶胶的相互聚沉

将两种电性不同的溶胶混合，可以发生相互聚沉作用。如 As_2S_3 负溶胶与 $Fe(OH)_3$ 正溶胶以不同比例混合时可产生聚沉。

溶胶的相互聚沉在日常生活中经常见到。如明矾的净水作用，不同牌号的墨水相混合可能产生沉淀，医院里利用血液的能否相互凝结来判断血型等都与溶胶的相互聚沉有关。

3. 大分子化合物的聚沉作用

(1) 搭桥效应：利用大分子化合物在分散质微粒表面上的吸附作用，将胶粒拉扯到一块儿使溶胶聚沉，如常用聚丙烯酰胺处理污水就是搭桥效应的一个应用实例。

(2) 脱水效应：高聚物对水的亲和力往往比溶胶强，它将夺取胶粒水合外壳的水，胶粒由于失去水合外壳而聚沉，如羧酸、丹宁等物质常用作脱水剂。

(3) 电中和效应：离子型的大分子化合物吸附在胶粒上而中和了胶粒的表面电荷，使胶粒间的斥力减少并使溶胶聚沉。

三、盐析作用、保护作用与敏化作用

(1) 盐析作用：在大分子化合物中，少量电解质的加入并不会影响其聚沉，只有加入更多的电解质才能使聚沉发生，大分子溶胶的这种聚沉现象称为盐析作用。

(2) 保护作用：当往憎液溶胶中加入少量易为憎液溶胶所吸附的亲液溶胶后，憎液溶胶的

稳定性得到提高。这种作用称为"保护作用",被吸附的少量加入剂称为"保护剂"。如在金溶胶中加入少量动物胶,可使其聚沉临界浓度大大提高。

(3)敏化作用:在某些场合下,如加入保护剂的数量不足,反而可以促进溶胶的聚沉,这种作用称为"敏化作用"。

第四节 凝 胶

一、凝胶的分类

一定浓度的高分子溶液或溶胶,在适当条件下,粘度逐渐增大,最后失去流动性,整个体系变成一种外观均匀并保持一定形态的弹性半固体,这种弹性半固体称为凝胶(糨糊是高浓度、失去了流动性的悬浮体,这样的体系与凝胶不一样,不能称为凝胶)。一定浓度的溶胶或大分子化合物的真溶液在放置过程中自动形成凝胶的过程称为胶凝。凝胶有一定的几何外形,具有力学性质,有一定的强度、弹性和屈服值等。从内部结构看,它和通常的固体大不一样,属于胶体分散系,具有液体的某些性质,在新形成的水凝胶中,不仅分散相是连续相,分散介质也是连续相,这是凝胶的主要特征。

形成凝胶的原因是:凝胶形成立体网状结构,溶剂被包围在网眼中间,不能自由流动,因而形成半固体。由于构成网架的高分子化合物或线性胶粒仍具有一定的柔顺性,所以整个凝胶也具有一定的弹性。水凝胶(如血块、肉冻)脱水后即成干胶(如干硅胶、半透膜等)。凝胶在石油工业中有广泛应用。

根据凝胶分散质点的性质以及形成凝胶结构时质点联结的特点,凝胶可以分为弹性凝胶和非弹性凝胶两类。凝胶的特点是具有网状结构,充填在网眼里的溶剂不能自由流动,而相互交联成网架的高分子或溶胶粒子仍有一定柔顺性,使凝胶成为弹性半固体。各种凝胶在冻态时(溶剂含量多的叫做冻)弹性大致相同,但干燥后就显出很大差别。一类凝胶在干燥后体积缩小很多,但仍保持弹性,叫做弹性凝胶;另一类凝胶烘干后体积缩小不多,但失去弹性,并容易磨碎,叫做非弹性凝胶(或脆性凝胶)。肌肉、脑髓、软骨、指甲、毛发、组成植物细胞壁的纤维素以及其他高分子溶液所形成的凝胶都是弹性凝胶;而氢氧化铝、硅酸等溶胶所形成的凝胶则是脆性凝胶。

二、凝胶的形成

1. 凝胶形成的条件

从固体干胶或液体出发都可以制得凝胶。从固体干胶制得凝胶的制备方法比较简单,干胶吸收亲和性液体后体积膨胀就可形成凝胶,许多大分子物质都具有这个特点,例如明胶在水中因吸收水膨胀而形成凝胶。从液体制备凝胶应满足两个基本条件:降低溶解度,使被分散的物质从溶液中以"胶体分散状态"析出;析出的质点既不沉淀,也不能自由移动,应构成骨架,在整个溶液中形成连续的网状结构。凝胶形成过程中,与体系的浓度、温度及电解质等因素有关。

2. 凝胶形成的方法

(1)改变温度。许多物质在热水中能溶解,冷却时溶解度降低,质点因碰撞相互连接而形成凝胶。

(2) 加入非溶剂。在果胶水溶液中加入酒精,可形成凝胶。试验中应注意溶剂的用量要适当,混合速度要快且使体系均匀。固体酒精就是用这种方法将高级脂肪酸钠盐与乙醇混合制得的。

(3) 加入盐类。在亲水性较大和粒子形状不对称的溶胶中,加入适量的电解质可形成凝胶。电解质引起溶胶凝胶过程可以看做是溶胶整个聚沉过程中的一个特殊阶段。溶胶是牛顿型液体,在其中加入电解质后胶粒相连,部分形成结构,出现反常粘度(聚集体)。当盐类浓度增到一定值时,由于体系内部结构进一步发展,将整个分散介质包住,体系固化变成凝胶。

对于大分子溶胶,加入盐类的浓度必须很高才能引起胶凝作用,胶凝作用除与盐的浓度有关外,还与盐的性质、介质的pH值等因素有关。

(4) 化学反应。利用化学反应生成不溶物,控制合适的条件可形成凝胶。要求在产生不溶物的同时生成大量小晶粒,晶粒的形状最好不对称,这样有利于搭成骨架。一些大分子溶液也是在反应过程中形成凝胶。例如在加热时,鸡蛋清蛋白质分子发生变性,从球形分子变成纤维状分子,这当然有利于形成凝胶,这就是鸡蛋清蛋白质加热凝固的原因;血液凝结是血纤维蛋白质在酶作用下发生的胶凝过程;凝胶渗透色谱中常用的有机聚苯乙烯胶也是通过苯乙烯与胶联剂二乙烯苯在适当条件下经聚合反应而制得的。

三、凝胶的性质

1. 触变作用

一方面,在浓溶胶中加入少量电解质时,溶胶的粘度增大并转变为凝胶,而将凝胶稍加震动,便转为溶胶,此溶胶静置又成凝胶,这种操作可重复多次,溶胶与凝胶的性质均没有明显变化,这种现象就是触变作用。触变作用实际上是"有结构体系"与"无结构体系"的相互转化。钻井用泥浆要求有一定的触变作用。

2. 膨润(溶胀)

当弹性凝胶和溶剂接触时,便自动吸收溶剂而膨胀,体积增大,这个过程叫做膨润或溶胀。有的弹性凝胶膨润到一定程度,体积增大就停止了,称为有限膨润,例如木材在水中的膨润就是有限膨润;有的弹性凝胶能无限地吸收溶剂,最后形成溶液,叫做无限膨润,例如牛皮胶在水中的膨润就是无限膨润。

3. 离浆(脱水收缩)

新制备的凝胶搁置较久后,一部分液体可自动地从凝胶分离出来,而凝胶本身的体积缩小,这种现象叫做离浆,又叫做脱水收缩。例如,硅酸冻放在密闭容器中,搁置一段时间,冻上就有水珠出现;血块搁置后也有血清分出。离浆本质上是膨润的相反过程,其发生的原因是由于高分子之间继续交联的作用将液体从网状结构中挤出。

4. 吸附

一般来说,非弹性凝胶的干胶都具有多孔性的毛细管结构,比表面能较大,有较强的吸附能力。弹性凝胶干燥时高分子链段收缩,形成紧密堆积,它们的比表面积较非弹性凝胶的干胶要小得多,一般比非弹性凝胶的干胶吸附能力差。

阅读材料

常见凝胶及其特性

一、常见凝胶

(1) 聚丙烯酰胺凝胶。它是一种人工合成凝胶,由丙烯酰胺(CH_2=CH—$CONH_2$)与甲叉双丙烯酰胺(CH_2=CH—CONH—CH_2—NHCO—CH=CH_2)共聚而成;商品名称为生物胶-P(Bio-GelP)。聚丙烯酰胺凝胶是完全惰性的,不会与一些杂蛋白发生非特殊性吸附;适合于各种蛋白质、核苷及核苷酸等的分离纯化。但这种凝胶也有缺点:遇强酸时酰胺键会水解,一般在pH值为2~11范围内使用。

(2) 聚丙烯酰胺葡聚糖凝胶。其商品名为Suphacryl,是由甲叉双丙烯酰胺交联丙烯葡聚糖形成的球形凝胶颗粒。其特点是反压很低,机械性能好,分离速度快,分辨率高,理化稳定性好,在十二烷基磺酸钠(Sodium dodecyl Sulfate,SDS)、6mol·L^{-1}盐酸胍及8mol·L^{-1}尿素中均可使用。这种凝胶的具体型号有S1000HR、S-200HR、S-300HR、S-400HR、S-500HR、S-1000SF 6种;可用于分离相对分子质量为1×10^3~1×10^8的蛋白质,也可用于分离多糖和核酸。

(3) 聚乙烯醇凝胶。其商品名为Toyopearl,是以交联聚乙烯醇为骨架的凝胶过滤介质;由美国R&H公司与日本曹达公司的联合企业TosoHaas开发研制而成,适用于高效液相色谱(High Performance Liquid Chromatography,HPLC)的介质,Fractogel TSK是该系列的类似产品。

Toyopearl为多孔的三维网状结构,大分子链上含有丰富的羟基,它不但使骨架为高亲水性,还可利用羟基进行化学改性而得到含有多种功能基团的亲和吸附剂。该系列凝胶与生物大分子有较好的相溶性,作为固定化生物催化剂载体也已得到广泛应用。

(4) 琼脂糖凝胶。从琼脂中除去带电荷的琼脂糖,可制成不带电荷的琼脂糖,用琼脂糖制成颗粒内径不等的多种型号层析用琼脂糖凝胶;商品名为Sepharose。Sepharose的孔径大,机械强度好,层析时流速较快,但只能分离相对分子质量较大的分子。

近年来,Pharmacia公司推出商品名为Superose的琼脂糖凝胶,主要由含琼脂糖6%的Superose6和含琼脂糖12%的Superose12及其衍生物组成。Superose刚性特别好,物理化学性质稳定性高,在高粘度液体中能保持较好的流速,适合于糖类、核酸、病毒和包含体蛋白在促溶剂中的纯化。

(5) 葡聚糖凝胶。葡聚糖凝胶由相对分子质量为4×10^4~2×10^5的葡聚糖交联聚合而成。由Pharmacia公司生产的商品名为Sephadex的葡聚糖凝胶,具有良好的化学稳定性等优点,为最常用的凝胶之一。Sephadex耐碱,在0.01mol·L^{-1}盐酸中放置半年不受影响,故广泛用于各种物质的分离纯化。Sephadex有G10、G15、G25、G50、G75、G100、G150、G200等多种型号以及粗、中、细、超细等多种规格。G后面的数字表示胶粒孔径,数字越大,孔径就越大,越适合于大分子的分离。但颗粒的机械强度却随孔径的增大而降低,较高的操作压力会使G100、G150、G200等颗粒变形而使洗脱液的流速下降。故采用上述型号的Sephadex进行层析时,流速一般比较慢,时间也比较长。同型号的 Sephadex 颗粒越细,在同样柱长的柱子中分辨力越好,但流速也越慢。

(6) Superdex　Pharmacia 公司提供的新型凝胶过滤介质,是将葡聚糖共价结合到交联多孔琼脂糖珠体上制成的球形凝胶珠,流速快、反压低、非特异性吸附很低,因而样品回收率高,可以说是目前分辨率和选择性最好的凝胶过滤介质。理化稳定性高,在 $0.1\text{mol} \cdot \text{L}^{-1}$ 盐酸及 $0.1\text{mol} \cdot \text{L}^{-1}$ NaOH 中 40℃ 保温 400 h 分辨率保持不变;在 1% SDS、$8\text{mol} \cdot \text{L}^{-1}$ 尿素及 $6\text{mol} \cdot \text{L}^{-1}$ 盐酸胍中均能保持良好的色谱性能;有多种型号可供选择,适合于生物大分子的精细纯化。

二、凝胶特性参数

表征凝胶特性的参数主要有下列几项。

(1) 排阻极限(exclusion limit):凝胶过滤介质的排阻极限是指不能扩散到凝胶颗粒内部的最小分子的相对分子质量。不同的凝胶过滤介质品牌具有不同的排阻极限。例如,Sephadex G50 的排阻极限是 30KD,即相对分子质量大于该数值的分子不能进入到凝胶颗粒中,其洗脱体积为 V_0。

(2) 分级范围(fractionation range):能为凝胶阻滞并且相互之间可以得到分离的溶质的相对分子质量范围。Sephadex G50 的分级范围为 1.5~30KD。

(3) 溶胀率:某些类型的干燥凝胶颗粒(如 Sephadex G 系列),在使用前要用水溶液进行溶胀处理,溶胀后每克干燥凝胶所吸收的水分的质量分数称为溶胀率,即

$$\text{溶胀率} = 100\% \times (\text{溶胀处理平衡后质量} - \text{干燥质量}) / \text{干燥质量}$$

Sephadex G50 的溶胀率为 500%±30%。Sephadex G 系列中的凝胶型号与此溶胀率有关。

(4) 凝胶粒径:凝胶一般为球形,其粒径大小对分离度有重要影响。粒径越小,理论塔板高度(HETP)越小,分离效率越高。凝胶粒径多用筛目或微米来表示。软凝胶粒径较大,一般为 50~150μm(100~200 目);硬凝胶粒径较小,一般为 5~50μm。例如,Sepharose 和 Sephadex 凝胶粒径分布为 45~165μm,而 Superose 和 TSK Toyopearl HW 系列可小到 20~40μm,甚至 6~10μm。

(5) 床体积(bed volume):1g 干燥凝胶溶胀后所占有的体积。Sephadex G50 的床体积为 9~11$\text{cm}^3 \cdot \text{g}^{-1}$(干胶)。凝胶的床体积可用于估算装满一定体积的层析柱所需的干燥凝胶量。

(6) 空隙体积(void volume):指层析柱中凝胶之间空隙体积,即 V_1 值。空隙体积可用相对分子质量大于排阻极限的溶质测定,一般使用平均相对分子质量为 2000KD 的水溶性蓝色葡聚糖(blue dextran)。对于商品化的凝胶过滤介质,厂商的产品目录中一般都会给出其凝胶的各种性质,如分级范围、粒径、流速与压力的关系等,可参考使用。

习　题

一、基本概念

1. 液体的流变性
2. 凝胶

二、填空题

1. 鉴别溶胶和溶液最简单的方法是_____。
2. 根据瑞利公式思考:

(1)真溶液_____（能或否）发生光的散射现象。
(2)粗分散体系_____（能或否）发生光的散射现象。
(3)入射光波长越长,散射光越_____（强或弱）。

三、选择题

1. 电动电势是指哪两部分之间的电势差（　）。
   A. 胶粒与吸附层　　　　　B. 胶核与吸附层
   C. 吸附层离子与反离子　　D. 吸附层与扩散层
2. 对于 As_2S_3 溶胶,下列电解质中哪种聚沉能力最强（　）。
   A. Na_3PO_4　　B. $AlCl_3$　　C. $CaCl_2$　　D. K_2SO_4

四、综合题

1. 丁达尔效应的应用。
(1)在月球上看天空,能否看到晴朗、蓝色的天空以及美丽的朝霞和落日的余晖?
(2)如何解释晴朗的天空呈蓝色以及旭日和夕阳呈红色?
2. 为什么会存在胶体的动力性质、光学性质?人们如何利用这些性质对胶体体系进行研究?
3. 胶体具有动力性质、光学性质、电学性质等。上述3种性质中的那一种性质有助于了解胶体体系的稳定性?说说你所知道的测定胶体电学性质的一些试验方法,并举例说明。
4. 如何表征不同液体的流变性?举例说明研究液体流变性质的应用。
5. 根据胶体的稳定与聚沉等相关知识解释:
(1)江河出口处为什么形成三角洲?
(2)雷雨是如何产生的?为什么会雷电和暴雨交加?
(3)怎样除烟去尘?
6. 分别写出硅胶和 $Fe(OH)_3$ 溶胶的胶团结构简式,确定它们的电泳方向,并指出这两种溶胶胶粒带电的原因。
7. 凝胶有哪些主要性质?
8. 在3个烧杯中各盛放等量的 $Al(OH)_3$ 溶胶,分别加入电解质 $NaCl$、Na_2SO_4 和 Na_3PO_4 使其聚沉,需加入电解质的量多少排序为 $NaCl > Na_2SO_4 > Na_3PO_4$。试判断胶粒带电符号,并确定其电泳方向。
9. 将等体积的 $0.01 mol \cdot L^{-1} KCl$ 和 $0.008 mol \cdot L^{-1} AgNO_3$ 溶液混合;将等体积的 $0.01 mol \cdot L^{-1} AgNO_3$ 和 $0.008 mol \cdot L^{-1} KCl$ 溶液混合,可分别制得带不同符号电荷的 $AgCl$ 溶胶。现将等量的电解质 $AlCl_3$、$MgSO_4$ 及 $K_3[Fe(CN)_6]$ 分别加入到上述两种 $AgCl$ 溶胶中。试分别写出3种电解质对这两种溶胶聚沉能力的大小顺序。

第十章 乳状液与泡沫

第一节 概 述

一、乳状液的基本概念

乳状液是一种(或几种)液体以微小液滴的形式均匀分散于另一种互不相溶液体中所形成的分散体系,其中被分散成液滴的那一相叫做分散相或内相,液滴周围的另一种液体叫做分散介质或外相。显然分散相是不连续的,而分散介质是连续的。乳状液与泡沫同溶胶一样也是分散体系,乳状液和泡沫属粗分散体系。

乳状液总有一相是水,叫做水相;另外一相是与水互不相溶的有机液体,叫做油相。水作外相、油作内相形成的乳状液叫做水包油型乳状液,以符号 O/W 表示;油作外相、水作内相形成的乳状液叫做油包水型乳状液,以符号 W/O 表示。牛奶属于 O/W 型乳状液,而原油则属于 W/O 型乳状液。

只有水、油两相组成的乳状液显而易见是不稳定的,在强烈搅拌下只能形成短暂的稳定性,静止后油、水很快分层。但是若在油、水混合物中加入少量适当的活性剂,便可形成稳定的乳状液,这种有利于乳状液的形成和稳定的物质叫做乳化剂。

使油、水两相形成 O/W 型乳状液并使之稳定的乳化剂叫作 O/W 型乳化剂;使油、水两相形成 W/O 型乳状液并使之稳定的乳化剂叫做 W/O 型乳化剂。在制备乳状液时,必须使乳化剂与所制备的乳状液类型相一致,才能得到稳定的乳状液,否则不能形成稳定的乳状液。

以上讨论表明,形成乳状液要具备 3 个条件:首先要有油、水两相,其次要有适当的乳化剂,第三要对油、水混合物进行适当的搅拌。地下油层本身就含有油、水和天然乳化剂 3 种物质,因此,在采出过程中经过油层孔隙、深井泵或气举阀的搅拌以及油嘴节流等作用,最后可形成稳定的 W/O 型乳状液。这给原油破乳脱水造成困难,因此应尽量防止乳状液的形成。

二、乳状液的制备

含水原油形成稳定的 W/O 型乳状液,给原油脱水带来困难是我们不希望的。但有时也需要稳定的乳状液,如钻井液、压裂液、酸化液、微乳液等。

1. 油、水混合方式

乳状液的制备过程是分散度增加的过程,因此需要向体系输入能量。依能量输入方式的不同,制备乳状液可以有以下几种不同的油、水混合方式。

(1)手摇法。这是实验室制备少量乳状液的简便方法。将选好的乳化剂加到油、水混合物中,每隔 10s 左右振摇一次,直到形成稳定的乳状液为止。

(2)机械搅拌法。将选好的乳化剂加到油、水混合物中,用带有螺旋桨的搅拌器使油、水两相在激烈的搅拌下混合形成乳状液。此种方法设备简单、操作方便;缺点是乳状液分散度低,均匀性差,并容易混入空气。

(3)均化器乳化法。将被乳化的油、水混合物加压,然后从狭缝中流过达到乳化分散的目的。此法设备简单、操作方便,可得到分散度高、均匀性好的乳状液。

此外还有胶体磨研磨法、超声波分散法等。

2. 加料顺序

乳状液的类型、稳定性以及分散度的大小除了与制备方法有关外,还与加料顺序有关。若加料顺序适当,甚至不必剧烈搅拌便可形成稳定的乳状液。

(1)将乳化剂加入油中,使用时再将其倒入大量水中,稍加搅拌即可形成稳定的乳状液。这是制备 O/W 型乳状液最简便的方法,通常称之为自然乳化分散法。例如,日常生活中使用的杀虫剂 DDV 乳化剂即可采用此法制成 O/W 型乳状液,使用时将其倒入水中便可。

(2)将乳化剂加入水中,然后在搅拌下加入被乳化的油即可得到 O/W 型乳状液,继续加油最终将得到 W/O 型乳状液;反之,若先将乳化剂加入油中,在搅拌下加水即可形成 W/O 型乳状液,继续加水最终将得到 O/W 型乳状液。上述方法常称之为转相乳化法。

(3)成皂乳化法。将脂肪酸溶于油中,将碱溶于水中,然后在搅拌下将两相混合,在两相界面上形成脂肪酸盐,使油、水两相形成稳定的乳状液。碱性水溶液驱油就是利用了这个原理。

3. 影响分散度的因素

(1)混合方式。不同的混合方式对液滴直径大小即分散度的影响是不同的,表 10 - 1 列出了 3 种混合方式对分散度的影响。从表 10 - 1 中数据可见均化器乳化效果最好,所要求的乳化剂的浓度也比较低,1% 便可形成稳定的乳状液。

表 10 - 1 混合方式与分散度的关系

混合方式	分散相液滴的直径,10^{-6}m		
	1%(质量分数)乳化剂	5%(质量分数)乳化剂	10%(质量分数)乳化剂
机械搅拌法、手摇法(胶体磨)	6~9	4~7	3~5
机械搅拌法(螺旋桨)	不乳化	3~8	2~5
均化器乳化法(均化器)	1~3	1~3	1~3

(2)分散时间。对于同一体系,使用一定的分散手段,分散度是有一定限制的,达到此限制后,延长分散时间是徒劳无益的。因此在制备乳状液时确定达到最大分散度所需时间是重要的,这可节省劳动力并提高效率。

(3)乳化剂的浓度。在一定的范围内,增加乳化剂的浓度可使分散度增大。但乳化剂浓度超过一定限度后分散度便不再改变了,如用油酸钠乳化甲苯和水的混合物,当油酸钠的浓度达到 $0.2\text{mol}\cdot\text{L}^{-1}$ 以后,液滴的直径即分散度就不再改变了,所以过高的乳化剂浓度不但浪费,而且也是无益的。

三、乳状液的主要物理性质

1. 乳状液的外观

乳状液的物理性质主要取决于乳状液的类型、分散相液滴的直径大小及数量。一般的乳状液为乳白色、不透明的液体,其名称就是由此而来。乳状液的外观主要决定于分散相液滴的大小,因为不同直径的液滴对光的反射和散射作用是不同的。当液滴的直径大于入射光的波长时,主要发生反射,在这种情况下乳状液呈混浊;当液滴的直径小于入射光的波长时,则液滴对光主要发生散射作用,乳状液呈半透明状。一般乳状液的液滴直径范围为$(0.1 \sim 10) \times 10^{-6}$ m,而可见光的波长范围为$(0.4 \sim 0.8) \times 10^{-6}$ m,因此反射作用是主要的,所以乳状液多为不透明的乳白色液体。当液滴直径在0.1×10^{-6} m 以下时,乳状液属于胶体范围,此时对光的散射作用是主要的,乳状液呈透明或半透明状,这种乳状液已不是一般的乳状液了,常称之为微乳液,在性质上与乳状液有很大差别。关于微乳液的相关知识将在后面单独介绍。乳状液的外观与液滴直径的关系见表10-2。

表10-2 乳状液外观与液滴直径的关系

液滴直径	乳状液的外观	液滴直径	乳状液的外观
大液滴	可分辨出两相存在	$5 \times 10^{-8} \sim 10^{-7}$ m	灰色半透明的液体
大于10^{-6} m	乳白色的液体	小于5×10^{-8} m	透明的液体
$10^{-7} \sim 10^{-6}$ m	蓝白色的液体		

2. 乳状液的粘度

乳状液是一种流体,因此粘度是它的重要物理性质。乳状液的粘度主要与外相粘度、内相粘度、内相体积及分散相液滴直径大小有关。当分散相的体积分数小于0.02时,乳状液的粘度可用爱因斯坦公式(10-1)计算。此时乳状液的粘度主要取决于分散介质或外相的粘度。当分散相的体积分数较大时,可采用式(10-1)计算乳状液的粘度

$$\eta = \eta_0 \left[\frac{1}{1 - (h\phi)^{1/3}} \right] \tag{10-1}$$

式中 η——乳状液粘度;

η_0——分散介质即外相粘度;

h——校正系数,也称为体积因子,其值与分散相体积分数有关,对于液滴直径大小不同的O/W型乳状液,h值接近于1.3;

ϕ——分散相体积分数。

由式(10-1)可得

当$\phi = 0.1$时,$\eta/\eta_0 = 2$;

当$\phi = 0.5$时,$\eta/\eta_0 = 7.5$;

当$\phi = 0.75$时,$\eta/\eta_0 = 120$。

可见,分散相体积分数增大时,乳状液粘度也随之增大。对于W/O型乳状液,其粘度也可采用式(10-2)计算

$$\eta = \eta_0 (1 - 5.2w + 102.75w^2 - 221.5w^3) \tag{10-2}$$

式中 w——分散相水的体积分数。

乳状液的粘度除与外相粘度、内相粘度、内相体积及分散相液滴直径大小有关外,其粘度还与温度有关。

四、乳状液类型的鉴别

O/W型乳状液与W/O型乳状液在外观上并无多大差别,因此单凭外观不能区分两类乳状液,一般是根据油、水两相的不同性质采用下述方法鉴别。

（1）稀释法。乳状液可与其外相液体相混溶，以水为外相乳状液可分散于水中，以油为外相乳状液可分散于油中，据此可区分两种乳状液。

（2）染色法。乳状液可为在外相中溶解的染料所染色。所以，若乳状液为水溶性染料所染色，则为O/W型乳状液；若乳状液为油溶性染料所染色，则为W/O型乳状液。

（3）电导法。由于水的导电能力大于油的导电能力，所以电导率高者为O/W型乳状液，而电导率低者或不导电者为W/O型乳状液。

第二节　影响乳状液稳定性的因素以及决定乳状液类型的几种理论和因素

一、影响乳状液稳定性的因素

由于乳状液是高度分散的物系，具有较高的表面能，所以从热力学观点看它属于不稳定体系。但是根据动力学观点，有些乳状液又具有相当的稳定性，甚至可长久放置而不被破坏。影响乳状液稳定的主要因素有以下几点。

1. 乳化剂的作用

可作乳化剂的物质主要有表面活性剂、固体粉末和某些高分子化合物，但大量使用效果最好的是表面活性剂类乳化剂，所以下面主要讨论表面活性剂类乳化剂的作用。

（1）降低油、水界面张力。乳化剂可明显地降低油、水界面张力。以石蜡油—水体系为例，油水界面张力为$41mN \cdot m^{-1}$，不能形成稳定的乳状液。但是若在水相中加入少量的油酸钠，则油、水界面张力可降至$7.2mN \cdot m^{-1}$以下，油、水两相可形成稳定的乳状液。因此，界面张力降低、体系能量减小有利于液滴分散。但应特别注意，只有界面张力的降低，还不能保证形成的乳状液是稳定的，比如某些低碳醇可使油、水界面张力降至很低，但所形成的乳状液却很不稳定。

（2）形成乳化剂分子界面膜。由于乳化剂分子可降低油、水界面张力，因此根据能量自发减小原理，它必然要吸附在油、水界面上，形成亲水头伸入水相、亲油尾伸入油相的乳化剂分子定向排列的吸附层，即保护膜使液滴受到保护。

表面活性剂分子界面膜的强度是决定乳状液是否稳定的主要因素。要形成稳定而牢固的保护膜，首先要求乳化剂的亲油基应具有足够的长度却无分支，以保证具有较大的侧向吸力，使形成的界面膜具有足够的强度；其次乳化剂要有足够的浓度，以保证所形成的界面膜更加紧密和牢固；第三最好选用复合乳化剂。实践表明，各种乳化剂复配使用时，其效果比单独使用好。

2. 分散介质的粘度

分散介质的粘度越大，分散相液滴的运动速度就越慢，液滴之间的碰撞机会就越少，碰撞的强度就越小，有利于乳状液的稳定。因此在制备乳状液时，可加入少量高分子增粘剂，但是对于制备以输送为目的的乳状液时，这种方法显然是不可取的。

3. 温度

乳状液的稳定性随温度的升高而下降。这是因为温度升高分散介质的粘度减小，液滴运动速度加快,碰撞的机会和强度增加,同时活性剂分子从界面膜上解吸的机会也增加,使界面膜松动,强度下降,因此乳状液的稳定性降低。

除上述因素外,内相体积、介质的 pH 值、电解质浓度、双电层的排斥(离子型表面活性剂)以及少量极性有机物的存在等,都会影响乳状液的稳定性。但是诸多因素中乳化剂的作用是影响乳状液稳定性的最关键因素,因此要制备稳定的乳状液,关键在于选择性能优良的乳化剂。选择乳化剂的原则一般是先从结构和 HLB 值推测,然后通过试验进行筛选。

二、决定乳状液类型的几种理论和因素

乳状液可分为 O/W 型和 W/O 型。在什么条件下形成 O/W 型,在什么条件下形成 W/O 型,有无判别的标准,针对这些问题,下面简要介绍几种决定乳液类型的理论和因素。

1. 相体积理论

若分散相为大小相同的球形液滴,如图 10-1 所示,在最密堆积时,根据几何学原理,内相体积为 74.02%,余者 25.98% 则为外相体积,就是说形成乳状液时,内相体积不能大于 74.02%,外相体积不应小于 25.98%,这就是相体积理论。但实际上分散相液滴不可能是大小相同的球,所以内相体积可能超过 74.02%,虽然如此,内相体积小者,乳状液倾向于稳定。

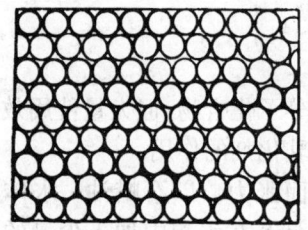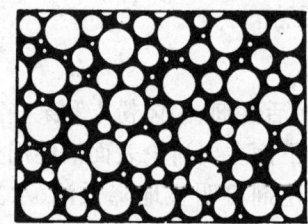

图 10-1 几种乳状液液滴的形状

2. 定向楔理论

乳状液稳定的主要原因是乳化剂分子在油、水界面上形成保护膜。在成膜时,乳化剂分子总是力图将截面较大的一端伸入外相,以形成紧密而牢固的膜,如图 10-2 所示,这就是定向楔理论的基本观点。如以 $A_{极}$ 表示乳化剂极性亲水头的截面积,以 $A_{非极}$ 表示非极性亲油尾的截面积,则有

$A_{极}/A_{非极} > 1$ 时,O/W 型乳状液;

$A_{极}/A_{非极} < 1$ 时,W/O 型乳状液。

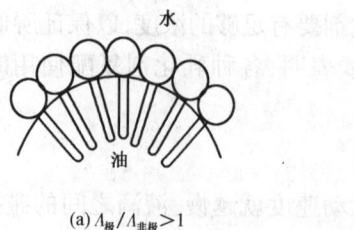

(a) $A_{极}/A_{非极} > 1$　　　　(b) $A_{极}/A_{非极} < 1$

图 10-2 不同乳化剂分子在界面上的取向

定向楔理论基本上与实验事实相符,但也有例外,比如,碱金属皂 RCOONa、RCOOK 极性亲水头的截面积小于非极性亲油尾的截面积,但却形成 O/W 型乳状液。这主要是因为分散

相液滴直径远远大于乳化剂分子直径,故液滴的曲面对于在它上面定向的分子而言几乎近于平面,分子两端的大小实际上是无关紧要了,而且液滴越大,乳化剂分子两端的截面对乳状液类型的影响就越小。

3. 乳化剂的溶解度

经验表明,易溶于水的乳化剂易形成 O/W 型乳状液,易溶于油的乳化剂可形成 W/O 型乳状液。这一经验规律具有相当大的普遍性,例如碱金属皂 RCOONa 和 RCOOK 易溶于水,故形成 O/W 型乳状液,而 RCOOAg 易溶于油,故形成 W/O 型乳状液。

乳化剂在油、水两相中的溶解度与 HLB 值有关,HLB 值高者水溶性大,HLB 值低者油溶性大,所以溶解度对乳状液类型的影响与 HLB 值对乳状液类型的影响是一致的。

4. 界面膜张力

乳化剂分子在油、水界面上吸附所形成的界面膜具有一定的厚度,有两个界面即膜—水界面和膜—油界面,两个界面的界面膜张力是不同的。根据表面能最低原则,乳化剂分子的界面膜将向界面膜张力高的一侧弯曲,以使表面能最低,结果使具有高界面膜张力一侧的液体成为内相。但是由于膜—水和膜—油界面膜张力很难确定,故在判定乳状液类型方面实际应用价值不大。

5. 固体粉末的乳化作用

对于固体粉末乳化剂,若固体优先为水润湿,如膨润土,则形成 O/W 型乳状液;若固体优先为油所润湿,如炭黑,则形成 W/O 型乳状液,如图 10-3 所示。

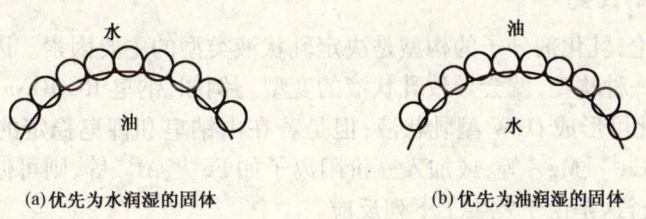

(a) 优先为水润湿的固体　　　　(b) 优先为油润湿的固体

图 10-3　固体粉末的乳化作用

6. 器壁材质

在乳化过程中,器壁的亲油性、亲水性对乳状液的类型也具有一定的影响。一般情况下,亲水性强的器壁易形成 O/W 型乳状液,如玻璃;亲油性强的器壁易形成 W/O 型乳状液,如塑料。

总之,关于乳状液的形成与稳定的问题,至今尚未有形成对各种情况普遍适用的理论,以上所述都是从不同角度出发所提出的观点,因此都具有很大的局限性,应用时应全面考虑。

第三节　乳状液的分层、变型与破乳

油气破乳是油田化学中比较复杂的程序,油气工业每年要在预防乳化和破乳方面花费数亿万美元。由于处理乳状液要花费巨额的成本,所以处理乳状液成为石油工业主要的问题。石油产品中乳状液的主要组成包括原油、水、地层微粒、灰尘、粘土、岩屑、垢质等。石油产品中非烃杂质会带来诸如增加泡沫、扩大动力消耗、增加流体体积和粘度、腐蚀管线、储罐和设备等不良后果,导致成本不断上涨。此外,处理未破乳的油气乳状液要引起昂贵的运输和处理费用,同时还会带来有害废弃物的管理问题。

乳状液同溶胶一样属于不稳定体系,一方面是由于其表面能比较高,另一方面是因为油相和水相之间存在密度差,因此水滴在油介质中要产生沉降,油滴在水介质中要上浮,所以不论是从热力学角度还是从动力学角度看乳状液都是不稳定的,最终是要被破坏的。乳状液不稳定性的主要表现是分层、变型和破乳。

一、分层

大多数乳状液静止一段时间以后可观察到明显的分层,其中一层的分散相比原来的多,另一层分散相比原来的少。如牛奶的分层是常见的现象,在上层中分散相(乳脂)约占35%,而在下层中分散相只占8%。

乳状液的分层并不是乳状液的真正被破坏,而是将原乳状液分成两个乳状液,但分层往往是破乳的前提,因此是乳状液不稳定性的表现之一。

乳状液的分层速度主要取决于分散相液滴直径的大小及油、水两相的密度差,与液滴直径及两相密度差成正比,与分散介质的粘度成反比,所以减缓分层速度的有效措施是提高分散度。

二、变型

乳状液的变型是指乳状液从 O/W 型转变成 W/O 型或从 W/O 型转变成 O/W 型的过程。变型的实质是分散相液滴合并变成分散介质,而分散介质变成液滴转化成分散相的过程。引起乳状液变型的主要因素如下。

1. 乳化剂类型的改变

按照定向楔理论,乳化剂分子的构型是决定乳状液类型的主要因素。因此,若乳化剂分子从一种构型变成另一种构型,就会导致乳状液的变型。例如,钠皂 RCOONa 和钾皂 RCOOK 是 O/W 型乳化剂,因此可形成 O/W 型乳状液;但是若在由钠皂和钾皂稳定的 O/W 型乳状液中加入二价阳离子如 Ca^{2+}、Mg^{2+} 等,或加入三价阳离子如 Fe^{3+}、Al^{3+} 等,则可使 O/W 型乳状液转变成 W/O 型乳状液,这是由于发生了下列反应

$$2RCOONa + Ca^{2+} \longrightarrow (RCOO)_2Ca + 2Na^+$$

或

$$3RCOONa + Al^{3+} \longrightarrow (RCOO)_3Al + 3Na^+$$

生成的二价金属皂或三价金属皂带有两个或三个烃基 R—,使亲油尾的截面积大大增加,按照定向楔理论,它将使 W/O 型乳状液稳定。这种变型是实验室中常用的方法,但应注意,必须加入足量的高价离子才能使乳状液发生变型。

2. 相体积的改变

由相体积理论可知,内相体积小于 74.02% 时乳状液稳定。若增加内相体积,使其超过 74.02%,内相就可能变成外相,使乳状液变型。

3. 电解质的影响

在乳状液中加入一定量的电解质可使乳状液变型。例如，用油酸钠为乳化剂的苯—水体系可形成 O/W 型乳状液，但若在此乳状液中加入 $0.5\text{mol} \cdot \text{L}^{-1}$ 的 NaCl，乳状液将从 O/W 型变成 W/O 型，其他乳状液亦有类似情况。如以水—苯和水—汽油两体系为例，选用不同乳化剂时 NaCl 的转向浓度（使乳状液变型的电解质浓度叫做转向浓度；转向浓度与离子价数有关，一般是随着离子价数的增加而下降）见表 10-3。加入足量的电解质以后可使乳化剂在水相中的溶解度降低，即水溶性变差，使乳化剂由亲水性变成亲油性，因此可使乳状液由 O/W 型变成 W/O 型。

表 10-3　电解质对乳状液类型的影响

油相	乳化剂及浓度	NaCl 转向浓度 $\text{mol} \cdot \text{L}^{-1}$	乳状液类型	
			无 NaCl	有 NaCl
苯	硬脂酸钠 0.33%（质量分数）	0.5	O/W 型	W/O 型
	油酸钠 2%（质量分数）	2	O/W 型	W/O 型
	环烷酸钠 $0.1\text{mol} \cdot \text{L}^{-1}$	1	O/W 型	W/O 型
汽油	硬脂酸钠 0.33%（质量分数）	0.5	O/W 型	W/O 型
	油酸钠 2%（质量分数）	2	O/W 型	W/O 型
	环烷酸钠 $0.1\text{mol} \cdot \text{L}^{-1}$	1	O/W 型	W/O 型

电解质的变型作用对于由非离子型乳化剂所稳定的乳状液影响不大。

4. 温度的影响

改变温度时乳化剂分子的亲油性、亲水性也将发生改变，此效应对非离子表面活性剂特别是聚氧乙烯型非离子型表面活性剂作为乳化剂的影响尤其明显。温度升高时它们的亲水性变差、亲油性增强，达到一定温度后乳状液发生变型，这个温度叫做变型温度。若温度高于变型温度，则 O/W 型乳状液变成 W/O 型乳状液；若温度低于变型温度，W/O 型乳状液重新变成 O/W 型乳状液。对于由脂肪酸和脂肪酸钠所稳定的乳状液亦有类似的情况。

三、破乳

破乳是指乳状液的两相（油相和水相）达到完全分离的过程。一般可认为破乳由两步完成，第一步是分散相液滴絮凝成团，此时分散相液滴仍然是独立的，并可再分散；第二步是液滴表面膜破裂，液滴聚结合并最终发生相分离，乳状液被破坏。

生产中经常会遇到一些有害的乳状液，如原油（W/O 型）、工业污水（O/W 型）等，为了使原油达到外输标准、污水达到排放要求，就需要破乳。目前原油破乳中采用的主要破乳方法有破乳剂破乳法、电破乳法和热破乳法。

1. 破乳剂破乳法

破乳剂破乳法是目前所采用的主要破乳方法，尤其是针对原油的破乳和脱水。

破乳剂破乳法的基本原则是选择一种吸附、润湿、渗透能力强的乳化剂，用来顶替原来油、水界面上的乳化剂，并形成新的界面膜，由于新界面膜的强度小，进而使乳状液被破坏。

目前广泛采用的原油破乳剂大部分是聚氧乙烯和聚氧丙烯的嵌段共聚物，其相对分子质量一般在数千以上。这种分子极易在油、水界面上吸附，但是由于吸附分子是平躺在界面上，所以吸附层很薄,侧向吸力小,强度差,易破裂,从而丧失保护作用而导致乳状液被破坏。

2. 电破乳法

把乳状液(W/O型)置于高压电场中,由于水是极性分子在电场中被极化,在电场力作用下液滴变形拉长,互相串联成行而连成大液滴,使乳状液被破坏。电破乳法是一种快速而有效的破乳方法,也是原油破乳脱水经常采用的一种方法。

3. 热破乳法

将乳状液加热,结果是使布朗运动加剧,内相和外相的液体分子都因速度的增大而使乳化剂的界面膜受到更大的冲击,使其强度减弱,容易破裂而导致破乳。当分散介质粘度较大时,采用热破乳法是最有效的破乳方法,如稠油的破乳脱水。

上述3种方法在原油的破乳中经常被联合使用。除上述方法外,还有化学反应破乳法、电解质破乳法、过滤破乳法等。

四、原油脱水

原油脱水就是脱除原油中的乳化水、游离水,将原油的含水量降至0.5%(质量分数)以下。原油脱水是生产合格原油的关键措施,而要实现原油脱水,破乳是前提,因为只有破乳,分散相液滴才能聚结长大,而后通过沉降达到原油脱水的目的。

根据斯塔克公式(10-3)有

$$v = \frac{2(\rho_w - \rho_o)}{9\eta_0} gr^2 \tag{10-3}$$

式中 v——水滴的沉降速度;
 r——水滴的半径;
 ρ_w——水的密度;
 ρ_o——油的密度;
 g——重力加速度常数;
 η_0——分散介质油的粘度。

由式(10-3)可见,水滴的沉降速度主要取决于液滴直径的大小、分散相与分散介质的密度差以及分散介质的粘度。所以加速液滴沉降速度的方法是增大液滴的半径和降低分散介质的粘度。

第四节 微 乳 液

一、微乳液的制备

所谓微乳液,是相对普通乳状液而言的,大多数乳状液是乳白色不透明且长期静止后容易分层的热力学不稳定体系;而微乳液是热力学稳定的分散体系,其分散相液滴直径为纳米级(10~100nm),一般透明或半透明。

微乳液的制备与乳状液不同。制备微乳状液除了油、水主体外,需要加入较多的乳化剂和足量的极性有机物(助表面活性剂)。

例如在苯或十六烷中加入相当数量的油酸(大约10%,质量分数),然后用KOH水溶液中和,搅拌均匀可得到混浊的乳状液;若在搅拌下逐渐加入正己醇至一定量以后,可得到透明的液体——微乳液。将石油、戊醇和石油磺酸盐等与水混合也可制得微乳液。由于石油磺酸盐制作方法简单、成本低廉,目前已广泛用于制备微乳液,并以此提高石油采收率。

微乳液的常规制备方法有两种:一是把油、水、乳化剂混合均匀,然后在该乳状液中滴定醇,滴加到一定程度后,该体系会突然变得透明,即形成微乳液;二是把油、醇、乳化剂混合均匀,向该体系中加入水,体系也会在某瞬间变得透明,形成微乳液。另外,还有不加醇的第三种方法:用强极性单体如丙烯酰胺、三甲基氯化铵等,在选择适当的乳化剂条件下也能得到微乳液。这种体系和方法为什么会形成微乳液,许多研究人员就它的性质进行了研究。

二、微乳液形成机理

(1)增溶理论。表面活性剂能使难溶于水的有机物在水中的溶解度明显提高的现象叫做增溶。增溶理论认为,微乳液实际上是在一定条件下表面活性剂胶束溶液对油和水增溶形成增溶的胶束溶液。增溶作用只有在表面活性剂的浓度高于 cmc 时才能明显地表现出来。在 cmc 以上表面活性剂的浓度越高,生成的胶团束越多,增溶作用越强。

(2)相平衡理论。相平衡理论可以给予增溶理论合理的解释:在有机硅微乳液体系中,有机硅、水、表面活性剂、助表面活性剂等相间存在着相平衡,当体系中水层增溶油的能力大于油层增溶水的能力时,就形成 O/W 型微乳液,反之,则形成 W/O 型微乳液;若油层和水层的增溶能力相当,则形成层状液晶结构;若部分油层的增溶能力大于水层,同时有部分水层的增溶能力大于油层,则有可能形成双连续相结构的微乳液;若表面活性剂的亲水性较强,在富水区有利于形成 O/W 型微乳液,在富油区可达到 O/W 型微乳液和过量油的平衡;若表面活性剂的亲油性较强,在富油区有利于形成 W/O 型微乳液;在富水区可达到 W/O 型微乳液和过量水的平衡。

(3)界面张力。界面张力理论主要考虑的是表面活性剂、水、油体系的界面张力与形成稳定微乳液的关系。研究表明,当油水界面张力低于 $10\sim5N\cdot m^{-1}$ 时,就可以获得稳定微乳液。瞬时界面张力理论对微乳液的形成有以下解释:在微乳体系中,表面活性剂油相和水相中的溶解度很小,被吸附在油水界面上,从而降低了两相间的界面张力,同时在助表面活性剂的协同作用下产生混合吸附,界面张力可降至零,甚至出现瞬时负值;一旦界面张力低于零后,体系将会自发扩张界面,然后吸附更多的表面活性剂和助表面活性剂,直至其本体浓度降至使界面张力恢复至零或微小的正值为止,从而自发形成稳定的微乳液。

(4)界面弯曲理论。微乳液胶束的形成需要界面的高度弯曲。表面活性剂亲油基和亲水基交界处空间位阻越大,越有利于界面弯曲;亲油基分子结构差异越大,越有利于表面活性剂亲油基的不规则排列,也就越有利于界面弯曲。添加油水两亲的小分子物质助表面活性剂,如低分子醇、多元醇和有机酸等,将会极大地改善界面流动性,导致界面弯曲和微乳液形成。

(5)界面膜理论。界面膜的强度对微乳颗粒的形成及最后产物的质量均有很大影响。如果界面膜强度较低,颗粒之间相互碰撞时,界面膜容易被打开,不同水核的固体核或超细粒子之间将会发生凝并,导致粒子粒径难以控制,产物的大小分布不均匀。表面活性剂浓度越高,界面膜强度和液滴聚结所受的阻力越大,微乳液的稳定性越高。

三、微乳液的性质

微乳液为透明或半透明的分散体系,粒子直径大小在 $1.0\times10^{-7}m$ 以下,具有极高的稳定性,长久放置也不会分层、破乳,甚至用高速离心机也不能使其分层。微乳液的另一个特点是其粘度较低,比普通乳状液的粘度要小得多。为了便于比较,我们把乳状液、微乳液和胶团溶液的一些主要特征列于表 10-4 中。

表 10-4 乳状液、微乳液和胶团溶液性质比较

性质	体系			性质	体系		
	乳状液	微乳液	胶团溶液		乳状液	微乳液	胶团溶液
分散度(分散相粒子的直径)	$>0.1\times10^{-6}$ m	$<0.1\times10^{-6}$ m	$<0.1\times10^{-6}$ m	助表面活性剂	可不用	必须用	可不用
透光度	乳白色不透明	透明或半透明	透明	与油混溶性	W/O 型乳状液混溶	混溶	油外相胶团溶液混溶
稳定性	不稳定	稳定	稳定	与水混溶性	O/W 型乳状液混溶	混溶	水外相胶团溶液混溶
乳化剂用量	少	多	乳化剂浓度大于临界胶束浓度(cmc)	粘度	较大	较小	较小

四、微乳液的应用

微乳液一直被广泛应用于生产实践中,特别是近年来微乳液逐渐进入石油开发领域中,越来越受到重视。因为靠天然能量和注水采油不可能将地下石油全部采出,而只能采出一部分,采用微乳液可使地下石油采出率大大提高,这是因为微乳液可以和油混溶,使界面张力消失,故洗油效率高。

由于制备微乳液乳化剂用量大,成本高,因此在应用时一般只用少量微乳液作段塞,然后用水推动此段塞前进,达到驱油目的。在水和微乳液段塞之间设置一段缓冲液以防止微乳液与水混相,如图 10-4 所示。这样微乳液就好像气缸的活塞一样被水推向油层中,并把油驱出油层,故把这种驱油方法称之为微乳液段塞驱油法。但是由于油层情况复杂,采用微乳液段塞驱油风险大、成本高,目前基本上尚处于试验阶段。

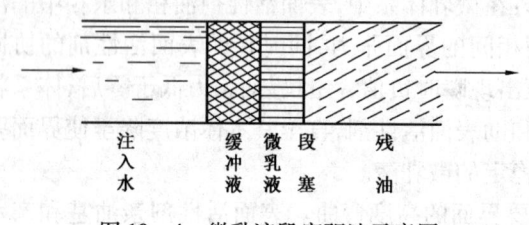

图 10-4 微乳液段塞驱油示意图

第五节 泡沫的形成及性质

一、泡沫的形成及结构

泡沫是大量气泡的聚集体,是不溶性或微溶性气体分散于液体或熔融固体中所形成的分散体系。液体或固体为分散介质,气体为分散相。泡沫同乳状液一样属于粗分散系,气泡的直径约在 100nm 以上,用显微镜或肉眼可以分辨出气泡的大小。泡沫是人们非常熟悉和经常接触的分散体系,如洗衣粉泡沫、灭火器泡沫等。

纯净的液体与气体接触不能形成稳定的泡沫,如搅拌清水所生成的气泡寿命在 0~5s 以内,只能瞬间存在。要形成稳定的泡沫,除了气、液两相之外,还必须加入第三种物质,即泡沫的稳定剂或起泡剂。所以说泡沫是由气体、液体和起泡剂所组成的分散体系。所谓起泡剂,就是以延长泡沫的持久性为目的而加入的物质,通常为表面活性剂。

制备泡沫时,首先将起泡剂加入分散介质中(如清水),然后通过搅拌或其他方式将气体带入,使其与分散介质混合形成气泡。由于气体、液体密度差的存在,生成的气泡很快上浮至液面,并在液面上聚集,形成为少量液体构成的薄膜所隔开的大量气泡的聚集体——泡沫。

泡沫的形成过程可用图 10-5 加以说明。当气泡进入水中以后,起泡剂的分子即吸附于气、液表面上,形成亲水头伸入水相、亲油尾伸入气相的定向排列的单分子吸附层,使气泡受到保护,然后借浮力上升至表面,并冲破液面上的起泡剂分子吸附层而聚集于表面形成泡沫。由图 10-5 可见,每个气泡都为起泡剂分子的双分子吸附层所覆盖,这是泡沫稳定的关键所在。为了实现最紧密的堆积,气泡并不呈球体,而是呈六面体,这种堆积方式有利于泡沫的稳定。

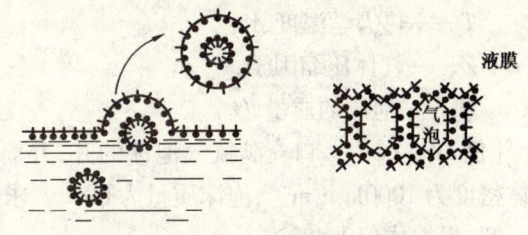

图 10-5 泡沫的形成过程及结构示意图

二、泡沫的性质

1. 泡沫的质量

在一定的温度及压强下,泡沫流体中的气体体积与泡沫体积之比定义为泡沫的质量,或称之为泡沫的干度,以 Q_f 表示,则有

$$Q_f = \frac{V_g}{V_f} = \frac{V_g}{V_l + V_g} \qquad (10-4)$$

式中　V_f——泡沫体积;
　　　V_g——气体体积;
　　　V_l——液体体积。

稳定的泡沫最低质量范围应为 55%~70%。当泡沫质量范围为 0~54% 时,气体以球形气泡分散于液体中,此时气泡之间不发生接触;当泡沫质量范围为 54%~74% 时,气泡逐渐聚集成多边形,气泡之间发生接触和干扰;当泡沫质量范围为 74%~97% 时,气泡全部变成六面体;当泡沫质量超过 96% 时,液体不足以形成液膜而包围气体,气泡开始破裂。

2. 泡沫的膨胀比和密度

液体形成泡沫体积明显增大,液体发泡前后的体积比叫做膨胀比,以 β 表示,则有

$$\beta = \frac{V_f}{V_l} \qquad (10-5)$$

所以膨胀比就是生成的泡沫体积(V_f)与所用液体的体积(V_l)之比,对于灭火器,泡沫膨胀比范围为 8~16。

泡沫的密度 ρ_f 为泡沫的质量 Q_f 与泡沫的体积 V_f 之比,即

$$\rho_f = \frac{Q_f}{V_f} \qquad (10-6)$$

在常温常压下,泡沫的质量可近似等于所用液体的质量 W_1,所以式(10-6)可改写为

$$\rho_f = \frac{W_1}{V_f} \qquad (10-7)$$

当压强较高时,宜采用式(10-8)计算泡沫的密度

$$\rho_f = \rho_1(1 - Q_f) + 3.317 \times 10^3 \times \frac{Q_f \cdot p}{T \cdot Z} \qquad (10-8)$$

式中 ρ_1——所用液体的密度,$kg \cdot m^{-3}$;

p——容器压强,MPa;

T——热力学温度,K;

Z——气体压缩因子;

Q_f——泡沫的质量,%。

[**例 10-1**] 一口充满氮气泡沫的井,井筒平均压强为 41.4MPa,平均温度为 311.15K,液体密度为 $1000kg \cdot m^{-3}$,泡沫质量为 60%。求此时泡沫的密度为多少?

解: 根据式(10-8)有

$$\rho_f = \rho_1(1 - Q_f) + 3.317 \times 10^3 \times \frac{Q_f \cdot p}{T \cdot Z}$$

$$= 1000 \times (1 - 0.6) + 3.317 \times \frac{0.6 \times 41.4}{311.15 \times 1.09} \times 10^3$$

$$= 643(kg \cdot m^3)$$

3. 泡沫的粘度

泡沫的粘度比形成泡沫所用的液体和气体的粘度要大得多。泡沫的粘度主要由泡沫的质量和液相的性质所决定。泡沫的质量越大,气泡越密集,气泡之间的摩擦和干扰越激烈,泡沫的粘度就越大。

质量大的泡沫属于非牛顿流体,在切变速度不太高时具有假塑性体的特征,故其粘度随切速的增大而下降。对于不同的泡沫质量,可采用不同的公式计算泡沫的粘度。

(1)泡沫质量范围为 0~54% 时:

$$\eta_f = \eta_0(1 + 2.5Q_f) \qquad (10-9)$$

式中 η_f——泡沫的粘度;

η_0——液体的粘度。

(2)泡沫质量范围为 74%~96% 时:

$$\eta_f = \eta_0 \left[\frac{1}{1 - (Q_f)^{1/3}} \right] \qquad (10-10)$$

(3)泡沫质量范围为 54%~74% 时:

$$\eta_f = \eta_0(1 + 4.5Q_f) \qquad (10-11)$$

第六节 泡沫的稳定性与消泡

一、影响泡沫稳定性的主要因素和提高泡沫稳定性的途径

因泡沫是分散物系,所以从本质上说是热力学不稳定体系。泡沫的合并与破裂是自由能减少的自发过程,因此泡沫的稳定性只具有相对的意义。影响泡沫稳定性的因素主要有起泡剂、泡沫结构等。

1. 起泡剂的作用

起泡剂是影响泡沫具有相对稳定性的主要因素。常用的起泡剂主要有表面活性剂类起泡剂、蛋白质起泡剂、固体粉末起泡剂以及高分子起泡剂等,其中最重要的是表面活性剂类起泡剂,如十二烷基苯磺酸钠(洗衣粉的主要活性组分)和硬脂酸钠(肥皂)等都是性能优良的起泡剂。

起泡剂的主要作用就是形成双分子吸附层,如图 10-5 所示,这是形成泡沫的关键。双分子吸附层的主要作用是:

(1) 由于双分子吸附层的覆盖,阻止了膜内气体的挥发;

(2) 由于膜内起泡剂分子亲水基的水化,限制了膜内水分子的流动,使膜内水的粘度增大而不易流失,保持液膜具有一定的厚度;

(3) 由于双分子吸附层的覆盖,防止了膜内液体的蒸发;

(4) 起泡剂分子中亲油基之间的相互吸引,使双分子吸附层具有一定的强度,膜不易破裂;

(5) 对于离子型起泡剂,由于膜内亲水头之间的静电排斥,可阻止液膜变薄。

以上作用的结果,使起泡剂的双分子吸附层具有相当的稳定性。而只要液膜不被破坏,气泡就将存在下去。

2. 泡沫结构的影响

泡沫结构对其稳定性的影响主要表现在气泡的几何形状、气泡的大小、气泡的分散性对其稳定性的影响。

1) 气泡的几何形状

气泡的几何形状对泡沫的稳定性有重要影响。若气泡接近球体,其气泡交界处如图 10-6 所示,在 B 处界面曲率半径很大(近于平面),依据拉氏方程,泡内压强 p 与膜内压强 p_B 接近相等,即 $p_B = p$,但在 A 处由于曲率半径较小,显然泡内压强与膜内压强不等。假设 A 处界面为球面,根据拉氏方程有

$$p - p_A = \Delta p = \frac{2\sigma}{R} \tag{10-12}$$

式中 R——气泡在 A 处的曲率半径;

σ——界面张力。

式(10-12)表明,在 A 处 $p_A < p$,而在 B 处 $p_B = p$,所以有

$$p_A < p_B \tag{10-13}$$

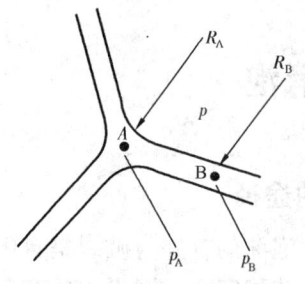

图 10-6 气泡交界处膜内液体的流动示意图

这个结果表明,液膜内 B 处的压强高于 A 处的压强,因此 B 处液体将向 A 处流动,使 B 处液膜变薄,膜内气体将从此处逸出而使气泡破裂。

若气泡呈六面体,如图 10-6 所示,A、B 两处曲率接近相等,因此 A、B 两处压强几乎相等,压差最小,液体流失、液膜减薄的可能性下降,泡沫稳定性增强,因此气泡一般具有多面体结构,尤其是六面体结构。

泡沫的结构与泡沫的质量有关,只有泡沫的质量范围为 74%~96%,气泡才全部以六面体(其投影为六角形)的形式存在,此时泡沫是稳定的。

2) 气泡的大小

泡沫的稳定性与液膜的排液速度有关。由上所述,当 B 处液体向 A 处流动时,A 处液量增加;当 A 处液量达到一定值以后,在地球引力场作用下,将穿破液膜而流失,这个过程叫做液膜的排液。显然液膜的排液速度越快,泡沫的稳定性就越小。而液膜的排液速度与气泡的大小有关,如以排液 50% 所需时间 t_{50} 表示排液速度,则有下列关系

$$t_{50} = \frac{580\eta h}{\rho g d^2 V_{fl}} \tag{10-14}$$

式中 η——液体的粘度;
h——泡沫的高度;
ρ——液体密度;
V_{fl}——流动液体的体积;
d——按等效球直径表示的气泡尺寸。

由式(10-14)可见,排液 50% 所需时间与气泡直径的平方成反比,所以减少气泡的直径可大大延长泡沫的寿命。

另外,气泡越小,其耐压性能越好,越不易破裂,膜内气体越难以挥发,使泡沫保持稳定。气泡大小主要取决于制取泡沫的方式和压强,制取泡沫时所用压强越高,气泡就越小。

3) 气泡的分散性

气泡的分散性是指气泡大小的分布。若气泡大小均一,即具有单分散性,由于各气泡的曲率半径相同,泡内压强相等,泡间气体相互扩散的可能性很小,泡沫稳定性好;反之,若气泡大小不等,即具有多分散性,由于小泡内压强大于大泡内压强,则小泡内气体可能穿过液膜扩散到大泡内,使小泡消失、大泡长大,造成气泡数目减少,平均泡径增大,最终导致泡沫破裂消失。这种气体透过液膜而扩散的现象叫做液膜的透气性。显然分散性越大,透气性越大,泡沫越不稳定。

另外,液膜的透气性还与起泡剂双分子吸附层的强度有关,起泡剂双分子吸附层中分子排列越紧密和牢固,气体透过就越困难,泡沫稳定性越好。此外,温度、pH 值等对泡沫的稳定性也有影响。总之,影响泡沫稳定性的因素较复杂,但起主要作用的仍是起泡剂的性质和泡沫的结构。

3. 提高泡沫稳定性的途径

为了使泡沫具有实用性,必须提高泡沫的稳定性。提高泡沫稳定性的主要措施有:

（1）选择性能优良的起泡剂，降低表面张力促进泡沫的形成，保证液膜的强度和弹性；

（2）适当添加少量稳泡剂，常用的稳泡剂为具有中等链长的极性有机物，如用十二烷基硫酸钠作起泡剂时可加少量的十二醇作稳泡剂，可使泡沫的稳定性增加；

（3）提高泡沫的质量，一般要求达到55%以上，以保证气泡呈六面体结构，降低液膜的排液速度；

（4）设计合理的泡沫发生器，使高压气体通过均匀的微孔与液体混合，以产生大小均一、结构微细的泡沫；

（5）提高液体的粘度，必要时可加增粘剂。

二、消泡作用

泡沫在油气田开发中有很多重要应用，如泡沫堵水、泡沫洗井、泡沫压裂、泡沫酸化、泡沫采油等。这主要是因为泡沫流体具有独特的结构，具有静液柱压头低、滤失量小，摩擦阻力损失少，对地层损害小等优点。另外，用泡沫水泥固井既可防止漏失，还可隔热、保温，对于热采井尤为合适。

但是有时泡沫也会给生产带来许多麻烦，如配制乳状液时就不希望有气泡产生，因此，如何消泡同起泡一样同样是生产实际中的重要课题。

目前广泛采用的消泡方法是化学消泡法，化学消泡法就是加消泡剂使泡沫消失的方法。消泡剂是一种加入少量就可以使泡沫很快消失的物质。消泡剂的消泡机理与破乳剂的破乳机理基本相同，首先消泡剂的分子顶替液膜表面上起泡剂的分子形成新的膜，但由于膜的强度小（起泡剂多为烃链比较短却带支链的分子，故侧向吸力很小），膜容易破裂而使泡沫失去稳定性。常用的消泡剂主要有异辛醇、异戊醇、二异丁基甲醇、硅油和磷酸酯等。

阅 读 材 料

破乳剂的应用

一、ZC-3185 新型高效破乳剂

（1）ZC-3185 新型高效破乳剂其分子结构为：$CH_3Rce//(OCH_2CH_2)_n(OCH_2CH)_mOH$

（2）生产工艺：将 CR-600 精制棉与水、碱、惰性溶剂、氧化剂按一定比例进行反应；反应在搪瓷反应釜中进行，生产出合格的起始剂按一定量加入不锈钢高压反应釜中，用氮气转换釜中空气两次，搅拌升温至70℃，抽真空脱除惰性溶剂，并回收惰性溶剂，逐渐加入环氧乙烷，控制反应温度与反应压强，注意温度与压强的变化；反应至压强下降接近0，再逐渐加入一定量环氧丙烷，聚合完毕再逐渐加入环氧乙烷，保温反应至压强下降为0后，将物料转入搪瓷反应釜并加入一定量的冰乙酸或盐酸中和碱，搅拌15min后，加入一定量的70%（质量分数）丙酮水溶液洗涤产品中的钠盐两次，分出的水用于蒸馏回收丙酮，回收丙酮待下次生产再利用。这样生产出多段结构型的产品留作制备破乳复酸。复酸破乳剂制备时加入一定量的0.1%（质量分数）的离子型高分子聚合物溶液、一定量的低分子醇类，搅拌均匀；取样测试密度、固含量、脱水率等指标；检验合格后在包装上加标识入库。ZC-3185 新型高效破乳剂合成化学方程式为：

$$Rce//(OH)_3 + mNaOH \longrightarrow Rce//(OH)_3 mNaOH(碱纤维素)\cdots$$

$$10\ OH^- + nCH_2-CH_2-Rce//(OCH_2CH_2)_nOH\cdots$$

$$20\ OH^- Rce//(OCH_2CH_2)_nOH + mCH_2-CH-CH_3-Rce//(OCH_2CH_2)_n(OCH_2-CH)_mOH\cdots$$

—CH_3降解反应是在氧的作用下通过氧化剂离子或自由基反应,使失水葡萄糖环的C_2、C_3或C_6位上羟基有部分转变成羰基,在碱的催化作用下通过烷基氧化消除反应1、4-贰链断裂,碱纤维素的氧化降解,大分子链断裂,聚合度降低。控制加入氧化剂的量就可以控制降解过程。因氧化降解是放热过程,而碱纤维素导热系数很小,反应产生的热量不易导出,影响产物聚解的均匀性和产品的性能;加入惰性溶剂使反应热易于导出,降解反应变得均匀,生产的产品质量稳定。

ZC-3185新型高效破乳剂生产过程中以碱化、降解,纤维素代替化学原料作起始剂与环氧乙烷、环氧丙烷发生加聚,再与离子型高分子聚合物、少量消泡剂、有机溶剂进行混配而成。该破乳剂的脱水率、脱盐率较高,比传统的破乳剂的适应性有很大提高,脱水率、脱盐率提高了数个百分点。该破乳剂的脱水率、脱盐率比传统的破乳剂提高了数个百分点,其适应性也有很大提高;其密度大于0.90,固含量大于42%,脱水率大于98%,脱盐率大于95%。

二、多种化学剂、工作液对原油破乳脱水的影响

所用破乳剂为长庆油田广泛使用的水溶性改性聚醚YT-100,加量100mg·L^{-1},个别情况下加量在50~150mg·L^{-1}范围;原油为马岭石蜡基低硫原油,含水20%~45%,不含任何化学剂;在试验条件下(33℃,2h),不加破乳剂时脱水率为零,加入破乳剂时脱水率在83.3%~98.0%范围。

低固相聚合物钻井液(加量不大于10%,质量分数)、硼交联瓜尔胶压裂液和破胶液(不大于10%,质量分数)、pH值4~6的土酸乏酸液(5%,质量分数)不利于破乳脱水;溶剂型清蜡剂CX-2(不大于0.5%,质量分数)有利于破乳脱水;杀菌剂(150mg·L^{-1})对破乳脱水的影响随化学类型而定,季铵盐类的SJ-66有利于破乳脱水而多元醛类的SJ-99有害于破乳脱水;阻垢剂(30100mg·L^{-1})有利于破乳脱水,聚磷酸盐类的ZG-930比聚羧酸类的ZG-108破乳脱水更有效;聚合铝/聚合铁复合絮凝剂XN-90(0.2%,质量分数)对破乳脱水的负面影响很大,加大破乳剂量可减轻其影响;聚合物HPAM(510mg·L^{-1})完全不影响破乳脱水,弱凝胶(510mg·L^{-1})使脱水率降低。NaOH严重影响破乳脱水,加入0.3%(质量分数)NaOH使脱水率由92.4%降至零;盐酸促进破乳脱水,加入5%(质量分数)盐酸使脱水率由93.6%增至100.0%。因此,酸有利破乳而碱不利于破乳。

习 题

一、基本概念解释

1. 乳状液;2. 破乳;3. 微乳液;4. 消泡作用。

二、填空题

1. 和低分子溶液相比较,高分子溶液的粘度具有_____和_____的特点。

2. 影响乳状液分散度的因素有_____。

3. 乳状液的主要物理性质是_____。
4. 鉴别乳状液类型的主要方法有_____。
5. 影响乳状液稳定性的主要因素有_____。
6. 破乳的方法有_____。

三、选择题

1. 对高分子溶液下列说法正确的是( )。
  A. 溶解过程不是自发过程,因溶解时需借助于搅拌、加热等外力作用
  B. 高分子溶液是热力学不稳定体系,因分子本身体积较大,属胶体分散体系
  C. 溶质粒子透过透膜
  D. 高分子溶液是均相体系,因高分子溶液中溶质和溶剂之间没有明显界面
2. 用相同体积的苯与水制备水包油型乳状液,下列措施正确的是( )。
  A. 选用亲水截面积大的乳化剂   B. 选用在水中溶解度小的乳化剂
  C. 选用憎水性强的溶剂   D. 选用亲水基位于亲油基中间的表面活性剂

四、简述题

1. 简述乳状液类型理论的基本观点。
2. 乳状液不稳定性的主要表现是什么?如何使乳状液变型?
3. 破乳的原理是什么?
4. 微乳液与乳状液有何区别?微乳液在油田开发中有何重要意义?
5. 简述泡沫的形成过程及其主要性质。
6. 起泡剂的作用是什么?泡沫结构对泡沫的稳定性有何影响?
7. 提高泡沫稳定性的主要途径是什么?
8. 消泡作用的主要机理是什么?

实 验 项 目

实验一　电化学基础

一、实验目的

(1) 掌握电极电势对氧化还原反应的影响。
(2) 了解影响电极电势的因素。
(3) 掌握能斯特方程的应用。
(4) 了解原电池的装置和反应。

二、实验原理

氧化还原的实质是电子的得失或转移,在反应中得到电子的一方称为氧化剂,失去电子的一方称为还原剂,氧化剂与还原剂的相对强弱可以用其组成电对的电极电势大小来衡量。电对的电极电势的大小反映了其氧化态氧化能力或还原态还原能力的强弱。如果反应是在标准状态下进行,就可以根据标准电极电势的大小来判断一个氧化还原反应进行的方向。

非标准状态下的电极电势可以用能斯特方程求出,即

$$E = E^{\ominus} + \frac{0.0592}{n} \lg \frac{c(\text{氧化})}{c(\text{还原})} \qquad (s-1)$$

改变物质的浓度会引起电极电势的变化,有时甚至可以改变反应的方向。

影响氧化还原反应的主要因素有电极电势、介质酸度、反应物浓度、催化剂的加入与否等。

三、实验仪器和试剂

(1) 实验仪器:盐桥、伏特计(或万用表)、烧杯、试管、量筒、滴管。
(2) 实验试剂。

酸:$2\text{mol} \cdot \text{L}^{-1}\text{H}_2\text{SO}_4$,$3\text{mol} \cdot \text{L}^{-1}\text{H}_2\text{SO}_4$,浓 HCl,$1\text{mol} \cdot \text{L}^{-1}\text{HCl}$,$3\text{mol} \cdot \text{L}^{-1}\text{HAc}$。

碱:$6\text{mol} \cdot \text{L}^{-1}\text{NaOH}$,浓 $\text{NH}_3 \cdot \text{H}_2\text{O}$。

盐:$0.5\text{mol} \cdot \text{L}^{-1}\text{Pb(NO}_2\text{)}_2$,$0.5\text{mol} \cdot \text{L}^{-1}\text{CuSO}_4$、$1\text{mol} \cdot \text{L}^{-1}\text{CuSO}_4$、$0.5\text{mol} \cdot \text{l}^{-1}\text{ZnSO}_4$、$1\text{mol} \cdot \text{L}^{-1}\text{ZnSO}_4$,$0.5\text{mol} \cdot \text{L}^{-1}\text{KI}$,$0.1\text{mol} \cdot \text{L}^{-1}\text{FeCl}_3$,$0.1\text{mol} \cdot \text{L}^{-1}\text{KBr}$,$0.5\text{mol} \cdot \text{L}^{-1}\text{Na}_2\text{S}_2\text{O}_3$、$0.1\text{mol} \cdot \text{L}^{-1}\text{KMnO}_4$,$0.1\text{mol} \cdot \text{L}^{-1}\text{AgNO}_3$,$0.002\text{mol} \cdot \text{L}^{-1}\text{MnSO}_4$,$0.1\text{mol} \cdot \text{L}^{-1}\text{FeSO}_4$。

固体:锌片,铅粒,MnO_2,作电极用锌片、铜片,$\text{K}_2\text{S}_2\text{O}_8$。

(3) 其他:CCl_4、溴水、碘水、导线、淀粉—碘化钾试纸。

四、实验步骤

1. 电极电势与氧化还原反应方向的关系

(1) 分别在5滴 $0.5\text{mol} \cdot \text{L}^{-1}\text{Pb(NO}_3\text{)}_2$ 和5滴 $0.5\text{mol} \cdot \text{L}^{-1}\text{CuSO}_4$ 点滴板穴中各放入一块表面洁净的锌片,观察锌片表面和溶液颜色有无变化?以表面洁净的铅粒(或铅片)代替锌

片,分别与 0.5mol·L^{-1}ZnSO$_4$ 和 0.5mol·L^{-1}CuSO$_4$ 溶液反应,观察溶液有无变化?根据实验结果定性比较 Zn^{2+}/Zn、Pb^{2+}/Pb、Cu^{2+}/Cu 电极电势的大小。

(2)向试管中加入 0.5mL 0.1mol·L^{-1}KI 溶液和 2 滴 0.1mol·L^{-1}FeCl$_3$ 溶液,摇匀后注入 0.5mL CCl$_4$ 充分振荡,观察 CCl$_4$ 层颜色有无变化。用 0.1mol·L^{-1}KBr 溶液代替 KI 溶液进行上述实验,反应能否发生?为什么?

根据实验结果,定性比较:电对 Br$_2$/Br$^-$、I$_2$/I$^-$、Fe^{3+}/Fe^{2+} 电极电势的相对高低,并指出最强的氧化剂和最强的还原剂。

(3)分别在 0.5mL 0.1mol·L^{-1}FeSO$_4$ 溶液中滴加 1 滴碘水、溴水,观察反应现象。
根据上面实验的结果,说明电极电势与氧化还原反应方向的关系。

2. 介质的酸碱性对氧化还原反应的影响

(1)取两支试管各加入 1mL 0.1mol·L^{-1}KBr 溶液,再分别加入 1mL 3mol·L^{-1}H$_2$SO$_4$ 溶液和 1mL 3mol·L^{-1}HAc,然后再向两试管中分别加入 2 滴 0.1mol·L^{-1}KMnO$_4$ 溶液,观察两试管中紫红色褪去的快慢,解释并写出有关离子反应方程式。

(2)在 3 支试管中各加入 1mL 0.5mol·L^{-1}Na$_2$S$_2$O$_3$ 溶液,向第一支试管中加入 0.5mL 3mol·L^{-1}H$_2$SO$_4$ 溶液,向第二支试管中加入 0.5mL 6mol·L^{-1}NaOH 溶液,向第三支试管中加入 0.5mL 蒸馏水,摇匀。然后向 3 支试管中各加入 2 滴 0.1mol·L^{-1}KMnO$_4$ 溶液,观察各试管现象,写出相关离子反应方程式。

3. 浓度对氧化还原反应的影响

在两支干燥试管中分别加入少量(黄豆大小)MnO$_2$,分别加入 5 滴 1mol·L^{-1}HCl 和 5 滴浓 HCl,用湿润的淀粉—碘化钾试纸检验是否有气体生成,并观察现象,写出有关反应方程式,并解释之。

4. 催化剂对氧化还原反应速率的影响

在 1mL 2mol·L^{-1}H$_2$SO$_4$ 溶液中加入 3mL 蒸馏水和 5 滴 0.002mol·L^{-1}MnSO$_4$ 溶液混合后分成两份:往一份中加入少量的 K$_2$S$_2$O$_8$,微热,观察溶液有无变化;往另一份中加 1 滴 0.1mol·L^{-1}AgNO$_3$ 溶液和同样量 K$_2$S$_2$O$_8$,微热,观察溶液颜色变化。写出有关反应方程式,并解释之。

5. 电池电动势的测定

(1)在两个 100mL 烧杯中分别加入 50mL 1mol·L^{-1}CuSO$_4$ 溶液和 50mL 1mol·L^{-1}ZnSO$_4$ 溶液,在 ZnSO$_4$ 溶液中插入锌片,在 CuSO$_4$ 溶液中插入铜片,两烧杯用盐桥连接,将锌片和铜片通过导线分别与伏特计的负极和正极相连,测量两极间电势差。

(2)在盛 CuSO$_4$ 溶液的烧杯中加入浓 NH$_3$·H$_2$O 至生成的沉淀溶解,测量两极间电势差;在 ZnSO$_4$ 溶液中加入浓 NH$_3$·H$_2$O 至生成的沉淀全部溶解,测量两极间电势差。上述两种情况下电势差有变化吗?解释原因。

思 考 题

1. Fe^{3+} 能将 Cu 氧化成 Cu^{2+},而 Cu^{2+} 又能将 Fe 氧化成 Fe^{2+},这两个反应能进行吗?为什么?

2. 如何根据电极电势确定氧化剂或还原剂的相对强弱？

3. 怎样比较已知电对中，哪一个电对中氧化态作氧化剂，哪一个电对中还原态作还原剂？怎样判断反应自发进行的方向？

4. 实验中加入 CCl_4 的作用是什么？

5. 盐桥起什么作用？

实验二 烃 的 性 质

一、实验目的

(1) 掌握不饱和烃和芳烃的鉴别方法。
(2) 熟悉并掌握不饱和烃与芳烃化学性质的异同。

二、实验药品

试样：环己烷，环己烯，苯，甲苯，萘。

试剂：3%（质量分数，下同）溴的四氯化碳溶液，0.5%（质量分数，下同）高锰酸钾溶液，10%（质量分数，下同）硫酸溶液，含20%（质量分数，下同）SO_3 的发烟硫酸，氯仿，无水三氯化铝。

三、实验步骤

1. 溴的四氯化碳溶液实验

取 2 只小试管分别加入 1mL 环己烷、环己烯，再分别加入 10 滴 3%（质量分数，下同）溴的四氯化碳溶液，边滴加边摇动试管，观察并记录试验现象。

2. 高锰酸钾溶液的氧化实验

取 3 只试管分别加入 0.5mL 的环己烯、苯、甲苯，再加入 0.5mL 10%（质量分数，下同）硫酸溶液和 2mL 0.5%（质量分数，下同）高锰酸钾溶液，用力振荡，观察现象。若无变化，在 60~70℃水浴上加热几分钟，观察并记录试验现象。

3. 氯仿—无水三氯化铝实验

取 3 只试管分别加入 0.1mL 的环己烷、苯、萘，再分别加入 1mL 氯仿，混合均匀，并使试管壁润湿，沿试管壁加入少量的无水三氯化铝，观察并记录试管壁上出现的现象。

4. 发烟硫酸实验

取 2 只试管分别加入 0.5mL 的环己烷和苯，再分别加入 1mL 含 20% SO_3 的发烟硫酸，振荡试管，观察并记录试验现象。

思 考 题

1. 环己烯能使溴的四氯化碳溶液褪色，该反应是取代反应还是加成反应？
2. 凡能使酸性高锰酸钾溶液褪色的烃类，是否都能使溴的四氯化碳溶液褪色？
3. 硝基苯是否能与氯仿—无水三氯化铝反应？

注 解

1. 不饱和烯烃与溴的四氯化碳溶液在均相体系发生反应,有利于反应快速进行。
2. 脂肪烃不与发烟硫酸反应,而芳烃与发烟硫酸反应,生成芳磺酸,并放出热量。
3. 芳烃及其同系物在无水三氯化铝存在下与氯仿反应,生成有颜色的物质。苯及其同系物显橙红色,萘显蓝色,蒽显黄绿色,菲显紫红色,联苯显蓝色。

实验三 粘度法测高分子化合物相对分子质量

一、实验目的

(1) 掌握用粘度法测定高分子化合物相对分子质量的原理。
(2) 用乌氏粘度计测定聚乙烯醇溶液的特性粘度,计算其粘均相对分子质量。

二、实验原理

高分子化合物相对分子质量对于高分子化合物溶液的性能影响很大,是个重要的基本参数。一般高分子化合物是相对分子质量大小不同的大分子的混合物,相对分子质量范围常为 $10^3 \sim 10^7$,所以通常所测高分子化合物相对分子质量是平均相对分子质量。

测定高分子化合物相对分子质量的方法很多,不同方法所测得的平均相对分子质量有所不同。粘度法是常用的测定相对分子质量的方法之一,粘度法测得的平均相对分子质量称为粘均相对分子质量。

高分子化合物溶液的粘度 η 比一般较纯溶剂的粘度 η_0 大得多,其粘度增加的分数称为增比粘度 η_{sp},其定义为

$$\eta_{sp} = \frac{\eta - \eta_0}{\eta_0} = \eta_r - 1$$

$$\eta_r = \frac{\eta}{\eta_0}$$

(s-2)

式中 η_r ——相对粘度。

增比粘度随粘液中高分子化合物的浓度 c 增大而增大。为了便于比较,定义单位浓度的增比粘度 η_{sp}/c 为比浓粘度,它随溶液浓度 c 改变而改变。当浓度 c 趋于零时,比浓粘度的极限值为 $[\eta]$,$[\eta]$ 称为特性粘度,即

$$\lim_{c \to 0} \frac{\eta_{sp}}{c} = [\eta]$$

(s-3)

式中溶液浓度 c 习惯上取质量浓度,单位为 $g \cdot cm^{-3}$ 或 $g \times 10^{-2} cm^{-3}$。特性粘度 $[\eta]$ 可以作为高分子化合物的平均相对分子质量的度量。实验结果证明,任意浓度下比浓粘度与浓度的关系可以用经验公式表示如下

$$\frac{\eta_{sp}}{c} = [\eta] + K'[\eta]^2 c$$

(s-4)

因此，利用 η_{sp}/c 对 c 作图，用外推法可求出 $[\eta]$。

当 c 趋近于 0 时，$(\ln\eta_r)/c$ 的极限值也等于 $[\eta]$，可以证明如下

$$\frac{\ln\eta_r}{c} = \frac{\ln(1+\eta_{sp})}{c} = \frac{\eta_{sp}}{c}\left(1 - \frac{\eta_{sp}}{2} + \frac{\eta_{sp}^2}{3} - \cdots\right) \tag{s-5}$$

当溶液浓度 c 很小时，忽略高次项，则得

$$\lim_{c\to 0}\frac{\ln\eta_r}{c} = \lim_{c\to 0}\frac{\eta_{sp}}{c} = [\eta] \tag{s-6}$$

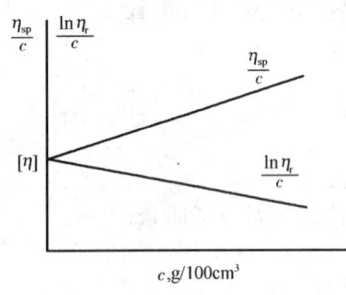

图 s-1 外推法求特性粘度

当溶液浓度较小时，$(\ln\eta_r)/c$ 对 c 作图，也得一条直线，其截距等于 $[\eta]$，如图 s-1 所示。$[\eta]$ 单位和数值随溶液浓度的表示法不同而异，$[\eta]$ 的单位为浓度单位的倒数。

在一定温度和溶剂条件下，特性粘度 $[\eta]$ 与高聚物的相对分子质量 M 间关系通常用这样的经验方程式表达：$[\eta] = KM^{\alpha}$，式中 K 和 α 是与温度、溶剂及高聚物本性有关的常数。通常对于每种高聚物溶液，要用已知平均相对分子质量的高聚物求得 K、α 值。然后，用此 K、α 值及同种待测高聚物溶液的特性粘度实验值，可求得此待测高聚物的粘均相对分子质量。在确定 K、α 值时，已知的高聚物平均相对分子质量是用其他方法测得的。对于许多高聚物溶液，在有关手册或书中可查得它们的 K、α 值。

测定高聚物溶液的粘度，最方便的方法是使用毛细管粘度计。本实验中采用乌氏粘度计，其结构如图 s-2 所示。乌氏粘度计的最大优点是粘度计中的溶液体积不影响测定结果。因此，可在粘度计中用逐步稀释法得到不同浓度溶液的粘度。乌氏粘度计毛细管 K 的直径、长度和球 E 体积是根据溶剂的粘度选定的，要求溶剂流过的时间不小于 100s。但毛细管直径不宜小于 0.5mm，否则测定或洗涤时容易被堵塞。球 F 的体积应为 B 管中 a 刻度至球 F 底体积的 8~10 倍，则在测定过程中可以使溶液稀释至起始浓度的五分之一左右。为使球 F 不致过大，球 E 的体积以 4~5mL 为宜。此外，球 D 至球 F 底端的距离应尽量小些。由于粘度计是由玻璃吹制而成，其 3 根支管很容易折断，使用时应特别小心。

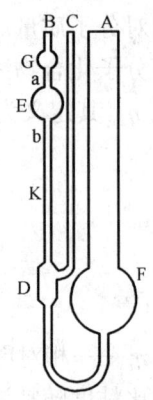

图 s-2 乌氏粘度计

液体在毛细管粘度计中因重力作用而流动时遵守泊索利方程。当考虑动能的影响，更完全的公式可写为

$$\frac{\eta}{\rho} = \frac{\pi r^4 ght}{8Vl} - m\frac{v}{8\pi lt} \tag{s-7}$$

式中 η——液体的粘度；

ρ——液体的密度；

l——毛细管的长度；

r——毛细管的半径；

t——液体流出的时间;

h——流过毛细管液体的平均液柱;

V——流经毛细管的液体体积、高度;

m——毛细管末端校正参数;

m——毛细管末端校正系数,是一个接近于1的仪器常数,视毛细管两端处液体流动情况而异,通常m值约为1.12。

对于指定的粘度计,式(s-7)中许多参数是一定的,则式(s-7)可写为下列形式,即

$$\frac{\eta}{\rho} = At - \frac{B}{t} \tag{s-8}$$

式中$B<1$,若流出时间t在100s以上,则第二项可以忽略,式(s-8)写为

$$\eta = A\rho t$$

通常测定相对分子质量时溶液较稀($c<1\times10^{-2}\text{g}\cdot\text{mL}^{-1}$),溶液的密度与溶剂密度相近,当用同一支粘度计测定溶剂和溶液粘度时,有

$$\eta_r = \frac{\eta}{\eta_0} = \frac{t}{t_0} \tag{s-9}$$

式中 t——测定溶液粘度计面由a刻度流至b刻度的时间;

t_0——测定溶剂流过的时间。

三、实验仪器和药品

(1)实验仪器:恒温槽、分析天平、乌氏粘度计、秒表、三号玻璃砂漏斗、移液管(5mL、10mL)、注射器、量筒(100mL)、容量瓶(100mL)、烧杯(100mL)、洗瓶。

(2)实验药品:聚乙烯醇、正丁醇。

四、实验步骤

(1)用分析天平准确称取0.8~1g聚乙烯醇于烧杯(100mL)中,加入约60mL蒸馏水,加热溶解。冷却后,小心地将其转移至容量瓶(100mL)中,滴几滴正丁醇(起消泡作用),加水至刻度。用三号玻璃砂漏斗过滤(因溶解、过滤较慢,这一工作可在实验室预先完成)。

(2)调节恒温槽温度至30.0℃。在洗净、烘干的乌氏粘度计B管和C管上各套一段乳胶管。然后,将粘度计垂直固定在恒温槽中,要使水面完全浸没球G。检查粘度计毛细管K是否垂直,调整粘度计至垂直,固定。用移液管吸取10mL聚乙烯醇水溶液,从A管注入粘度计。恒温10min后进行测定。

将C管的乳胶管用夹子夹紧,使其不漏气。在B管上用注射器将溶液吸至球G的三分之二位置。使B管上口通大气,球G中的液面下降。立即松开夹子,使C管通大气,球D中溶液回到球F中。此时球G液面应离a刻度较远。当液面流经a刻度时,立即启动秒表,开始计量时间。当液面降至b刻度时,停止秒表,记录液面由a刻度至b刻度所需的时间t_1。重复操作3次,测量值之间不得大于0.3s,取3次值的平均值。

(3)依次由A管处用移液管加入5mL、5mL、5mL、10mL、10mL蒸馏水,混合均匀后,溶液浓度变为c_2、c_3、c_4、c_5、c_6。每次加入水后,恒温10min,用上述同样方法测定流过时间t_2、t_3、t_4、t_5、t_6。注意每次加蒸馏水后,应用注射器将溶液抽至球G,并使之流下,反复数次,以保证粘度计中各处溶液的浓度均匀。

(4)倒出溶液,用蒸馏水清洗粘度计,尤其要注意洗净粘度计毛细管及球 E 等部分。最后测定蒸馏水的流过时间 t_0。

说明:聚乙烯醇溶液很容易形成泡沫,而泡沫的存在直接影响流过时间的测定,甚至使实验不能进行。因此,在聚乙烯醇溶液中加入几滴正丁醇以消除泡沫。为保证实验数据的规律性,在纯溶剂中也应加入同样多的正丁醇。同时,在实验操作中,抽吸液体必须缓慢,避免气泡的形成。若球 D 中有气泡,应将其赶到球 F 中去。液面升到球 E 中时,液面上不得有气泡,这是实验成败的关键。

五、数据记录和处理

(1)计算每个溶液的浓度和不同浓度溶液的 η_r、η_{sp}、$(\ln\eta_r)/c$、η_{sp}/c,并列表。

(2)作 $(\ln\eta_r)/c$ 对 c 图及 η_{sp}/c 对 c 的图,作直线,外推至 0,求出 $[\eta]$。

(3)由式 $[\eta] = KM^\alpha$ 计算聚乙烯醇的粘均相对分子质量 M_η。已知温度为 30.0℃时,式中 $K = 0.0666 \text{cm}^3 \cdot \text{g}^{-1}$,$\alpha = 0.64$。

实验四 最大压差法测表面张力

一、实验目的

(1)掌握用最大压差法测定表面张力的方法;理解测定原理。

(2)了解表面活性物质浓度对溶液表面张力的影响。

(3)学会阿贝折射仪的使用方法。

二、实验原理

最大压差法测定表面张力的装置简图如图 s-3 所示。测定时,将待测液体装于 B 中,使毛细管下端刚插入液面下 1mm,打开抽气瓶 A 的活塞,缓慢滴水,造成抽气,使毛细管液面上受到一个比 B 中待测液面上大的压强,当此压强差稍大于毛细管管口液面的曲界面的收缩压时,气泡就从毛细管中被压出。

当气泡刚开始形成时,表面几乎是平的,如图 s-4 所示,这时气泡小,但曲率半径最大;随着气泡的形成,曲率半径逐渐变小,直到形成半球形,这时曲率关径 R 与毛细管半径 r 相等,曲率半径达到最小值。

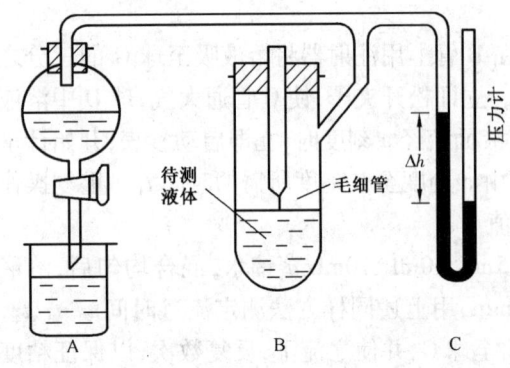

图 s-3 最大压差法测定表面张力装置简图

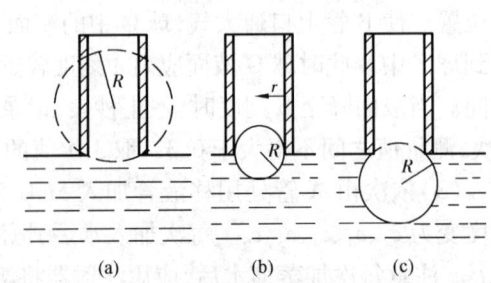

图 s-4 气泡的形成示意图

根据曲界面两侧压强差的计算公式

$$\Delta p = \frac{2\sigma}{R} \qquad (s-10)$$

此时曲界面两侧压强差有最大值。因而要使气泡鼓出,就需要在毛细管与 B 管液面间有最大压差,这个最大压强差值可从 U 型压力计 C 上的液面差 Δh 读出。当气泡进一步长大,R 变大,Δp 变小,所需压强差亦小,直至气泡逸出。

如果我们用图示的装置,分别测出一种已知表面张力的液体(如纯蒸馏水)和另一种未知表面张力液体(如乙醇水溶液)逸出气泡时的最大压强差,即 $R=r$ 时的液面附加压力,则有

$$\Delta p_{已知液} = \frac{2\sigma_{已知液}}{r} = \Delta h_{已知液} \cdot \rho \cdot g \qquad (s-11)$$

$$\Delta p_{未知液} = \frac{2\sigma_{已知液}}{r} = \Delta h_{已知液} \cdot \rho \cdot g \qquad (s-12)$$

式中 Δh——U 型压力计两边液面最大高度差,m;

ρ——U 型压力计中液体密度,$kg \cdot m^{-3}$;

r——毛细管半径,m。

由于用同一仪器测定不同液体的最大压强差,式中 r 相同,式(s-11)与式(s-12)相比得到式(s-13),即

$$\sigma_{未知液} = \frac{\Delta h_{未知液}}{\Delta h_{已知液}} \sigma_{已知液} \qquad (s-13)$$

因此,在同一温度下,用同一仪器,只要测得 $\Delta h_{已知液}$ 和 $\Delta h_{未知液}$,再由物理化学手册查出实验温度下已知液的 $\sigma_{已知液}$,便可由式(s-13)求出未知液的表面张力 $\sigma_{未知液}$。

三、实验仪器与药品

(1)实验仪器:表面张力仪,抽气瓶,U 型压力计,T 型管,胶管,500mL 烧杯,5mL 刻度吸量管,洗耳球,阿贝折射仪。

(2)实验药品:无水乙醇,乙醚。

四、实验内容与步骤

(1)洗涤表面张力仪:在 B 管中放入少量洗液,倾斜转动洗液使之与 B 管内壁接触,再将毛细管插入,使 C 接触洗液,再用洗耳球将洗液吸入毛细管内,洗毛细管内壁,洗毕,将洗液倒回原瓶。然后用自来水冲洗,最后用蒸馏水冲洗三次,备用。

(2)装液体和装配仪器:用 25mL 刻度吸量管(注意刻度吸量管的使用)移取 10mL 蒸馏水,注入 B 管中;插入毛细管,调节橡皮塞使毛细管下端插入液面约 1mm;依图 s-3 装好仪器,塞紧橡皮塞,检查无泄漏。

(3)读取水的最大压强差:打开抽气瓶 A 的活塞,使水缓缓流出,B 管内压强减小,气泡通过毛细管逸出;待气泡形成频率稳定后,记录一气泡逸出时 U 型压力计两侧的最高和最低读数,如此重读 3 次,计算出最大压强差。

(4)测乙醇水溶液压强差:向盛有 10.00mL 蒸馏水的 B 管中用 5mL 刻度吸量管加入 0.5mL 无水乙醇,摇匀;用此溶液洗涤毛细管;装好仪器,如上述操作,测出该乙醇水溶液的最大压强差。

(5)测定乙醇水溶液的折射率(阿贝折射仪的使用见说明书)。

① 测定前,用无水乙醇与乙醚(1:1)的混合液来清洗阿贝折射仪。

② 将配制好的乙醇水溶液用毛细管加入折射棱镜,将进光棱镜盖用手轮锁紧,打开遮光板,合上反射镜,调节目镜视度,使十字线成像清晰,旋转刻度调节手轮并在目镜中找到明暗分界线的位置,再旋转色散调节手轮,使分界线不带任何色彩,微调刻度调节手轮使分界线位于十字线的中心,此时目镜视场显示的数值即为被测液体的折射率。

(6)在步骤(4)基础上,按表s-1提供的数据依次累计加入无水乙醇,配成不同浓度的乙醇水溶液,如上述方法,依次测出各溶液的最大压强差和折射率。

表 s-1 配制不同浓度乙醇水溶液所加无水乙醇体积

B 中蒸馏水体积,mL	10.00mL				
依次加入无水乙醇的体积,mL	0.50	1.00	1.00	2.00	2.00

(7)记录实验温度,由折射率—浓度曲线($n_D - c$)查出浓度 c,整理仪器用品。

(8)表 s-2 为水在不同温度时的表面张力(温度单位为℃,表面张力单位 $mN \cdot m^{-1}$)。

表 s-2 水在不同温度时的表面张力 σ　　　　　　　　　　$N \cdot m^{-1}$

温度,℃	$\sigma \cdot 10^3$	温度,℃	$\sigma \cdot 10^3$	温度,℃	$\sigma \cdot 10^3$	温度,℃	$\sigma \cdot 10^3$
0	75.64	17	73.19	26	71.82	60	66.18
5	74.92	18	73.05	27	71.66	70	64.42
10	74.22	19	72.90	28	71.50	80	62.11
11	74.07	20	72.75	29	71.35	90	60.75
12	73.93	21	72.59	30	71.18	100	58.85
13	73.78	22	72.44	35	70.38	110	56.89
14	73.54	23	72.28	40	69.56	120	54.89
15	73.49	24	72.13	45	68.14	130	52.84
16	73.34	25	71.97	50	67.91	—	—

五、考核标准

(1)掌握阿贝折射仪的使用方法。

(2)掌握用最大压差法测定表面张力的装置安装及使用方法。

六、注意事项

(1)毛细管的洗涤要干净,并且要注意保护。

(2)在折射率测定中,每次测定前必须用乙醇与乙醚(1:1)混合液洗涤阿贝折射仪。

(3)U 型压力计读数准确至 0.01cm;折射率要求读至小数点后四位。

思 考 题

1. 在本次实验操作中,运用什么方法测定表面张力?简单原理是什么?
2. 表面活性物质对溶液表面张力有何影响?发现有什么规律?

实验五 表面活性剂类型的测定与鉴别

一、实验目的
(1)了解表面活性剂类型的分析、检测方法。
(2)掌握各种表面活性剂类型测定方法的原理。
(3)学会常见表面活性剂类型的鉴定方法,培养分析、推理能力。

二、实验原理
表面活性剂的分析、检测方法有化学分析法和仪器法两大类。由于色谱技术的发展,不但能定性地判定离子的类型,而且还可以分析出表面活性剂亲水基和亲油基的种类、结构。

表面活性剂按表面活性剂分子中亲水基的结构和性质分为离子型表面活性剂和非离子型表面活性剂,其中离子型表面活性剂又分为阴离子型表面活性剂、阳离子型表面活性剂和两性表面活性剂。由于离子型表面活性剂可与反离子染料形成配合物,可利用该原理来判定表面活性剂离子类型。染料也分为阴离子型染料和阳离子型染料。亚甲基蓝为阳离子型染料,可与阴离子型表面活性剂形成稳定的有色配合物,该有色配合物不溶于水,溶于油相(如氯仿)。在待测离子型表面活性剂试样中加入亚甲基蓝试剂和氯仿,如氯仿层呈蓝色,则表示待测试样中有阴离子型表面活性剂存在。溴酚蓝为阴离子型染料,可与阳离子型表面活性剂形成稳定的有色配合物,该有色配合物也不溶于水,但溶于油相(如氯仿)。在待测离子型活性剂试样中加入溴酚蓝试剂和氯仿,如溶液呈现深蓝色,则表示试样中有阳离子型表面活性剂存在。

除此之外,与无机盐等可电离物相似,离子型表面活性剂在水溶液中电离后,在直流电作用下,表面活性剂离子向电性相反的电极移动,并于电极表面失去电荷,同时失去亲水性,沉降而形成粘性层,用该方法也可进行表面活性剂类型的定性判定。离子型表面活性剂的活性离子可与电荷相反、大的有机离子形成盐而失去亲水性。阴离子型表面活性剂与电荷大致相等的阳离子型表面活性剂混合而产生沉淀,这是因为电荷相反的极性基的结合引起脱水,从而呈现两类表面活性剂的疏水性。对于多数离子型表面活性剂,可利用此条性质判定其类型,而无需特殊试剂,此方法简便、可靠性高。但应注意,若表面活性剂浓度在1%(质量分数)以上,因过剩部分的增溶作用而难以看出沉淀的生成。

非离子型表面活性剂溶于水,但在水中不电离。它溶于水的原因是亲水基中的氧原子与水中氢原子形成氢键,由于氢键较弱,当水溶液温度升高时,氢键逐渐断裂,亲水性减弱,出现混浊现象。溶液出现混浊时的温度称为浊点。具有浊点是非离子型表面活性剂的特点之一。测定浊点的方法有多种。一般非离子型表面活性剂水溶液的浊点范围为10~90℃,在蒸馏水中进行测定即可;或表面活性剂不能充分溶解于水时,应在25%(质量分数)二乙二醇丁醚水溶液中进行测定;表面活性剂酸性水溶液的浊点高于90℃时,应在钙—正丁醇试剂中进行测定。

三、实验仪器和药品
(1)实验仪器:研钵,带玻塞或橡皮塞的试管,结晶盘,分液漏斗。

(2)实验药品：十二烷基磺酸钠，十二烷基苯磺酸钠，十六烷基苄基溴化铵，氯化十六烷基吡啶，聚氧乙烯辛基苯酚醚-10，浓硫酸，无水硫酸钠，盐酸，百里酚蓝，乙酸钠，溴酚蓝，乙酸，乙醇，邻苯二酚紫罗兰，石油醚，乙酸乙酯，氢氧化钠，氯仿，乙醚，丙酮，正丁醇，氯化钙，二氯二苯锡。

(3)试剂：1%百里酚蓝溶液，0.005mol·L^{-1}盐酸，0.2mol·L^{-1}乙酸钠，0.2mol·L^{-1}乙酸，0.1%（质量分数）溴酚蓝乙醇溶液，1%（质量分数）十二烷基磺酸钠水溶液，0.01%～0.1%（质量分数）的十二烷基苯磺酸钠水溶液，0.1mol·L^{-1}盐酸，0.1mol·L^{-1}氢氧化钠，1%（质量分数）的聚氧乙烯辛基苯酚醚-10水溶液。

四、实验步骤

1. 试剂的配制

(1)亚甲基蓝试剂的配制：将0.03g亚甲基蓝、12g浓硫酸和50g无水硫酸钠溶于水中，用蒸馏水稀释至1L。

(2)百里酚蓝试剂的配制：在15mL 1%（质量分数）百里酚蓝溶液中，加入0.005mol·L^{-1}盐酸溶液至总体积为500mL。

(3)溴酚蓝试剂的配制：混合75mL 0.2mol·L^{-1}乙酸钠和925mL 0.2mol·L^{-1}乙酸，再加入20mL 0.1%（质量分数）溴酚蓝乙醇溶液。此溶液pH值约为3.6～3.9。

*(4)Burger试剂的配制：分别将亚甲基蓝、邻苯二酚紫罗兰先与石油醚再与乙酸乙酯一起煮沸，然后过滤、干燥。将两种染料按等摩尔量混合，在研钵中充分研磨后，溶解在蒸馏水中，配成0.05%（质量分数）溶液。

(5)钙—正丁醇试剂的配制：每升水溶液中含50g正丁醇及0.04g钙离子。

2. 表面活性剂类型的测定

(1)亚甲基蓝—氯仿法（阴离子型表面活性剂）。

取3mL 1%（质量分数）十二烷基磺酸钠水溶液盛于25mL带玻塞或橡皮塞的试管中，加入5mL亚甲基蓝溶液和3mL氯仿，充分振摇后静置，观察两层颜色并记录。

(2)百里酚蓝法（阴离子型表面活性剂）。

取3mL 0.01%～0.1%（质量分数）的十二烷基苯磺酸钠活性剂试样溶液盛于20mL试管中，加入3mL百里酚蓝试剂，充分振荡后并静置，观察两层颜色并记录。

(3)溴酚蓝—氯仿法（阳离子型表面活性剂）。

取十六烷基苄基溴化铵水溶液(pH值约为7)1mL，加入5mL溴酚蓝试剂和3mL氯仿，充分振摇后静置，观察溶液两层颜色并记录。

*(4)Burger法（阴离子、阳离子型表面活性剂）。

将待测试样水溶液依次用氯仿、乙醚和石油醚萃取；弃去有机层（其目的是除去试样中的杂质），然后用0.1mol·L^{-1}盐酸或0.1mol·L^{-1}氢氧化钠溶液调节试样溶液pH值为5～6；量取3mL试样溶液于20mL试管中，加入3滴Burger试剂和3mL石油醚，充分振摇后静置。

结果是：如水层呈绿色，石油醚层呈无色，两层界面呈绿色或无色，则表示试样中不存在表面活性剂；如水层呈黄色，石油醚层呈无色，两层间有深蓝色，则表示试样中有阴离子型表面活性剂存在；如水层呈蓝色，石油醚层呈无色，两层间为黄色，则表示试样中有阳离子型表面活性剂存在；如水油两相界面处有很薄的乳浊层，则表示试样中有非离子型表面活性剂存在。

如果表面活性剂浓度太小,检测不很明显,可用下述方法提高灵敏度:用分液漏斗代替试管检测,小心地分去水层;石油醚用水洗涤2次,分去水层;再将石油醚层下部溶液接收于结晶盘中,蒸去石油醚,如见蓝色,则表明有阴离子型表面活性剂。此种方法对 $0.01\text{mol} \cdot \text{L}^{-1}$ 阴离子表面活性剂溶液仍可得到满意的结果。

对阳离子型表面活性剂的检测亦同上操作。在结晶盘中石油醚蒸去后加数滴乙醇或丙酮,若再加少量二氯二苯锡结晶,则染料的酚羟基即与锡生成深蓝色的螯合物,用此方法,即使极微量的阳离子型表面活性剂也可被检测出来。

(5)浊点法(非离子型表面活性剂)。

取1%(质量分数)聚氧乙烯辛基苯酚醚-10 水溶液 5mL 于试管中,插入温度计,然后将试管置于烧杯水浴中加热,轻轻振荡试管直至溶液完全成混浊状(溶液温度不超过浊点10℃),停止加热。试管仍保留在水浴中,轻轻振荡试管使溶液慢慢冷却,记录混浊消失时的温度。

平行测定两次,平行测定结果差值不大于0.5℃。

3. 表面活性剂类型的鉴别

现有3种待测表面活性剂试样,编号分别为1、2、3,已知其中有可能是十二烷基磺酸钠、氯化十六烷基吡啶和聚氧乙烯辛基苯酚醚-10。试设计一个合适的实验方案,对3种表面活性剂分别加以鉴别。

思 考 题

1. 实验中加入氯仿的目的是什么?
2. 测定浊点读取温度数据为何是在溶液混浊消失之时?

注 解

应注意的是,当试样为纯表面活性剂时,离子类型的判定是不成问题的。多数样品都含有无机盐、水分、油脂、矿物油及有机溶剂等成分,会影响类型判定,故应在分析前除去。对于有机溶剂,可采用水蒸气蒸馏除去;对于油脂、矿物油,可用氯仿、乙醚或石油醚除去;水分可用减压干燥法除去,或使用旋转蒸发器最为方便;对于无机盐,可用热乙醇处理干燥试样,作为乙醇不溶物分离。

实验六 溶 胶 实 验

一、实验目的

(1)了解溶胶制备的基本原理,并掌握制备溶胶的主要方法。
(2)进一步理解溶胶的性质。
(3)了解影响溶胶稳定性的主要因素。

二、实验原理

溶胶是指极细的固体颗粒分散在液体介质中的分散体系,胶体分散相颗粒直径范围为1~100nm。要制备出比较稳定的溶胶,一般必须满足两个条件:固体分散相的质点大小必须在胶体分散度的范围内;固体分散质点在液体介质中要保持分散不聚结,为此一般需加稳定剂。

制备溶胶原则上有两种方法:特大块固体分割到胶体分散度的范围内,此法称为分散法;使小分子或离子聚集成胶体,此法称为凝聚法。

分散法主要有3种方式,即机械研磨、超声分散和胶溶分散。

凝聚法主要有化学反应法与更换介质法。

溶液和粗分散体系具有不同的性质。这种性质主要有动力学性质(包括布朗运动、扩散与沉降等)、光学性质(包括光散射现象等)、电学性质(包括电泳、电渗等)以及由许多性质所决定的稳定性。

当光线照射溶胶时,由于分散相粒子的直径小于可见光的波长,则粒子对入射光产生散射作用。从入射光的垂直方向看,可以看到一条发亮的光柱,这就是丁达尔效应。

由于胶粒的吸附(或电离)作用而使胶粒带电,在外加直流电源的情况下,发生胶粒的定向移动,即电泳现象。根据胶粒在发生电泳时移动的方向,可以确定胶粒所带电荷的符号。

溶胶是一种高分散体系,在热力学上属于不稳定体系。但是由于胶粒的布朗运动和荷电性质,使溶胶具有一定的稳定性,并且其稳定性随其电动电势的增大而增强。如果在溶胶中加入电解质或异电性胶粒,则会导致电动电势的降低或中和胶粒的电性,从而使胶粒的稳定性降低,直至发生聚沉现象。而电解质的聚沉作用与电解质中反号离子的浓度、价态及半径有关。另外,升高温度可以使分散介质粘度减小,布朗运动加剧,可以使溶胶聚沉。少量大分子物质的敏化作用也可使溶胶聚沉;相反,大量的大分子物质的保护作用不致使溶胶聚沉。

三、实验仪器和药品

(1)实验仪器:丁达尔灯,电泳仪,显微镜,滴定管,烧杯,试管,量筒,锥形瓶,移液管。

(2)实验药品:三氯化铁,氢氧化钠,硫黄粉,乙醇(95%,质量分数),硫酸,硫代硫酸钠,硝酸银,氧化砷,碘化钾,明胶。

四、实验步骤

1. 溶胶的制备

(1)氢氧化铁溶胶的制备。取250mL烧杯加蒸馏水150mL,小火加热至沸腾;然后用滴定管均匀逐滴加入2%(质量分数)$FeCl_3$稀溶液,直至得到棕红色透明的$Fe(OH)_3$溶胶,此时停止加热,留作备用。

(2)硫溶胶的制备。取少量硫黄粉放入试管中并加入2mL 95%乙醇,加热至沸腾,使硫黄粉充分溶解;趁热将上部清液倒入盛有20mL水的烧杯中,并搅动之,得到硫溶胶。注意观察出现的现象。

(3)硫溶胶的制备(氧化还原法)。取1mL浓度为$1mol \cdot L^{-1}$的H_2SO_4和1mL浓度为$1mol \cdot L^{-1}$的$Na_2S_2O_3$溶液,然后将两种溶液各用蒸馏水稀释到10mL后混合,待观察到溶液开始混浊时倒入一个干净的试管中,透过光线观察溶胶颜色的变化。当溶胶混浊程度增加到盖住颜色时(约需几分钟),再把溶液用蒸馏水稀释一倍继续观察溶胶的颜色变化。记下溶胶颜色随时间变化的情况。

(4)硫化砷溶胶的制备。取100mL 0.01mol·L^{-1}的As_2O_3溶液与100mL新配制的H_2S饱和水溶液在烧杯中混合并搅拌。然后将混合液煮沸2~3min,以除去过量的H_2S。将此As_2S_3溶胶倒入锥形瓶中保存待用(As_2S_3溶胶的制备最好在通风橱中进行)。

(5)碘化银(AgI)溶胶的制备(复分解法)。在两个锥形瓶中分别准确地加入5mL

0.02mol·L^{-1}KI和5mL 0.02mol·L^{-1}AgNO$_3$溶液。在盛有KI溶液的锥形瓶中再准确地用滴定管滴加4.5mL 0.02mol·l^{-1}AgNO$_3$溶液;在另一个盛有AgNO$_3$溶液的锥形瓶中再准确地滴加4.5mL 0.02mol·L^{-1}KI溶液。观察这两个锥形瓶中AgI溶胶透射光及散射光颜色的变化。

2. 溶胶的性质

（1）丁达尔现象。

用丁达尔灯照射上述制备的Fe(OH)$_3$溶胶,于暗室中观察溶胶的丁达尔现象。

（2）布朗运动。

在一块干净的凹形载片上,放几滴制备好的溶胶（注意所滴溶胶要稀释到合适的浓度才利于观察）,盖上玻璃盖片,应避免有气泡；然后在带有暗视野的显微镜下进行观察,可以看到溶胶质点所发出的散射光点在不停地作布朗运动。若图像不清晰,则最好用油镜头进行观察。

（3）电泳。

① 取备用Fe(OH)$_3$溶胶70mL放入烧杯中,加入8g尿素（固体）,搅拌使其溶解。

② 上述Fe(OH)$_3$溶胶加至U型管2/3处,并作标记。

③ 向U型管两端各加入约1cm厚的苯层。

④ 向U型管两端缓缓滴加NaCl溶液,使NaCl溶液层厚达3cm左右。

⑤ 将电极插入NaCl液层（注意不应使电极触及溶胶）,接通电源,装置示意图如图s-5所示。

将电泳仪电压调整为50V,10min后观察正负极附近溶胶的界面、颜色等变化,指出胶粒电泳的方向,并写出胶团结构式。

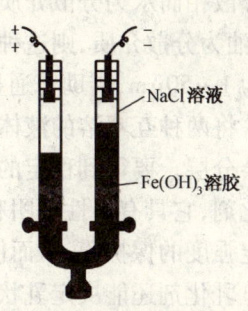

图s-5 电泳装置示意图

3. 溶胶的稳定性

（1）As$_2$S$_3$溶胶聚沉值的测定。

将前面已制好的As$_2$S$_3$溶胶用移液管分别取出10mL放到5个干净的100mL锥形瓶中,以浓度均为0.5mol·L^{-1}的AlCl$_3$、BaCl$_2$、NaCl、Na$_2$SO$_4$、Na$_2$HPO$_4$等溶液分别滴定As$_2$S$_3$溶胶,直到As$_2$S$_3$溶胶刚变混浊时,记下此时所需电解质的毫升数,计算聚沉值。

（2）溶胶的相互聚沉作用。

取10mL As$_2$S$_3$溶胶放入一个干净的试管中,再加入10mL Fe(OH)$_3$溶胶,观察As$_2$S$_3$溶胶出现的变化和Fe(OH)$_3$溶胶的凝聚现象,并记录之。

4. 保护作用

选取5mL实验中所制备的As$_2$S$_3$溶胶,与1%（质量分数）明胶溶液5mL混合均匀。按本实验涉及的方法测定电解质对溶胶的聚沉值,并与未加明胶时得到的聚沉值相比较。

思 考 题

1. 什么是溶胶？制备溶胶常用的方法有哪几种？
2. 为什么会存在溶胶的动力学性质、光学性质？
3. 什么是溶胶的稳定性？影响溶胶稳定性的因素有哪些？

实验七 乳状液的制备和性质

一、实验目的与要求

(1)了解乳状液的基本原理。
(2)掌握制备乳状液及鉴别其性质的方法。

二、实验原理

乳状液是两种互不溶的液体组成的分散体系,其中一种液体以小液滴分散在另一种液体中,前一种液体称为分散相,后一种液体称为分散介质。一般情况下,一种液体是水,另一种液体是不溶于水的有机溶剂,如苯、四氯化碳、石油醚等,总称为"油"。假如油分散在水中,即油为分散相而水为分散介质,这种乳状液称为水包油型,以符号 O/W 表示之;反之,若水为分散相,油为分散介质,则这种乳状液称为油包水型,以 W/O 表示之。分散相的液滴直径范围一般为 $1\sim 50\mu m$,借助普通显微镜就可以观察到分散相的液滴。

将两种互不溶的液体放在一起用力振荡,即可得乳状液,但是这种乳状液极不稳定,很快就会分层。要得到稳定的乳状液,必须加入第三种物质——乳化剂。表面活性剂是最常用的乳化剂,它具有极性基团和非极性基团,当它吸附在油水界面时,就能降低表面张力,而且形成一定强度的保护膜,从而使乳状液稳定。

乳化剂还能决定乳状液的类型。如同为金属皂类,若用钠皂作为乳化剂,则生成 O/W 型乳状液;若用钙皂作为乳化剂,则生成 W/O 型乳状液。

本实验主要用油酸钠、油酸钙、失水山梨醇单油酸酯(商品名称 Span)、聚氧乙烯失水山梨醇单油酸酯(商品名称 Tween)等表面活性剂作为乳化剂进行实验。

根据研究分析,乳状液的形成分为两步。首先是在激烈振荡或搅拌下,油相和水相互相混合,各相逐渐成为细小的液滴分散到另一相中,然后其中的一相再合并为分散介质而形成了乳状液。因此,在制备乳状液时,要注意掌握振荡和搅拌的时间。长时间的连续振荡和搅拌并不能达到预期的效果,最好采用间歇振荡的方法比较有效。

判断乳状液的类型一般采用的方法有稀释法、染色法、电导法。

1. 稀释法

将水加入乳状液中,若水与分散介质互溶,则乳状液是 O/W 型;若水与分散介质不互溶,出现分层现象,则乳状液是 W/O 型。

2. 染色法

以油溶性染料苏丹Ⅲ加到乳状液中去,如分散相呈现红色,则乳状液是 O/W 型;如果分散介质呈现红色,则乳状液为 W/O 型。如果用水溶性染料如次甲基蓝试验亦可,不过结果与上相反。

3. 电导法

水溶液的电导率应远远地大于油溶性溶剂的电导率,因此 O/W 型乳状液的电导率应大于 W/O 型乳状液的电导率。所以根据电导率的大小,可以确定乳状液的类型。

当加入某种物质后,乳状液可以由一种类型转变为另一种类型,这种现象称为乳状液的

"转相"。例如在以钠皂为乳化剂的 O/W 型乳状液中加入钙盐,则该乳状液会转化为 W/O 型乳状液。

在某些情况下,要设法使乳状液受到破坏。例如原油是 W/O 型的乳状液,这种含水的原油不仅质量不好,还会严重腐蚀设备,所以必须破乳以提高原油质量。

常用破乳方法有替换法、化学破坏法和高压电法。

1. 替换法

替换法的作用机理是在乳状液中加入一种表面活性更大但不能形成坚固的保护膜的物质(如戊醇),由于它的表面活性大,吸附力强,可将原来的乳化剂替换下来,同时又由于它不能形成坚固的保护膜,所以乳状液的稳定性降低,以达到破乳的目的。

2. 化学破坏法

化学破坏法的作用机理是用皂类作乳化剂时,加入酸,皂类变为脂肪酸,由于脂肪酸不溶于水而析出,油、水界面没有了保护膜,液滴容易聚结,这样可以达到破乳的目的。

3. 高压电法

高压电法的作用机理是在高压电场的作用下,原油中的水分子定向互相吸引,水滴加大,从而达到破乳的目的。

三、实验仪器和试剂

(1)实验仪器:DDS – 11A 型电导率仪,显微镜,100mL 磨口锥形瓶,200mL 磨口锥形瓶,50mL 烧杯,10mL 量筒,50mL 量筒,50mL 滴定管。

(2)实验试剂:2%(质量分数,下同)油酸钠水溶液,0.2%(质量分数,下同)油酸钙苯溶液,0.2%(质量分数,下同)Tween – 80 水溶液,0.2%(质量分数,下同)Span – 80 苯溶液,1%(质量分数,下同)苏丹Ⅲ苯溶液,0.5%(质量分数,下同)次甲基蓝水溶液,0.05 mol·L^{-1}氯化钙溶液,苯(分析纯),冰醋酸(分析纯),戊醇(分析纯)。

四、实验步骤

1. 乳状液的制备

(1)取2%油酸钠水溶液 20mL 于 50mL 磨口锥形瓶中,加入 1mL 苯,激烈振荡半分钟,再加入 1mL 苯,再激烈振荡半分钟,直至加入苯的总量为 20mL 时为止。仔细观察每次加苯及振荡后的现象。塞紧锥形瓶,留作备用,此为乳状液Ⅰ。

(2)取 0.2%油酸钙苯溶液 14mL 于 50mL 磨口锥形瓶中,每次加入 1mL 水,激烈振荡半分钟,直至加入 6mL 水为止。塞紧锥形瓶,留作备用,此为乳状液Ⅱ。

(3)取 0.2% Tween – 80 水溶液 10mL 于 50mL 磨口锥形瓶中,每次加入 1mL 苯,激烈振荡半分钟,直至加入 10mL 苯为止。塞紧锥形瓶,留作备用,此为乳状液Ⅲ。

(4)取 0.2% Span – 80 苯溶液 14mL 于 50mL 磨口锥形瓶中,按实验步骤(2)操作。得乳状液Ⅳ。

2. 乳状液类型鉴别

(1)稀释法:取 100mL 烧杯装水 30mL,用玻璃棒蘸取乳状液Ⅰ少许于水中,轻轻搅拌,观察出现的现象,并记录之。

(2)染色法:取 2mL 乳状液Ⅰ于试管中,加入苏丹Ⅲ苯溶液 2 滴,摇匀。取乳状液Ⅰ滴于载片上,在显微镜下观察之。记下显红色的是分散相还是分散介质。

再用次甲基蓝溶液取代苏丹Ⅲ苯溶液,按上述操作,观察显蓝色的是分散相还是分散介质?并记录之。

(3)电导法:将30mL乳状液Ⅰ倒入50mL小烧杯中,按测定电导的方法操作,视指针偏转的大小确定乳状液的类型。

(4)在上述3种方法中任选1种方法,对乳状液Ⅱ、Ⅲ、Ⅳ进行鉴别,并记录所观察到的现象。

3. 乳状液的转相

取10mL乳状液Ⅰ于50mL磨口锥形瓶中,用滴定管逐步加入 $0.05 mol \cdot L^{-1} CaCl_2$ 溶液,每次加入1mL,激烈振荡半分钟后,测定其电导率,观察电导率随 $CaCl_2$ 溶液加量的变化,至电导率突然下降为止。用染色法确定其乳状液类型。

4. 破乳

(1)取乳状液Ⅰ 2mL 于试管中,加入 2mL 戊醇,剧烈振荡后静置数分钟,目测所发生的变化,并取少量乳状液在显微镜下观察之,记录所看到的现象。

(2)取 2mL 乳状液Ⅰ 于试管中,缓慢加入 2mL 冰醋酸,观察其变化情况;振荡后静置,得到什么现象?并用显微镜观察之。

五、实验结果记录表格

(1)将对各种乳状液的鉴别及观察到的现象按表 s-3 记录,并确定其类型。

表 s-3 实验现象记录表

方法\现象乳状液	Ⅰ	Ⅱ	Ⅲ	Ⅳ	方法\现象乳状液	Ⅰ	Ⅱ	Ⅲ	Ⅳ
稀释法					电导法				
染色法					乳状液类型				

(2)根据各次实验现象记录,解释产生各种现象的原因,见表 s-4。

表 s-4 实验现象及原因说明表

项目	实验现象	原因	项目	实验现象	原因
乳状液转相			破乳(2)		
破乳(1)					

思 考 题

1. 氯化钙为强电解质,为什么将氯化钙加入到乳状液中,乳状液的电导率会随其加入量的增多而降低?

2. 试讨论决定破乳液稳定性的因素。

参 考 文 献

[1] 胡英,等编. 物理化学. 北京:高等教育出版社,1982.
[2] 南京大学化学系,等编. 物理化学辞典. 北京:科学出版社,1988.
[3] 陈绍洲,等编著. 石油化学. 上海:华东化工学院出版社,1993.
[4] 赵福麟编. 化学原理. 东营:中国石油大学出版社,2006.
[5] 朱裕贞,等编. 现代基础化学. 北京:化学工业出版社,1998.
[6] 王光信,等编. 物理化学. 北京:化学工业出版社,2001.
[7] 岳福山编. 石油基础化学. 北京:石油工业出版社,1998.
[8] 浙江大学普通化学教研室编. 普通化学. 北京:高等教育出版社,1995.
[9] 高职高专化学教材编写组编. 物理化学. 北京:高等教育出版社,2003.
[10] 于德水,等编. 化学基础. 北京:石油工业出版社,2006.
[11] 武汉大学,等编. 无机化学. 北京:高等教育出版社,1998.
[12] 胡伟光主编. 无机化学. 北京:化学工业出版社,2004.
[13] 高琳主编. 基础化学. 北京:高等教育出版社,2006.
[14] 马家举主编. 普通化学. 北京:化学工业出版社,2004.
[15] 浙江大学普通化学教研组编. 普通化学. 5版. 北京:高等教育出版社,2002.
[16] 池雨芮主编. 无机化学. 北京:化学工业出版社,2006.
[17] 高职高专化学教材编写组编. 有机化学. 2版. 北京:高等教育出版社,2000.
[18] 邓苏鲁,等编. 有机化学. 北京:化学工业出版社,1998.
[19] 邓苏鲁,等编. 有机化学例题与习题. 北京:化学工业出版社,1998.
[20] 尹玉英,等编. 有机化学. 北京:中国石化出版社,1999.
[21] 李莉,等编. 有机化学(理论篇). 大连:大连理工大学出版社,2006.
[22] 高职高专化学教材编写组编. 有机化学实验. 2版. 北京:高等教育出版社,2002.
[23] 李天增,等编. 有机化学(实训篇). 大连:大连理工大学出版社,2006.
[24] 蒋文贤编著. 特种表面活性剂. 北京:中国轻工业出版社,1995.
[25] 杜巧云,等编. 表面活性剂基础及应用. 北京:中国石化出版社,1997.
[26] 赵福麟编. EOR原理. 东营:中国石油大学出版社,2004.
[27] 赵世民编. 表面活性剂——原理、合成、测定及应用. 北京:中国石化出版社,2005.
[28] 沈钟. 胶体与表面化学. 北京:化学工业出版社,1997.
[29] 岳福山编. 油田基础化学. 北京:石油工业出版社,1989.
[30] 张洪涛,等编著. 乳液聚合新技术及应用. 北京:化学工业出版社,2006.
[31] 刘一江,等编著. 化学调剖堵水技术. 北京:石油工业出版社,1999.